国家出版基金项目
NATIONAL PUBLICATION FOUNDATION

"十四五"国家重点图书出版规划项目

新时代
东北全面振兴
研究丛书

XIN SHIDAI
DONGBEI QUANMIAN ZHENXING
YANJIU CONGSHU

——

中国东北振兴研究院
组织编写

东北生态文明建设理论与实践

张连波　张古悦——著

辽宁人民出版社

© 张连波　张古悦　2025

图书在版编目（CIP）数据

东北生态文明建设理论与实践 / 张连波，张古悦著.
沈阳：辽宁人民出版社，2025. 2. --（新时代东北全
面振兴研究丛书）. -- ISBN 978-7-205-11348-3

Ⅰ. X321.23

中国国家版本馆CIP数据核字第2024JY9858号

出版发行：辽宁人民出版社
　　　　　地址：沈阳市和平区十一纬路 25 号　邮编：110003
　　　　　电话：024-23284313　邮箱：ln_editor4313@126.com
　　　　　http://www.lnpph.com.cn
印　　　刷：辽宁新华印务有限公司
幅面尺寸：170mm×240mm
印　　　张：16.75
字　　　数：282千字
出版时间：2025年2月第1版
印刷时间：2025年2月第1次印刷
策划编辑：郭　健
责任编辑：石　玥　张婷婷　郭　健
封面设计：丁末末
版式设计：G·Design
责任校对：吴艳杰
书　　　号：ISBN 978-7-205-11348-3

定　　　价：90.00元

《新时代东北全面振兴研究丛书》 中国东北振兴研究院 组织编写

编委会

主　任

夏德仁　郭　海　迟福林

委　员

唐立新　徐　峰　张连波　孟继民

常修泽　刘海军　蔡文祥

总　序

　　《新时代东北全面振兴研究丛书》是中国东北振兴研究院组织编写出版的第二套关于东北振兴主题的丛书。中国东北振兴研究院成立于2016年，是国家发展和改革委员会为支持东北地区振兴发展而批准成立的研究机构。近10年来，该研究院以服务东北振兴这一国家战略为己任，充分发挥高校人才和智力优势，密切与社会各界合作，根据不同时期党中央对东北振兴做出的重大决策，深入东北三省调查研究，组织年度东北振兴论坛并不定期举办具有针对性的专家座谈会，向国家有关部门和东北三省各级党委和政府提供了一系列具有决策参考价值的咨询报告。在此基础上，也形成了一批具有学术价值的研究成果。2020年，研究院组织编写出版了《东北振兴研究丛书》（共8个分册），在社会上引起良好反响。从2023年开始，研究院结合总结东北振兴战略实施20周年的经验，组织编写了《新时代东北全面振兴研究丛书》（共9个分册），从更广阔的视野和新时代东北振兴面临的新问题角度，对东北振兴进行了更加深入的研究。研究院和出版社的同志邀请我为这套丛书作序，我也想借此机会，结合自己20年来亲身参与东北振兴全过程的经历和近几年参与研究院组织的调研的体会，就丛书涉及的一些问题谈谈个人的看法，也算是为丛书开一个头。

一、关于东北振兴的重大战略意义

　　东北振兴战略是国家启动较早的区域发展战略，启动于2003年。我深切体会到，20多年来，还没有哪一个区域的发展像东北地区这样牵动着历届党和国家领导人的心，被给予了这样多的关心和支持。仅党的十八大以来，习近平总书记就10多次到东北来考察调研，亲自主持召开座谈会并作重要讲话。党中央和国务院在不同时期都对支持东北振兴做出政策安排，尽最大的可能性给予东北各项支持政策。从中可以看出，东北振兴战略不仅仅是一个简单的区域发展战略，它远远超出东北地区的范围，具有十分重大的全局性意义。我从以下两方面来理解这一重大意义：

第一，东北振兴是实现中国式现代化的战略支撑。

中国式现代化最本质的特征是由中国共产党领导的社会主义现代化。回顾历史，在中国共产党领导下，中国式现代化贯穿了新中国成立至今70多年的整个历史过程，这一历史过程既包括改革开放以来的40多年，也包括从新中国成立到改革开放的近30年。在党领导的现代化建设过程中，东北地区扮演着十分独特而举足轻重的角色。东北地区是新中国最早启动工业化的地区，新中国成立之初，党的第一代领导人为开展社会主义工业化建设，在东北地区进行了大规模投资。"一五"时期，国家156个重点项目中有56个安排在东北地区，其投资额占了总投资额的44.3%。东北工业基地的建立与发展，寄托着中国共产党人对社会主义现代化的理想和追求，展现了中国共产党人独立自主建设新中国的高瞻远瞩和深谋远虑。在此过程中，东北工业基地的发展为中国社会主义工业体系的建设做出了不可磨灭的重大贡献，东北地区的能源工业、基础原材料生产和重大装备制造等支撑着国家的经济建设和国防建设。与此同时，东北三省的经济发展水平一直在全国排名前列，以辽宁为例，由于其特殊的战略地位，辽宁的经济总量（当年的衡量指标是工农业总产值）曾排名第一，被称为"辽老大"。改革开放后，东南沿海地区在改革推动下，市场机制快速发育，经济发展迅速，而东北三省则面临从传统计划经济向社会主义市场经济转型的痛苦过程。尽管东北人在转型过程中做出了大量艰苦的探索，但是由于体制机制的惰性和产业结构的老化使市场机制的发育相对缓慢，东北三省的经济总量在全国的排名逐渐落后。2003年10

月，党中央、国务院正式印发《关于实施东北地区等老工业基地振兴战略的若干意见》，以此为标志，国家正式启动了东北地区等老工业基地振兴战略。习近平总书记高度重视东北老工业基地的振兴发展，党的十八大以来，先后10多次到东北考察并发表重要讲话，多次就东北振兴问题做出重要指示批示，强调了东北振兴在国家大局中的战略地位，特别是强调了东北地区在维护国家国防安全、粮食安全、生态安全、能源安全、产业安全方面担负着重大责任。在加快强国建设、实现第二个百年奋斗目标、推进民族复兴伟业的过程中，东北振兴的战略地位是至关重要的。

综上所述，东北老工业基地由于有着区别于其他地区的历史演变过程，其建设、发展、改革和振兴凝聚着中国共产党几代领导人对社会主义道路全过程的实践探索和不懈努力，因而对实现中国式现代化来说具有特有的象征性意义。可以说，没有东北老工业基地的全面振兴，就没有中国式现代化目标的实现，而且，东北全面振兴的进度也在一定程度上决定了中国式现代化实现的进度。在迈向第二个百年奋斗目标新征程中，东北振兴能否实现新突破，标志着中国式现代化目标能否成功。所以东北全面振兴是实现中国式现代化的重要支撑。

第二，东北振兴是维护国家安全的重要保证。

东北振兴不能简单地从经济发展方面来衡量其重大意义。我在省市工作期间，经常接待党和国家领导人到东北来考察调研，我感觉到领导同志所关心的问题主要不是经济增长率是多少、地区生产总值是多少，所考察的企业或项目主要不是看其能够创造多少产值，而是看其能否为国家解决战略性重大问题。以大连的造船工业为例，20年前其每年实现的产值也就是100亿元左右，与一些超千亿元的大型企业相比，微不足道；但领导同志最关心的是，他们能造出保障国家能源安全的30万吨级大型油轮和液化天然气（LNG）运输船，能够造出保障国防安全的航空母舰和大型驱逐舰，所以在2003年党中央、国务院印发的《关于实施东北地区等老工业基地振兴战略的若干意见》中明确现代造船业为大连市的四大支柱产业之一，作为老工业基地产业振兴的重要组成部分。同样，我们看到的东北地区的飞机制造、核电装备、数控机床等装备制造业企业，规模并不大，产值并不高，但是却体现着"国之重器"特点，是我国国防安全和产业安全的重要保障。从国家的粮食安全来看，我曾几次到黑龙江和吉林粮食产区考察学习，深切感受到东北地区的粮食生产在维护国家粮食安全中的战略地位。东北是我国重要的农业生产基地，粮食产量占全国总产量1/4以上，商品粮占全国1/3，粮食调出量占全国40%，是国家粮食安全的"压舱石"。前几年在黑龙江省北大荒集团，我看到一望无际的黑土地上，全部实现了机械化耕种，其情景令人震撼；最近我又率队参观了北大荒集团的数字农业指挥中心，看到通过数字化和人工智能技术，可将上亿亩的耕地集中进行智能化管理，切身感受到了"中国人的饭碗端在我们自己手里"的安全感。

习近平总书记高度重视东北振兴，曾多次从维护国家安全的角度强调东北振兴的重要性。2018年9月，习近平总书记在沈阳主持召开深入推进东北振兴座谈会时强调，东北地区是我国重要的工业和农业基地，维护国家国防安全、粮食安全、生态安全、能源安全、产业安全的战略地位十分重要，关乎国家发展大局。习近平总书记亲自为东北地区谋定了维护国家"五大安全"的战略定位，做出统筹发展和安全的前瞻性重大部署，进一步提升了东北振兴的战略层次，凸显了东北振兴的重要支撑地位，为新时代东北全面振兴提供了根本遵循。

东北三省地处复杂多变的国际地缘政治敏感区，肩负着发展和安全的重要使命。我们应自觉从维护国家安全的战略高度推进东北振兴，既要在总体上担负起维护"五大安全"的政治责任，又要厘清国防安全、粮食安全、生态安全、能源安全、产业安全的具体责任。比如在国防安全上，要进一步完善军民融合发展政策，充分释放军工企业制造能力，通过与地方产业链、供应链的衔接，提升国防装备制造产业创新能力和效率。再比如在产业安全上，针对"卡脖子"技术，要在自主研发体系、产业链供应链的完善上，采取有效举措甚至"举国体制"予以支持。东北地区的新定位，进一步明确了东北振兴的战略重点，使东北振兴战略与维护国家"五大安全"战略紧密结合，更加有利于加强政策统筹协调，有利于实现重点突破。

维护国家"五大安全"，也是东北振兴的重要途径。东北地区要以"五大安全"战略定位为引领，准确把握国家战略需要，充分发挥东北地区比较优势和深厚潜力，突出区域资源特色，结合建设现代化产业体系，谋划一批统筹发展与安全的高质量的重大项目。把"五大安全"的战略定位和政治责任，落实到东北振兴的各方面和全过程。特别需要强调的是，在东北地区产业结构调整中，要加强"国之重器"的装备制造业升级改造，加快数字化智能化进程，增强核心部件和关键技术的自主研发能力，解决好"卡脖子"问题。

二、关于东北振兴中的体制机制改革

当前，东北地区与发达地区的最大差距是经济活力的差距，从根本上讲，还是体制机制的差距。前不久我在东南沿海地区考察过程中，见到不少东北人在那里创业发展，其中一部分是商界人士，如企业家或公司高管；还有一部分是科技人员，他们当中许多人是携带着科技成果从东北转战到南方的。我与其中几位科技企业的高管和科研人员做了深入的交谈，询问了他们为什么远离家乡到这里发展，他们的回答几乎是一致的，即东南沿海的经济充满活力，市场机制发达，生产要素市场健全，创新创业的成功率高，企业家和科技人员的聪明才智能够得到充分发挥。至于东北的情况，他们的回答也是很中肯的：东北的产业和科技教育基础都很好，他们也想在当地创业发展，但是有几个因素使得许多人最终选择了离开——一是东北地区的企业缺乏创新动力和吸纳科技成果的积极性，在科研成果和优秀人才面前，更多的是南方企业（也包括创投公司）伸出橄榄枝，很少遇到东北企业的主动欢迎；二是要素市场不健全，获得资金的资本市场、获得人才的人才市场和制造业企业的供应链市场都有许多缺陷；三是尽管政府部门推动发展的积极性高，但是由于政策多变，新官不理旧账，所以给企业和创业者带来许多不确定性。

以上问题，究其原因还是东北地区的体制机制改革不到位。东北地区是在全国各区域中进入计划经济最早的地区，从1950年开始，国家就对东北地区的煤炭、钢材等生产资料进行统一的计划分配；另一方面，东北地区又是各区域中退出计划经济最晚的地区，由于长期形成的历史包袱，计划经济管理的惯性使得市场机制在原有的计划经济基础上发育得较为缓慢。尽管东北地区在国家自始至终的支持下，在体制机制改革方面做了大量艰苦细致的工作，但是与其他区域相比，特别是与东南沿海地区相比，市场化程度仍然不高，距离市场机制在资源配置中发挥决定性作用的目标还有相当大的差距。从现象上来看，市场化程度不高主要表现在来自企业的自我发展动力活力不足。国企改革不到位，效率不高，在许多竞争性行业对其他市场主体形成"市场准入障碍"或"挤出效应"，制约了民营经济的发展；而地方政府为了弥补市场主体数量不够、企业动力不足问题，不得不亲自下场参与经济活动，再加上长期形成的计划经济的管理习惯，在一定程度上挤压了市场机制发挥作用的空间，限制了市场机制对资源配置的决定性作用。所以，今后东北地区的深化改革还是要围绕着国企改革，以加快民营经济发展和理顺政府与市场的关系为重点。

一是国企国资改革。当前东北国有经济在总体经济中占的比重比较高。以国有控股工业企业资产占规模以上工业企业资产总额的比重为例，辽宁为53.2%，吉林为61.4%，黑龙江为43.2%，均远高于全国37.7%的平均水平。东北地区国有经济比重高有其历史原因，也有东北的国有企业特别是央企为国家担负着一些特殊职能的原因。因此东北地区的国企国资改革并不能简单地提出国退民进或降低国企比重的措施，而是要按照党的二十届三中全会的要求，推进国有经济布局优化和结构调整，增强东北地区国有企业的核心功能，推动国有资本向维护国家"五大安全"领域、向关系国民经济命脉和国计民生的重要行业和关键领域集中，通过完善现代企业制度，将东北的国有企业做强做优做大，提升国际竞争力。针对当前东北地区存在的"市场准入障碍"和"挤出效应"问题，国企国资改革要按照有所为有所不为的原则，在一些竞争性行业，通过混合所有制改革，为非公有制经济创造更多市场准入的机会。这样做一方面实现了国有资本布局的战略性调整，另一方面也在公平竞争的原则下，推动了非公有制经济的发展。

二是民营经济发展。民营经济一直是东北地区经济发展中的一块短板，这一方面是由于东北地区长期实施的是以国有经济为主导的经济模式，民营经济缺乏健康发展的土壤；另外一方面，东北地区的民营企业存在一些先天不足，相当一部分民营企业不是靠企业自身的资本积累和科技创新获得可持续发展能力，而是靠政府部门政策支持和金融机构的信贷扶持发展起来的。我们可以看到，东北地区早期发展起来的民营企业大都有能力获得低价的土地资源或矿产资源的开发许可，而在其背后往往隐藏着不正常的政商关系，因此，每当一个地区出现腐败案件时总会牵扯出一些民营企业家。东北地区民营企业平均生命周期明显短于东南沿海地区，这种先天不足制约了民营经济的发展。要解决这个问题，必须认真贯彻中央"两个毫不动摇"方针，建立亲清的政商关系，遵循国家正在制定的《中华人民共和国民营经济促进法》的法律原则，在明确民营经济发展"负面清单"前提下，放心放手、公平公正地支持民营企业的发展。针对东北地区民营企业家资源不足的问题，要充分利用东北地区的资源优势和产业优势，进一步降低市场准入门槛，吸引更多的外省市企业家到东北来创新创业，结合扶持和培养本土优秀企业家，不断壮大民营企业家群体，并逐步形成东北地区敢于竞争、勇于创新的企业家精神。

在支持非公有制经济发展过程中，我还有一个体会，就是要对民营企业进行正确引导。要认识到民营企业的本质特征是追求企业利益的，但是如何把企业利益与公共利益有机结合起来，这就涉及政府如何进行政策引导。20多年前，亿达集团和东软集团在大连创办了大连软件园，本来所在位置的土地是可以搞房地产开发的，这样可以取得较高的资金回报，但是在政府政策引导下，这两个公司合作规划建设了当时国内最大的软件园，这样就将企业利益和政府的公共利益有机结合起来。尽管企业取得的效益没有像房地产那么高，但是由于政府的一系列政策，他们可以取得更长远的利益，同时又能为城市的功能布局优化、产业结构调整、新兴产业发展做出贡献。大连软件园的建设开启了大连旅顺南路软件产业带的发展，使大连的软件产值从不足1亿元发展到现在的3000多亿元，旅顺南路软件产业带聚集了20多万的软件人才。从这个角度看，通过政府的正确引导，民营企业的利益是可以与公共利益达成一致的。

三是理顺政府与市场的关系。应当看到，由于传统计划经济下的企业对政府依附关系的延续，东北地区政府与市场的关系仍带有"大政府""小市场"的特征。特别是东北地区的各级政府担负着推进体制改革和实施东北振兴战略的重要职责，所以在实践中往往存在着一种"双重悖论"，即一方面政府推进体制改革、实施振兴战略的目的是增强市场活力，放大市场机制作用；但另一方面政府在实施改革和振兴措施的过程中，又往往强化了政府职能，增加了行政干预，进一步压缩了市场机制发挥作用的空间，使市场机制在配置资源方面的决定性作用难以得到有效发挥。要解决这一问题，还是要以党的二十届三中全会精神为指导，把"充分发挥市场在资源配置中的决定性作用，更好发挥政府作用"作为目标和原则，在具体实践中、在"推动有效市场与有为政府更好结合"上下功夫。一是把塑造"有效市场"作为政府的一项"公共服务"，通过落实党的二十届三中全会关于深化改革的各项措施，切实培育起有效的市场机制，并向全社会提供。二是当一些领域"有效市场"形成，市场机制能够对资源配置产生决定性作用时，政府应当主动退出此领域，防止政府"有形的手"干预有效市场"无形的手"的作用。三是政府在制定产业规划和产业政策时，应该遵循市场经济规律，预见中长期的市场波动和周期变化，弥补市场机制在某些环节的"失效"。四是在推动东北产业结构调整过程中，要把产业结构优化升级与培育市场机制有机结合起来，合理界定国企和民企投资的优势领域，结合国有资本的优化布局，将其投资重点集中到涉及国家重大利益的关键领域，并在竞争性领域为民营企业发展留出足够空间，防止出现"挤出效应"。特别是要抢抓当前新一轮科技革命和产业变革重大机遇，充分发挥民营企业家和科技人员创新创业的积极性和创造性，最大限度地将民间资金引导到科技研发和产业创新，在推动战略性新兴产业和未来产业的同时，发展壮大东北地区的民营经济。

党的二十届三中全会提出，到 2035 年全面建成高水平社会主义市场经济体制。这里所提到的"全面建成"，从区域上讲，就是全国一盘棋，各区域都要通过深化改革，完成向高水平社会主义市场经济体制转型的任务，共同融入全国统一的社会主义大市场之中。这对于目前在市场化改革中仍与发达地区存在较大差距的东北地区来说，既是推进改革的难得机遇，又是不容回避的巨大责任和挑战。

三、关于东北振兴中的产业结构调整

实施东北振兴战略的重要任务是推动东北地区的产业振兴，而产业振兴的核心内容是对东北地区现有的产业结构进行调整优化。近年来，我几次带领中国东北振兴研究院的研究人员深入到东北三省的企业进行调研，对东北地区的产业发展有了一些认识。

东北地区产业结构的主要特点是"老"。东北老工业基地之所以被称为"老"，是因为新中国成立初期国家在东北地区建设的工业体系属于工业化早期水平，产业结构单一，重化工业比重过高，其中能源与基础原材料工业处于价值链前端，附加值低，受某些资源枯竭的影响，成本增加，竞争力下降。东北地区装备制造业是国家工业体系中的顶梁柱，具有不可替代的优势，但是由于体制机制问题，长期以来技术更新缓慢，设备老化，慢慢落后于时代的发展。国家实施东北地区等老工业基地振兴战略后，加大力度对东北地区的产业结构进行了调整，但由于东北老工业基地长期积累的问题较多，历史包袱较重，所以这一任务仍未最终完成。最近几年东北各省区经济总量在全国排名仍然未有明显改变，说明经济增长的动能仍不充足，产业结构的老化问题仍未得到根本解决，结构性矛盾仍然是当前振兴发展面临的主要矛盾之一。老工业基地振兴是一个世界性难题，德国鲁尔、法国洛林、美国底特律地区都走过了近 50 年的艰难振兴历程。东北老工业基地振兴与体制转型相伴而行，更为曲折复杂，更要爬坡过坎。要充分认识老工业基地结构调整任务的艰巨性复杂性，以更加坚定的决心和顽强的意志，通过全面深化改革，激发市场经济主体竞争活力，焕发结构调整的积极性和创造性，通过有效的产业政策，推动传统产业的转型升级和战略性新兴产业发展，使东北地区的产业浴火重生、凤凰涅槃。我们正面临新一轮科技革命和产业变革，这为东北地区产业结构调整优化提供了一个难得的历史机遇。在科技革命和产业变革面前，东北地区的产业结构调整应当调整思路和方式，从传统思路采取渐进式的产业演化方式来推进调整，转换到以创新的思路采取突变式的产业变革来推进调整。主要思路有以下三方面：

一是加快推进产业链延伸和完善，增加传统原材料工业的附加值和竞争能力。东北地区是国家重点布局的重点工业燃料和原材料生产基地，原油开采、石油化工、煤炭电力、钢铁等既是资源密集型产业又是资本密集型产业。资源型产业附加值低，只有沿产业链向中下游发展才能提高附加值，增强竞争力；而资本密集型产业要求提高集中度，以规模经济降低单位成本，提高竞争力。以东北的石化产业为例，原来是以原油开采、石油炼化为主，提供的产品主要是燃油，中下游严重缺乏。辽宁省的总炼油能力是1亿多吨，且分散在多个炼厂，大多数炼厂都不够国际标准的规模经济。所以，辽宁石化产业作为第一大支柱产业，其出路只有两条：一条是拉长产业链，让石化产业从传统的炼油为主，向中下游的化工原料、精细化工和化工制成品方向发展，逐级提高产品的附加值和经济效益；另一条是走集中化规模化的道路，充分利用辽宁沿海深水港优势，在物流上利用港口大进大出，在生产流程上采用炼油化工一体化模式，从而增加规模效益，降低单位成本。2010年，大连长兴岛石化基地引进了民营企业恒力集团，在国家发展和改革委员会支持下，总投资2000多亿元，建设2000万吨炼化一体化项目，包括中下游环节150万吨乙烯项目、450万吨对二甲苯（PX）项目、1700万吨精对苯二甲酸（PTA）项目，这些都是世界上单体最大的项目。这些项目一方面真正实现了石油炼化沿着烯烃类和芳烃类两条路线向中下游延伸，后面环节的产品附加值会越来越高；另一方面真正实现了石油化工的规模化集约化生产，依托深水良港的物流条件，使物流成本更低、生产效率更高。恒力石化的投资再加上大石化的搬迁改造等项目将使大连长兴岛建设成为世界级石化基地，彻底改变大连石化产业的格局，实现脱胎换骨的结构调整，使之成为现代产业体系的重要组成部分。

二是促进实体经济与数字经济深度融合，将传统装备制造业转化为与数字时代相适应的"智能制造业"。我们现在已经进入了数字时代，加快实体经济与数字经济深度融合已刻不容缓。东北地区具有实体经济、数字经济深度融合的基础。一方面，东北传统制造业基础雄厚，门类齐全，有数量众多的传统制造业企业，其中许多企业在我国的工业体系中地位重要、不可替代，这些都为数字化应用和数字产业发展提供了宏大的应用场景，为数字技术赋能传统产业创造了巨大的发展空间。推动东北地区传统产业的数字化转型将为东北振兴带来两大增长点：一是众多传统制造业企业转型为智能制造企业，极大提高其制造效率、创新能力和国际竞争力；二是围绕数字化工业生态的建立完善，又派生出一大批为产业数字化服务的数字产业化公司。从这个角度看，东北地区所拥有的传统产业基础将转化为数字经济发展的难得的资源和优势。另一方面，东北地区也具备以数字技术改造传统产业的能力。在发展数字经济方面，东北地区起步比较早。以辽宁为例，2003年，东北老工业基地振兴国家战略开始启动时，当时大连市所确定的四大支柱产业中，软件和信息服务业就是其中之一，而且这一产业布局被写进了《关于实施东北地区等老工业基地振兴战略的若干意见》。自此，大连的软件产业发展保持了10年之久的高速增长，旅顺南路软件产业带聚集了上百家世界五百强公司、上千家国内软件公司和20多万的软件人才，带动了应用软件的自主研发，人工智能、大数据、区块链等新技术也在软件业基础上开始起步。总体上看，东北地区的数字经济发展不是一张白纸，而是有相当的基础，只要咬定目标不放松，保持政策连续性，并且进一步加大支持力度，就一定会在数字经济与实体经济融合发展方面取得新突破。当前，东北要通过深化改革全面推进传统制造业企业的数字化改造。应当认识到数字化改造涉及复杂的生产流程和特殊的技术规定性，又需要进行必要的投资、付出相应的成本；更重要的是，要根据工业互联网的技术要求，重新构造生产流程和管理流程。因此，光凭企业自身的主动性是远远不够的，必须由政府出面，采取经济手段和行政手段相结合的方式，强力推进企业的数字化转型。一是示范引领，每个行业都要在国内外选择几个数字化转型成功的企业，组织同行进行学习借鉴，使其能够切身体会到数字化为企业带来的发展机遇和巨大利益；二是政策支持，对积极开展数字化转型的企业给予适当补贴和贷款贴息；三是通过产业链的关联企业相互促进，重点支持行业龙头企业数字化，然后遵循数字化伙伴优先原则，通过采购和销售方式的数字化引导配套企业的数字化建设。

三是大力发展新质生产力，推进战略性新兴产业和未来产业发展。要充分认识到，东北具备发展新质生产力的基础和条件。新质生产力并不是凭空产生的，它是建立在现实生产力的基础之上的。东北地区现有的代表国之重器的装备制造业解决了国外"卡脖子"问题，具有不可替代性，它所聚集的装备、技术、人才本身就是具有竞争力的先进生产力。在新的科技革命面前，只要顺应时代要求，加快数字化和人工智能应用，大力发展智能制造和绿色制造，那么传统制造业就会孕育出更多新质生产力。东北地区的教育、科技较发达，集中了一批国内优秀的大学和科研院所，每年为国家培养输送了大批优秀人才，也涌现出许多自主创新的科研成果，这些教育、科技资源是新质生产力形成的主要源头。但是由于体制机制障碍，东北地区的人才资源和科研成果并未在当地转化为新质生产力。我们经常可以看到，在东南沿海，一些自主研发的技术来源于东北的高校或科研院所。这说明，东北地区发展新质生产力是具备基础条件的。关键是如何将大学和科研院所的人才资源和科技资源就地转化为新质生产力，并通过具有竞争力的体制机制吸纳外来的新质生产力要素。加快发展新质生产力必须增强"赛道意识"，要认识到当今的科技革命已经改变了原有的产业发展逻辑，"换道超车"将变为常态。

如果固守在原有的传统赛道上，东北地区的产业发展会继续拉大和发达地区之间的差距，并且在新时代科技发展和产业创新中掉队。国家要求"十四五"期间东北振兴实现新突破，我认为主要应在"赛道转换"上取得突破。一是从"传统制造业改造赛道"转换到"智能制造新赛道"，对传统制造业进行全产业链全覆盖的数字化赋能改造和人工智能应用，搭上第四次工业革命这趟班车。二是从"资源枯竭型地区改造赛道"转换到"新能源、新材料发展赛道"，东北地区化石能源已失去优势，但是在风电、光伏、核电、氢能源、储能产业发展方面潜力巨大。三是抢占战略性新兴产业和未来产业赛道，充分利用东北地区教育、科技资源优势，积极鼓励支持自主创新，加强尖端技术和颠覆性技术研发和产业化，争取在新兴产业和未来产业发展中后来居上。

要塑造有利于新质生产力发展的体制机制。加快发展新质生产力必须形成与之相适应的新型生产关系，从东北地区来说，就是要塑造有利于新质生产力发展的体制机制和政策环境。新质生产力由于其革命性和创新性，自身的流动性很强，为了寻找更适宜的发展环境，新质生产力可以随时跨国跨地区转移。近年来，东北地区加强营商环境建设取得了很大进展，而当前加快发展新质生产力，更需要通过深化改革，为新质生产力孕育和发展创造良好环境。一是深化行政体制改革，增强政府部门推进科技创新和产业创新的责任感，提高对科技企业和科研单位的服务效率，打造一支熟悉科技和产业发展规律、具有服务意识、高效廉洁的公务员队伍；二是深化科技教育体制改革，推动科研与产业深入融合，培养更多高质量创新型人才；三是大力支持以企业为主体的创新体系建设，充分发挥央企在东北产业创新中的引领作用，同时积极支持民营科技企业投身于新兴产业和未来产业发展之中；四是打造支持新质生产力发展、推进东北地区科技发展和产业创新的投融资体制。

四、关于东北振兴中的对外开放

党的二十届三中全会通过的《中共中央关于进一步全面深化改革、推进中国式现代化的决定》（以下简称《决定》）强调："开放是中国式现代化的鲜明标识，必须坚持对外开放基本国策，坚持以开放促改革，依托我国超大规模市场优势，在扩大国际合作中提升开放能力，建设更高水平开放型经济新体制。"在新时代东北全面振兴的关键阶段，认真学习贯彻党的二十届三中全会精神，推动东北地区全方位开放，建设更高水平的开放型经济新体制，具有十分重大而深远的意义。

要充分认识东北对外开放在国家总体对外开放格局中的战略地位。改革开放40多年来，我国对外开放呈现出由南至北梯度开放的格局。20世纪70年代末80年代初，以深圳经济特区建设为标志的珠江三角洲对外开放，对应于国际资本向亚太地区流动、亚太地区劳动密集型产业向中国转移的形势；90年代，以浦东新区建立为标志的长江三角洲对外开放，对应于全球化进程加快、中国积极参与全球化的形势；10多年前，"一带一路"倡议及京津冀协同发展战略的提出是以全球金融危机之后美国的单边主义导致逆全球化倾向为背景的；最近几年，中央强调东北要成为对外开放新前沿，这是基于地缘政治新变化、中美贸易冲突加剧、俄乌冲突及俄战略向东向亚洲转移，进而东北亚成为国际合作热点地区的形势做出的重大判断；而发挥东北作为东北对外开放新前沿的作用，推动全方位对外开放，特别是加强与东北亚各国的深度合作，已成为我国应对百年变局、保障国家安全、拓宽国际合作空间，实现世界政治经济秩序向有利于我国方向转变的战略选择。

我国东北地区地处东北亚区域的中心地带，向北与俄蒙接壤，是我国的北大门；向东与朝鲜半岛相连，与日韩隔海相望；向南通过辽宁沿海连接太平洋，与亚太国家和地区沟通紧密；向内与京津冀和东部沿海省市相互依存，是畅通国内大循环、联通国内国际双循环的关键区域。东北海陆大通道是"一带一路"的重要线路，是我国沿海地区和日韩"北上西进"到欧洲的便捷通道。东北产业基础雄厚，人才科技资源丰富，生态环境良好，在经济合作方面与相关国家和地区具有难得的互补性。应当充分认识东北的开放优势，增强开放前沿意识，推进东北地区全面开放，这不仅是东北全面振兴取得新突破的需要，更是我国应对世界百年未有之大变局、开拓全方位高水平对外开放格局、突破以美国为首的西方国家对中国的遏制打压和围堵、维护国家安全、实现第二个百年奋斗目标、加快中国式现代化进程的需要。

东北地区的全面开放是一个多维度全方位开放的概念，从开放格局看，既要对外开放，也要对内开放；从开放方位看，包括了东西南北中全方位开放；从开放内容看，既包括资金技术信息的流动型开放，也包括规则规制管理标准等制度型开放。

一是进一步加强对内开放。东北地区在长期计划经济中形成的封闭性特征，首先需要通过对内开放予以打破。要通过深化改革缩小东北与先进地区在市场化和开放度方面的差距，尽快融入全国统一大市场。要加强东北振兴战略与发展京津冀、长江经济带、粤港澳大湾区等国家重大战略的对接，消除各类阻挡要素跨区域流动的障碍，积极接受先进地区资金、技术、人才、信息等资源的辐射，发挥东北地区自身优势，在畅通国内大循环、联通国内国际双循环中发挥更大作用。

二是加快实施向北开放战略。要充分认识到在世界经济政治格局深刻变化的形势下，东北地区向北开放、积极开展对俄罗斯经贸合作的重大战略意义和难得的历史机遇。要深入分析中俄经济互补性，挖掘两国经贸合作潜力和空间，积极开展与俄罗斯多领域的务实合作。要大力推进石油、天然气、核电等领域的合作，强化中俄能源交易和物流设施建设，保障我国的能源安全。要加强东北地区各边境口岸现代化建设，提供高效率通关便利服务，促进对俄贸易高质量发展，把各口岸城市打造成中俄贸易物流枢纽城市。要充分发挥东北地区的产业优势，有效利用俄罗斯远东开发战略的各项政策，参与远东地区基础设施投资、资源开发、环境保护、农业发展、制造业等领域的合作。要加强与俄罗斯人才、技术、资金等领域的交流与合作，在推进产业合作的同时，逐步建立完整的产业链和供应链，带动东北地区的产业转型与升级。

三是以 RCEP（区域全面经济伙伴关系协定）为契机深化与日韩合作。作为东北三省的主要贸易和投资伙伴，日本和韩国之前在东北做了大量投资。

当前受地缘政治形势变化，合作受到一些阻碍，日韩企业开始重构产业链和供应链并转移投资。由此，要抓住 RCEP 实施的契机，加快建设以 RCEP 为基本原则的国际化投资环境，加强与日韩企业的沟通，帮助他们解决发展中的困难，恢复日韩企业在东北投资发展的信心，稳固原有的合作关系，同时实施更加优惠的政策，吸引日韩企业通过增量投资进行产业升级，在东北地区形成新兴产业的产业链和供应链。

四是建设东北海陆大通道。要把东北海陆大通道建设纳入国家"一带一路"的重点建设项目中予以推进。加快东北亚国际航运中心建设和大通道沿线物流枢纽建设，提升辽满欧、辽蒙欧两条海铁联运班列转运效率，争取开辟辽宁沿海港口至欧洲的"北极航线"，打造连接亚欧大陆的"一带一路"新通道。东北海陆大通道沿途四个副省级城市，哈长沈大要一体化发展，提高对外开放水平，完善中心城市功能，打造东北亚地区最具活力的城市带。大连应发挥好东北亚重要的国际航运中心、国际贸易物流中心和区域性金融中心作用。

五是积极稳妥推进制度型开放。东北全面开放能否顺利推进，关键是能否创造一个具有竞争力的国际化的营商环境。要下决心推进规则、规制、管理、标准等制度型开放，用制度型开放倒逼行政体制改革，补齐东北地区国际化营商环境的短板，不断提高贸易投资的便利性，增强东北地区对国际先进生产要素的吸纳能力。

五、关于东北振兴中的营商环境建设

改善营商环境是国家实施东北振兴战略以来，对东北地区提出的一项重要而艰巨的任务。习近平总书记每次到东北考察都强调改善营商环境的重要性，特别在 2018 年 9 月主持召开的深入推进东北振兴座谈会上，对东北振兴提出六个方面要求，其中排在首位的就是"以优化营商环境为基础，全面深化改革"。近年来，东北各级党委、政府认真贯彻落实习近平总书记的重要指示，在加强营商环境建设方面做了大量卓有成效的工作，东北地区的营商环境有了明显改善，但是与先进地区相比，与企业和老百姓的期望相比，还有不小的差距。这一差距主要表现在东北地区对先进生产要素，包括资金、技术、人才的吸纳能力仍然不足，"孔雀东南飞"和"投资不过山海关"的问题仍然未从根本上得到解决。在全国各区域都在致力于打造高水平营商环境的背景下，东北地区不能再满足于原有水平的营商环境了，而必须对标先进地区的标准，提高建设营商环境水平，增强东北地区对先进生产要素的吸纳能力，推动新时代东北全面振兴实现新突破。

什么是高水平营商环境？就是党中央提出的市场化、法治化、国际化的营商环境。这一概念可以追溯到党的十八届五中全会，当时明确提出了要完善法治化、国际化、便利化的营商环境，这是中央文件中对市场化、法治化、国际化营商环境的早期表述。2019年10月，国务院通过了《优化营商环境条例》，以政府规定的方式明确了市场化、法治化、国际化营商环境的定义，并提出了具体的政策措施。党的二十大报告进一步强调，市场化、法治化、国际化一流营商环境建设是当前中国推动实现高质量发展和中国式现代化的重要保证。党的二十届三中全会《决定》从"构建高水平社会主义市场经济体制""完善高水平对外开放体制机制""完善中国特色社会主义法治体系"三个角度，分别深入阐述了通过全面深化改革，构建高水平的市场化、法治化、国际化营商环境的基本原则和具体的改革措施。特别是《决定》强调"构建全国统一大市场""规范地方招商引资法规制度，严禁违法违规给予政策优惠行为"，这实际上是对以往个别地区在营商环境建设方面随意性做法的一种纠正，更加凸显了通过深化改革，建设统一的市场化、法治化、国际化营商环境的客观必要性。

东北地区如何通过深化改革，加快建设市场化、法治化、国际化营商环境？从市场化角度，就是要持续不断地推进市场化改革，培育壮大市场机制，促进市场机制在资源配置中发挥决定性作用，同时要界定好社会主义市场经济条件下政府与市场的关系，加快政府职能转变，深入推进行政管理体制改革，提高政府对市场主体的服务意识和服务效率，在鼓励市场主体充分竞争的前提下，维护市场竞争的公平性。从法治化角度，对东北地区来说，法治化建设是当前营商环境建设中一块短板。要着力解决当前东北地区营商环境缺乏法治保障的问题，克服政府在服务市场主体过程中的随意性、不稳定性、缺乏诚信，甚至忽视或侵犯市场主体合法权益的倾向，加大法治化营商环境建设力度。在立法层面，进一步完善适应社会主义市场经济体制的商事法律法规体系。在执法层面，增强政府部门依法行政意识。在司法层面，加强司法机关队伍建设，提高司法人员素质，推进各司法机关公正公平司法。在遵法层面，积极引导企业和个人遵法守法，共同维护法治化市场经济秩序。从国际化角度，打通国内循环和国际循环的体制界限，积极稳步扩大规则、规制、管理、标准等制度性开放，主动对接国际高标准经贸规则，打造面向东北亚区域对外开放新前沿，建设高水平开放型经济新体制。

在谈到营商环境建设问题时，我还想举一个具体例子。2024年9月，我率队到大连长兴岛恒力重工集团有限公司（简称恒力集团）调研，见到一位熟人，他原来在中国船舶重工集团有限公司上海总部工作，目前在恒力造船（大连）有限公司担任领导职务。我随口问他：从上海到大连长兴岛有什么感想，有什么得失？他说，把长兴岛打造成为一个世界级的造船基地不仅是政府的梦想，也是他作为造船人的梦想，为了实现这一梦想，即使不拿报酬，他也要为之奋斗。这句话既使我感动，也让我很受启发。其实在东北振兴过程中，许多事情政府自己是做不了的，比如产业结构调整，打造现代产业体系，必须靠企业来做。但是政府可以创造一个有吸引力的营商环境，采取一些政策措施，吸引企业来完成政府目标。十几年前，我们为推进产业结构调整，引进了恒力集团到长兴岛投资，恒力集团共投入资金2000亿元，目前长兴岛世界级石化基地建设已见雏形，同时恒力集团又收购了韩国STX造船，再过三五年，长兴岛又会崛起一个世界级的造船基地。在此过程中，政府做了什么？我们就是打造了一个良好的营商环境，却用企业的力量做成了大事，完成了政府的工作目标，做出了政府人员想做而做不到的事情。这个投入产出关系是显而易见的，我们何乐而不为？我想用这个例子说明，如果政府部门弯下腰来创造良好的营商环境，尽心尽力做好对企业的服务工作，企业一定会创造更多的社会财富，为地方经济发展做出更大贡献。

　　建设高水平营商环境是东北振兴实现新突破的重要保证，也是东北地区与全国各地区同步实现中国式现代化的重要保证。营商环境的好坏是一个地区核心竞争力的重要标志。营商环境只有更好，没有最好，当前全国各省市都在积极开展营商环境建设，以取得更大的竞争能力。东北地区要想迎头赶上，与全国同步实现第二个百年奋斗目标，必须在全面深化改革上下功夫，建设与其他地区同等水平甚至更高水平的市场化、法治化、国际化营商环境。

2025 年 2 月

前　言

党的二十大报告指出："中国式现代化是人与自然和谐共生的现代化。人与自然是生命共同体，无止境地向自然索取甚至破坏自然必然会遭到大自然的报复。我们坚持可持续发展，坚持节约优先、保护优先、自然恢复为主的方针，像保护眼睛一样保护自然和生态环境，坚定不移走生产发展、生活富裕、生态良好的文明发展道路，实现中华民族永续发展。""我们坚持绿水青山就是金山银山的理念，坚持山水林田湖草沙一体化保护和系统治理，全方位、全地域、全过程加强生态环境保护，生态文明制度体系更加健全，污染防治攻坚向纵深推进，绿色、循环、低碳发展迈出坚实步伐，生态环境保护发生历史性、转折性、全局性变化，我们的祖国天更蓝、山更绿、水更清。"

党的十八大以来，以习近平同志为核心的党中央以前所未有的力度大力推进生态文明建设，我国污染防治攻坚战各项阶段性目标任务全面完成，生态环境得到显著改善。回望十多年来生态环境领域的辉煌成就，优良天数、优良水体比例明显提升，蓝天碧水已成为常态，祖国大地从南到北，从东至西，美丽中国蓝图徐徐展开。但同时，我们也要清醒地认识到，中国在生态文明建设方面仍面临许多挑战，作为一个拥有14亿人口的大国，中国面对着复杂多变的环境问题。

党的十八大召开之前，中国面临着多种严峻的生态问题。事实上，虽然我国在资源总量方面拥有着巨大的优势，但人均水平却较发达国家有着一定的差距。我国生态文明建设所面临的问题主要体现在能源资源的严重短缺、能源转换效率较差，以及生态环境受到污染较多等方面。资料显示，我国人均矿产资源仅占全世界平均水平的六成左右，主要矿产资源人均占有量也不足世界平均水平的二分之一；石油、天然气、金属矿石等资源更是远远低于世界平均水平，人均石油与天然气占有量仅为世界平均水平的6.2%和6.7%；人均煤炭量约为世界平均水平的69%；人均水资源占有量仅有1785立方米，约占世界平均水平的25%；人均耕地和森林面积分别为世界平均水平的三分之一和五分之一。国土资源部2009年1月印发的《全国矿产资源规划（2008—2015年）》预计，如果既不加强勘查，也不改变经济发展方式，到2020年，对于我国发展至关重要的45种主要矿产资源，其中19种矿产将出现不同程度的短缺，其中11种是国民经济的支柱矿产；石油对外依存度将提高到60%，铁矿石将达到40%左右，铜和钾仍保持在70%左右。我国经济发展虽然取得了巨大成就，国内生产总值年均增长9.8%，能源消费年均增长5.6%，基本实现了能源消费翻一番的目标，但是2000年至2009年，我国一次能源消费总量年均增长9.4%，不过是同期世界平均增速的3.7%；国内生产总值单位能耗浪费现象却十分严重，约为美国的4倍，也是日本、法国、德国和印度等国家的6倍。2007年，我国综合能源效率约为33%，比发达国家低10个百分点；煤炭消费率高于世界平均水平40个百分点；2009年，水电、核电、风电等清洁能源占全国一次能源消费总量的比重约为8%，更是明显低于国际平均水平。同时，过度追求经济发展更是带来了极为严重的环境污染。污染范围在逐年扩大，污染程度愈发严重，如：水污染、大气污染、土壤退化、生态系统结构遭到破坏、生物多样性减少、城市建设导致的声污染与光污染治理困难，固体废弃物污染程度不断加剧，使得环境污染的治理难度不断增加。生态系统的破坏与环境的污染，造成了巨大的经济损失，也严重影响了中国人民的生态健康，污染事故更是严重地威胁了公众安全与社会的正常运转，成了影响社会安定的不稳定因素，环境治理迫在眉睫。

2012年，党的十八大把生态文明建设纳入中国特色社会主义事业"五位一体"总体布局，明确提出大力推进生态文明建设，努力建设美丽中国，实现中华民族永续发展。建设生态文明，是关系人民福祉、关乎民族未来的长远大计。它是中国特色社会主义事业的重要组成部分，也是全球生态文明建设的重要方向之一。2015 年，中共中央、国务院发布了《关于加快推进生态文明建设的意见》，提出了建立以生态文明为核心的政治、经济、文化、社会等各领域制度的战略任务。同年，修订后的《环境保护法》开始施行，将环境保护纳入了法律保障范畴。党的二十大报告更是全面总结了过去五年的工作和新时代十年的伟大变革，指出生态环境保护发生了历史性、转折性、全局性变化。近年来，在习近平生态文明思想指引下，中国在生态文明建设方面采取了一系列具体措施，例如实行最严格的环境保护制度、加强资源节约和循环利用、发展清洁能源、推进生态修复等，努力实现经济发展与生态环境保护的良性互动，我国生态文明建设发生了历史性、转折性和全局性变化。

国家把生态文明建设纳入中国特色社会主义事业"五位一体"总体布局，对"两个一百年"奋斗目标进行全面规划设计，推动实践，落实各项举措。决策和制度安排规模空前，成效逐步显现。"绿水青山就是金山银山"等一系列生态文明新理念、新思想、新道路体现了中华民族永续发展的历史担当，积极回应了中国人民对于美好生活的热切期待，以及中国对全球生态安全的责任担当。生态文明是人类社会发展的必由之路，进入社会主义生态文明新时代是中国人民的必然选择。

中国是生态文明建设的积极倡导者和践行者。自生态文明概念提出以来，各领域专家对其内涵、哲学思辨、历史道路以及生态文明与经济发展、生态文明与制度建设、生态文明与道德文化、生态文明与环境保护、生态文明与人文发展等方面进行了广泛的研究和深入的探讨，取得了令人欣欣鼓舞的丰富成果，并逐步确立和形成了成熟的生态文明理念和理论体系。同时，针对某些地方和部门，国家有关部门立足国情，结合自身职能立足定位，对其忽略环境资源、能源承载能力极限而造成的特殊的环境破坏问题，开展了各种各样切实可行的推进生态文明建设、修补生态环境的实践活动，并取得良好的成效。

国家相关部委围绕生态文明建设在东北地区建立试点，如：国家级新能源基地建设、实现绿色经济转型、建立碳中和试点示范等，东北各地均涌现一大批令人振奋的创新成果。一部分地区在作出推进生态文明建设的决定后，积极吸收环保提案，出台环保法规，制定可行性规划，实施环保项目，涌现出一大批具有本地区特色的生态文明建设优秀个人与先进典型。同时，东北地区连续举办了各种大型生态文明论坛、辽河论坛等高水平常设论坛和学术年会，积极吸取采纳国际先进生态文明建设成果，通过国内外交流将理论与实践相结合，产生了众多生态文明建设创新理念和先进经验，为生态文明理论研究提供了丰富的实践基础。

绿色发展理念已经融入东北地区经济、文化和社会建设的各个方面。东北地区正在全面落实党和国家关于生态环境保护的决策部署，确保生态文明建设取得重要成效。本书尝试为东北地区生态文明建设提供切实可行的方案。辽宁省政协文化和文史资料委员会主任张连波先生负责本书的资料审核与指导工作，撰写5万余字。中共辽宁省委党校的张古悦为本书撰写了16万字，协助完成了书稿编纂工作。在东北地区生态文明建设工作中，仍然需要继承和发展马克思主义生态观，坚持走中国特色社会主义生态文明道路，坚定不移地推进生态优先、绿色发展，为人民创造良好的生产和生活环境，推动形成绿色发展方式和生活方式，建设生态文明体系，形成人与自然和谐发展的现代化建设新格局。

随着生态文明思想理念的升华、国家战略地位的提升和话语体系的丰富，中国生态文明之路不断深入发展。在生态文明建设方面，我国在思想意识、制度体系、监管执法等方面取得了前所未有的成就，成为全球生态文明建设的重要引领者和参与者。党的二十大明确提出"推动绿色发展，促进人与自然和谐共生"的重要战略部署，从加快发展方式绿色转型，深入推进环境污染防治，提升生态系统多样性、稳定性、持续性，以及积极稳妥推进碳达峰碳中和等方面作出具体部署安排，既具有高屋建瓴的指导意义，亦是加快生态文明建设，全面建成社会主义现代化强国、实现第二个百年奋斗目标坚定决心的重要体现。因此，必须坚决贯彻习近平生态文明思想，落实党的二十大部署和要求，推动高质量发展，促进人与自然和谐共生。

目　录

第一章
东北地区生态文明建设的任务与经验

党的十八大以来，以习近平同志为核心的党中央把生态文明建设作为关系中华民族永续发展的千年大计，大力推动生态文明建设理论创新、实践创新和制度创新，形成了习近平生态文明思想，引领我国生态文明建设和生态环境保护从认识到实践发生了历史性、转折性、全局性变化。在党中央的坚强领导下，东北地区各级党委和政府积极推动生态文明建设，秉持绿水青山就是金山银山的发展理念，全面考虑了包括山、水、林、田、湖、草、沙在内的自然要素，致力于加强生态保护和环境治理。为此，东北地区各级政府特别成立了生态文明建设和生态环境保护委员会，确立了"党政同责、一岗双责"的责任机制，确保了各级部门的职责明确、协同合作。这些措施有效促进了生态环境保护整改任务的完成，在制度建设、污染治理、监管执法以及环境质量改善等方面，东北地区均取得了显著成效，解决了众多生态环境问题，深化了绿色发展的理念，显著提升了生态环境质量，加快了美丽东北的建设步伐。特别是在"十四五"期间，面对生态文明建设的新阶段，东北生态文明建设正致力于推动经济社会发展的全面绿色转型，实现生态环境质量提升质的飞跃。

为了应对生态文明建设所带来的挑战，东北地区各级政府深入规划"十四五"期间的经济和社会发展，坚持全面贯彻新发展理念，将生态文明建设放在更为突出的位置。在实现碳达峰和碳中和的目标指引下，东北地区已经明确了生态文明建设的具体目标和任务，并将这些目标和任务细化为可执行的计划和步骤，为"十四五"期间东北地区的生态文明建设奠定坚实的基础，确保生态文明建设的方向和目标得到有效实施，为东北地区的全面振兴、全方位振兴新局面提供了有力支撑。

第一节　东北地区生态文明建设的目标任务

在"十四五"时期，我国生态文明建设的战略方向聚焦于降碳，这一时期对于推动减污降碳的协同增效、促进经济社会的全面绿色转型具有重要意义。对于东北地区而言，这不仅是生态文明建设完善提高的决胜期，也是实现生态环境质量由量变到质变的关键期。这为东北地区提出了加强生态文明建设、加快推动绿色低碳发展的新要求，同时也标志着污染防治攻坚战取得了阶段性胜利，为建设人与自然和谐共生的美丽东北奠定了基础。

在"十三五"时期，东北地区的生态环境保护工作取得了显著成效，生态环境得到了明显改善。然而，面对"十四五"时期的生态环保任务，东北地区仍需应对诸多挑战。为了实现生态文明建设的新进步，《东北全面振兴"十四五"实施方案》提出了一系列目标和措施，意图推动生产生活方式的绿色转型，提高能源资源的配置效率和利用效率，减少主要污染物排放，持续改善水、大气、土壤等生态环境，从而让生态安全屏障更加稳固，使绿色成为东北地区高质量发展的鲜明底色。东北地区的"十四五"生态文明建设规划目标不仅明确了该时期生态文明建设的新进步目标和重点任务，而且为东北地区的生态文明建设描绘了远景目标。规划重点强调了生态文明建设的优先地位，坚持绿色发展，以实现人与自然的和谐共生。东北地区各级政府正致力于将这些部署转化为具体的行动计划，确保"十四五"时期生态文明建设能够顺利开局，并为东北地区的全面振兴、全方位振兴新局面打下坚实的基础。

东北地区生态文明建设"十四五"规划均以"绿水青山就是金山银山"的理念为指导，深入实施可持续发展战略，构建生态文明体系，促进经济社会发展全面绿色转型，促进人与自然和谐共生。东北地区在"十四五"规划期间，将重点推动经济社会的全面绿色转型，这涉及从多个层面采取措施，以实现生态环境的持续改善和生态文明的深入建设。

加强环境保护，推动绿色低碳发展。东北地区作为中国北方重要的生态安全屏障，一直坚持绿色发展理念，将生态文明建设融入经济、社会、文化、政治等各个方面，努力实现经济发展与环境保护的协调统一。通过实施一系列生态保护工程，如大小兴安岭森林生态保育工程、长白山森林生态保育工程、三江平原重要湿地修复保护工程等，保护和恢复了重要的生态系统和生物多样性。此外，通过一系列综合措施，包括优化能源结构、推广清洁能源使用、提升能源使用效率等，推动绿色低碳发展，加快风光核储等清洁能源项目的建设，促进能源低碳转型。同时，积极适应电力低碳绿色发展的新形势，打造清洁能源受益电量的里程碑，通过市场化机制引导火电厂提供有偿调峰辅助服务，为清洁能源腾出发电空间，减少污染排放和降低碳足迹，实现经济效益和社会效益的双重提升，推动经济与环境发展双赢。

加强生态系统保护与修复，实现生态环境质量改善。针对历史遗留的生态问题，如矿山损毁、水土流失等，实施生态修复工程，恢复受损的生态环境。以加强森林、草原、湿地等自然生态系统的保护，以及强调对森林、草原、湿地等生态系统的保护和修复的重要性，构建和强化东北地区的生态安全屏障。提升生态系统自身的服务功能，如气候调节、水源涵养、生物多样性保护等，同时增强生态安全屏障，为维护区域生态平衡和生物多样性提供坚实基础。东北地区的目标是实现水、大气、土壤等环境要素的持续改善，这不仅关乎自然生态系统的健康，也是提升居民生活质量的关键，通过污染治理和生态修复，将为居民提供一个更加清洁、健康的生态环境。

促进经济社会发展与生态环境保护互相协调。东北地区通过加强省际间的协调与合作，共同推进生态文明建设，实现区域生态环境的共治共享。东北地区在生态文明建设中，注重产业结构的优化升级，发展绿色低碳经济，减少对环境的污染和生态的破坏。在推动经济发展的同时，注重生态保护，确保发展与自然环境的和谐共生。这要求在城市筹备、产业布局、资源利用等方面进行科学规划，构建一个良好的生态文明体系，推动绿色、循环、低碳发展。构建优势互补的区域经济布局，通过推动区域间的协调合作，形成更加均衡和可持续的区域发展模式。这将增强区域内部的发展动力，促进资源共享和优势互补，提升整个东北地区的区域竞争能力。通过深化生态文明体制改革，强化政策的引领作用，完善生态文明建设的体制机制。推动绿色发展方式和生活方式的形成，建立健全生态文明建设的评价和考核机制，确保生态文明建设的各项政策得到有效实施。提升居民的生活质量，加强基础设施的环保改造建设，包括交通、能源、信息通信等领域，同时提升城乡基本公共服务的均等化水平，增强民生保障能力，确保公共服务覆盖面更广、效率更高。

维护国家安全，提升公众生态环保意识。东北地区坚守国家粮食安全和生态安全的底线，通过实施严格的耕地保护制度、推动农业现代化、加强生态保护和修复等措施，确保国家的粮食生产能力和生态安全得到有效保障，为国家的长期可持续发展打下坚实的基础。通过教育和宣传，提高公众的生态环保意识，鼓励公众参与生态文明建设。制定和完善一系列生态环保法规和政策，加强了对生态环境保护的法律保障。

在实现碳达峰碳中和目标的过程中，东北地区也在加快实现发展模式的转变，从低成本要素投入、高生态环境代价的粗放发展模式向创新发展、绿色发展转变，这不仅有助于推动产业结构的转型升级，还将为东北地区带来更广阔的发展空间。

第二节　东北地区生态文明建设的宝贵经验

一、坚持党的领导核心地位

党的十八大以来，中国日益重视和加强生态文明建设，这是立足于我国当前的生态环境和社会主义初级阶段国情的实际需要，也反映了党和国家对生态文明建设的高度认识。为了彻底扭转生态环境恶化的趋势，中国把生态文明建设摆在突出位置，贯穿建设全过程，并与工业化、信息化、城镇化和农业现代化并行推进，全面推动绿色发展。生态文明建设是在我国社会主义现代化建设实践中诞生的，是解决我国新发展阶段生态环境问题的重要抓手，同时也是集体智慧的结晶。目前，重视经济而忽略生态的传统工业化道路已经不再适应我国当前经济发展和社会建设的需要。这是因为经济增长与生态环境保护之间存在矛盾。虽然经济发展是社会进步的基础，但由于经济发展而带来的生态环境破坏后果是无法逆转的。党中央多次强调只有大力实施生态文明建设，才能解决当前社会建设和发展所面临的问题。中国的发展绝不会以牺牲生态环境为代价来追求短期的经济增长。坚持党的领导是打赢生态文明攻坚战的坚强保证。只有坚持党中央的坚强领导，才能实现我国生态环境建设实现历史性、逆转性和全面性的深刻变革，确保生态文明建设取得圆满成功。

在党的领导下，当前中国正在全面贯彻绿色发展之路。党的十八大将生态文明建设提升到新高度，并深化了对人与自然、人与社会关系的认识。党的十九大报告强调，坚持人与自然和谐共生。建设生态文明是中华民族永续发展的千年大计。党的十九届四中全会再次强调了生态文明建设的重要意义，提出了坚持和完善生态文明制度体系的努力方向和重点任务，并努力推动其迈上新台阶。党中央顺应社会发展潮流，不断响应人民日益美好生活的责任担当。党的十九届六中全会提出，需要更加自觉地推进绿色发展、循环发展、低碳发展，坚持走生产发展、生活富裕、生态良好的文明发展道路。

党的二十大报告指出，实现人与自然和谐共生的目标是中国式现代化应达成的目标，明确了我国生态文明建设的战略使命，推进绿色发展，促进人类与自然的和谐共存。报告充分肯定了我国生态文明建设所取得的成就，并全面系统地阐述了持续推进生态文明建设的战略思路和方法，其中包括产业结构调整、污染治理、生态保护、应对气候变化等方面。此外，报告还提出了一系列新视角、新需求、新趋势和新用途，以指导未来生态环境保护工作。这些措施体现了中国共产党对中国人民高度负责的态度，也是全面实施绿色发展的必然要求。

当前社会发展趋势下，建设生态文明是保护生态环境、协调经济发展、解决经济社会发展不协调不平衡问题、促进人类可持续发展的重要任务。坚持党的领导是解决好新时期我国社会主要矛盾、抓好生态文明建设、处理好经济基础和上层建筑的关系、协调好各项活动的枢纽。中国特色社会主义现代化建设将密切关联于中国发展的现实和未来，亦是生态文明建设必然的选择。

二、坚持以人民为中心

党的十九大报告指出，我国社会主要矛盾已经转化为人民日益增长的美好生活需要和不平衡不充分的发展之间的矛盾。面对当前社会主要矛盾的转变，需要集中精力解决关键的生态环境问题，以营造一个适宜人民生产和生活的优良环境。随着我国经济的快速发展，长期存在的物资短缺和供给不足问题已经得到了根本的解决。人民的生活水平有了显著提升，对生活质量的期待也已经从"高需求"转为了多维度、多层面和多方面的"高质量"。特别是在生态环境领域，人民的期望有了显著的转变。过去，人们主要关注的是如何满足基本的生活需求，而现在，人们更加重视周边生态环境的保护与提升。如何更好地生存曾经是人们的主要目标，但现在，生态平衡和环境质量成为人们追求的重点。绿色生活不仅是人民对美好生活的向往，也是对未来社会发展的期待。为了满足人们对更高品质生活的追求，必须推动经济和社会的全面绿色转型。这不仅能够满足人们在物质和文化生活方面的更高标准，也能够满足对更加优美生态环境的需求。通过坚持生态优先的原则促进高质量的发展，可以创造出更加优质的生活，实现目标的和谐统一。

东北地区各级政府深刻认识到生态环境保护的重要性，将其作为实现党的初心使命和保障民生的重要任务。始终坚守党的初心使命，以全心全意为人民服务为根本宗旨，坚持"人民至上"的原则，不断强化公仆意识和为民情怀。同时专注于解决大气、水和噪声等能够直接影响到居民日常生活和健康的环境问题。除此之外，东北地区各级政府在生态环保督察方面采取了坚定措施，确保生态环境保护任务得到有效执行，并对破坏生态环境的行为进行了严肃的查处。

东北地区积极打好污染防治的攻坚战，推动生态文明建设，以实际成效服务于人民、造福于人民。将人民对美好生活的向往作为工作的出发点和落脚点，努力实现生态价值的转换，探索生态产业化和产业生态化的有效途径。通过依托优质的生态资源，发展林下经济、海洋经济及冰雪产业，同时加强绿色发展技术创新，建立健全绿色低碳循环发展经济体系，完善生态保护补偿制度和生态产品价值实现机制，确保保护者、贡献者以及经营主体在生态环境保护中获得合理的回报。当前，东北地区正朝着绿色、可持续的高质量发展方向稳步前进，为实现东北全面振兴、全方位振兴打下坚实的基础。

三、构筑科学的生态保护政策

为了实现生态文明建设的科学合理布局，必须以实现建成社会主义现代化强国的目标为出发点，并依托五大发展理念来形成生态文明建设战略建设体系。这一战略布局体系以"五位一体"总体布局为引领，意图推动城乡一体化进程。其中，根据各地实际情况因地制宜地发展生态产业是重要的创新点之一。强调将生态文明建设置于重要位置，通过科学合理的手段来构建系统性协同性生态文明社会。

建设科学合理的生态文明的核心是完善生态文明制度保障。目前生态文明建设的突出问题大多与不完善的系统有关。生态文明要在制度层面实现资源节约型社会建设、循环经济发展的要求，就要将循环经济发展纳入国民经济和社会发展规划，推进评价指标体系和科学审查机制，建立环境保护和生态修复的经济奖励制度，建立水权和污染排放权交易制度，以及制定综合利用自然资源和环境保护等方面的制度框架和计划。党的十八大以来，党和国家已经发布了一系列政策措施，如党政同责、一岗双责、齐抓共管等，制定了《环境保护督察方案（试行）》《生态环境监测网络建设方案》《开展领导干部自然资源资产离任审计的试点方案》《党政领导干部生态环境损害责任追究办法（试行）》等重要文件，各级党委、政府在环境保护方面发挥了充分的职能，建立了生态文明制度体系，推动制定最严格的生态环境保护制度，主要从以下两个方面入手。

第一，重新改革审评体系。长期以来，地方政府常常强调经济发展，却忽视环境保护的评价观点。"唯 GDP 论"只为区域经济增长服务，不惜牺牲生态环境质量。2013 年 5 月 24 日，习近平总书记在中央政治局第六次集体学习中指出，只有实行最严格的制度、最严密的法治，才能为生态文明建设提供可靠保障。[①] 最重要的是要完善经济社会发展考核评价体系，把资源消耗、环境损害、生态效益等体现生态文明建设状况的指标纳入经济社会发展评价体系，使之成为推进生态文明建设的重要导向和约束。要建立责任追究制度，对那些不顾生态环境盲目决策、造成严重后果的人，必须追究其责任，而且应该终身追究。要加强生态文明宣传教育，增强全民节约意识、环保意识、生态意识，营造爱护生态环境的良好风气。

对于一小部分生态文明建设不尽如人意的地区，不应仅以经济效益为唯一评价原则，而是应建立生态环境效益优先的绿色评价体系。该体系应力求

① 中共中央文献研究室：《习近平关于全面建成小康社会论述摘编》，中央文献出版社，2016 年版。

将经济效益与生态环境结合起来，并将人们对生态环境的满意度作为评价指标之一。积极将节能减排、资源消耗、环境损害、生态效益等能体现生态文明建设状况的指标纳入经济社会发展评价体系，建立体现生态文明要求的目标体系、考核办法、奖惩机制，通过科学评价，具体问题具体分析。针对不同领域和不同方面，应设置不同的评价标准和处罚机制，形成科学的评价体系。同时，应创设绿色考核内容，明确绿色考核的具体目标，并建立生态补偿监测机制。坚持多层次考核体系，将绿色发展指数、环境治理指数、环境质量指数，生态保护指数、增长质量指数、绿色生活指数等方面作为评价标准，使之成为推进生态文明建设的重要导向和约束力量。助力生态环境向好向稳发展，推进生态环境治理体系和治理能力现代化，为建设美丽中国提供有力的制度保障。

第二，形成生态文明保护监督责任制度。为了保护环境，各地已经建立责任追究制度，并对领导干部实施责任终身追究制。如果在地方发展的过程中，官员忽视生态环境保护而做出的决定造成了严重后果，就必须承担责任，并且要承担终身责任。2015 年 8 月，中共中央办公厅和国务院办公厅联合发布了《党政领导干部生态环境损害责任追究办法（试行）》，其中就提出了建立责任制。这是我国首次让党政领导干部对生态环境损害负责，并提出了"终身追究"的原则。随后，《生态文明体制改革总体方案》进一步明确了建立生态环境损害责任追究制度，引入了环境损害责任终身追究制。追究制度强调，领导干部即使离任后出现对生态环境造成重大损害并认定其需要承担责任的，实行终身追责。由于生态环境问题发展滞后较大，一些领导干部在任职期间往往会牺牲生态环境建设换取经济发展。然而，过分关注经济发展，在环境上却造成了不可逆转程度的巨大损失，最终反而影响了经济发展。终身追责制度可以最大限度地减少生态环境的损失，避免领导干部在任期内为促进经济发展而做出的牺牲环境的行为。

只有最为严格的制度和法规才能为生态文明建设提供可信的保障，健全的制度是最有力的工具。因此，需要全面建立源头预防、过程控制、损害补偿、问责追究等生态环境保护制度；全面建立资源高效利用制度；完善自然资源产权制度；实施资源付费使用制度；实行总量资源管理和综合保护制度；完善资源节约和循环利用政策制度；改进自然资源监管制度。同时，要完善生态保护恢复制度，提升重要生态系统的保护和可持续利用。此外，也应该鼓励公众积极参与生态文明建设，营造全社会共同推进生态文明建设的氛围，为东北地区生态安全筑起一道不可逾越的屏障。

第三节　生态文明建设视域下东北地区生态安全治理

　　生态安全已经成为国家生存和发展的基础，并且在经济、政治、文化、科技、信息、军事、国防等各个领域逐步发展，成为全体公民的资源支撑和基本保障。在生态文明建设过程中，生态安全视角占据着重要地位。在国家安全和运用系统辩证思维的大背景下，生态环境安全是国家安全体系的重要基石，并且是实现经济和社会可持续稳健发展的关键。保障生态安全不仅至关重要，而且可以有效预防生态风险，维护生态安全也是建设人类命运共同体的坚实基础。党的十八大以来，党中央高度重视依法治国建设，以保障生态安全为目标，强调应全面贯彻落实法律法规的制定和体制机制的完善，并使生态文明建设正式步入法治化、制度化、规范化的轨道，以更好地保障生态安全。特别是要改进环境审查和评估制度，建立生态环境责任体系，建立资源生态环境管理体系，建立国家土地空间开发保护系统。加强对水、空气和土壤污染的防治，完善环境损害赔偿制度，以保护生态环境，确保建立最严格的生态环境制度和法治保护。

　　2018 年 9 月，习近平总书记在沈阳主持召开深入推进东北振兴座谈会时强调，东北地区是我国重要的工业和农业基地，维护国家国防安全、粮食安全、生态安全、能源安全、产业安全的战略地位十分重要，关乎国家发展大局。^① 其中，东北地区的生态安全是生态文明建设的重要组成部分。

一、东北地区的自然资源

东北地区是中国三大平原之一，拥有极为丰富的自然资源。东北平原由三江平原、松嫩平原和辽河平原三个部分组成，总面积约为 35 万平方公里。^② 这一地区跨越黑龙江、吉林、辽宁以及内蒙古四省（自治区），位于大兴安岭、小兴安岭和长白山脉之间。

东北地区以其丰富的资源而闻名，木材、石油、煤炭等多样的矿产资源储量在国内均占据领先地位。尤其是油气资源，是东北平原重要的自然资源。目前，东北地区探明石油地质资源质量为 83.34 亿吨，天然气地质资源量 4791.67 亿立方米。^③ 东北平原上的三大油田——大庆油田、吉林油田和辽河油田，其石油储量占全国的一半以上，且仍具有巨大的开发潜力。至于煤炭资源，东北地区的储量大约为 723 亿吨。其中，内蒙古东部占据了 60%，黑龙江省拥有 27%，而辽宁省和吉林省共占 13%。^④ 这些资源的丰富储备为东北地区的经济发展提供了坚实的基础。

吉林省境内已发现矿产 136 种，占全国已发现矿种的 84%，探明储量的矿产有 88 种，占全国探明储量矿种的 50%，是国内有较多矿种的省区之一。

辽宁省境内共发现各类矿产资源 110 多种，铁矿保有储量在全国居首位。辽宁是全国铁矿集中产地之一，产地 70 处，保有储量 109.48 亿吨，主要集中分布于鞍山、辽阳及本溪地区。

黑龙江省煤矿储量居全国第 12 位，但煤质好，主要是炼焦用煤。黄金储量居全国第三位，其中砂金储量居全国第一位。已开发利用的矿产包括石

①《统筹高质量发展和高水平安全读本》编写组：《统筹高质量发展和高水平安全读本》，人民出版社，2024 年版。

② 中国大百科全书数据库：《东北平原》，http://h.bkzx.cn/item/5727/?Q= 东北平原。

③ 张君峰，许浩，赵俊龙，等：《中国东北地区油气地质特征与勘探潜力展望》，《中国地质》2018 年第 45 期。

④ 开源中国地理基金会中国分会：《中国东北地区的自然资源》，https://www.osgeo.cn/post/e2307。

油、天然气、煤、铁、金、铜、铅、锌等。[①]

　　东北地区的水资源相对丰富，水资源总量达到 2100.49 亿立方米，水能资源理论蕴藏量约为 1749.26 万千瓦。[②]不仅可以节约煤炭和石油资源，还可以在东北电网峰谷和频率调节中发挥重要作用。东北黑土地带土壤肥沃，是世界四大黑土区之一，面积约 103 万平方公里。由于其较大的日温差，适宜生产高质量的粮食作物，是中国最大的高质量商品粮生产基地。东北地区谷物产量约占中国总产量的三分之一，也是重要的畜牧业生产基地。

　　作为我国的"大粮仓"，东北地区一直发挥着维护人民食品安全、提升城乡居民幸福感的重要作用。2017 年，东北三个省、区占全国粮食耕种面积的 19.63%，占全国粮食总产量的 21%，其中水稻、玉米和大豆的产量分别占全国的 18.46%、33.75% 和 52.85%，外调粮食数量超过了全国的 60%，成为全国粮食生产增长最快、比重最大的地区之一。东北地区的粮食生产对于全国粮食生产水平以及我国的粮食安全体系和农业生产具有重要影响。东北地区的主要粮食作物包括玉米、水稻、春小麦、大豆、马铃薯、小麦等，其中玉米、水稻、大豆三大主要农作物在东北地区的种植面积占比达到了 95.02%，而玉米的种植面积超过了 1/2。[③]东北地区生态环境的变化与东北地区的生态安全直接相关，同时，也对东北亚生态安全产生直接影响。这不仅关系到东北地区经济发展水平，也与东北地区各族人民的重要生活福祉密切相关。因此，东北地区的生态安全对于维护"五大安全"至关重要。

---

① 中国矿业网：《全国重点城市煤炭铁矿等主要矿产资源分布》，https://www.mnr.gov.cn/zt/hd/dqr/41earthday/zygq/201003/t20100330_2055687.html。

② 根据《辽宁省水资源公报（2023 年）》《黑龙江省水资源公报（2023 年）》《吉林省水资源公报（2023 年）》整理而成。

③ 余志刚，崔钊达，宫思羽：《东北地区建设国家粮食安全产业带：基础优势、制约瓶颈和建设路径》，《农村经济》，2022 年第 5 期。

二、东北地区生态安全的重要内涵

东北地区的生态安全拓展了总体国家安全的内涵与外延。第一，东北地区的生态安全丰富了国家生态安全的内涵。由于自然、人文等环境的独特性，东北地区的生态安全建设是一项复杂的系统工程，涉及的内容丰富多样，不仅涉及对大面积的生态脆弱区实施保护和修复，而且涉及移民搬迁、稳边戍边、振兴老工业基地等多项课题，是国家生态安全建设的重要组成部分。第二，东北地区的生态安全拓展了国家生态安全的外延。相较于全国其他省、区，东北经济人口流失明显（包含外出务工人员等流动人员），呈现出对区外依赖度高、受区外经济周期影响大、经济稳定的基础条件较差的特征。处于寒温带环境下的东北地区生态安全建设，既包括了一般区域生态安全建设的内容，也涵盖与其区域自身特征有关的内容，如：由于东北地区的矿产资源开采周期较长，目前已经探明的地下资源严重衰减，导致部分城市的资源已经枯竭。这种情况下发生的大规模环境污染和生态破坏，会引发许多经济和社会矛盾。作为一个资源型城市，当资源枯竭、城市经济发展停滞时，会令下岗人数增加，居民生活陷入困境，各种社会冲突也会随之而来。需要针对东北地区生态安全进行研究，加强科学管理，形成具有东北特色的生态安全建设体系路径策略。第三，东北地区生态安全也与我国国土安全、政治安全、军事安全、文化安全、社会安全等紧密关联。东北地区毗邻俄罗斯、朝鲜、蒙古等国家，漫长的边境线是我国东北一道得天独厚的天然屏障。受地缘政治的影响，东北地区与周边国家在经济、文化上联系紧密，生态安全建设会对我国国家总体安全建设起到积极作用。

在国家和东北地区共同努力下，东北生态安全体系建设取得了积极成效。当前，东北地区仍是全国生态建设情况较好的区域之一。然而，在全球气候变化的背景下，东北地区的自然生态系统仍然比较脆弱，生态系统质量还需要改善，生态保护压力相对较大，生态保护和修复仍存在系统性不足，各种投资机制尚未建立，科技支持能力仍需提高。在"十四五"时期，东北地区面临着更加复杂和严峻的形势，呈现出发展阶段重叠的特征：传统产业转型期，经济增长缓慢带来的社会问题日益突出；推进大型社会力量高质量发展的阶段，提高民生、增强幸福感的任务更加艰巨；生态环境进入绿色低碳转型期，加强生态控制和污染防治的任务日益繁重；工业结构进入合作发展强化期，优化环境的任务更加紧迫。在当前综合国家战略的指引下，必须从多维度视角出发，全面优化东北地区生态安全体系结构，不断加强经济社会发展和生态环境保护的协调共进。要加强传统产业转型升级，优化工业布局，改善生态环境，加强区域合作，不断提高东北地区全面振兴、全方位振兴的整体水平。

三、东北地区生态安全的实践方法

在构建生态安全体系时，应将生态保护管理的范围从生态环境与自然资源扩大到经济、社会、文化等各个领域，实现总体建设。综合建设生态文明是与国家安全战略相一致的，因此需要与经济、社会、文化建立和谐的保护与发展机制，加强不同层级和类型部门之间的协同保护与合作，提高保护与发展的质量能力，并实施监督标准，推进产业生态化和生态产业化。此外，还需重点研究、开发和实践社区生态服务经济相对薄弱的领域。在东北地区，由于历史原因和产业经济结构特点，在生态环境保护方面面临着众多特殊的挑战和问题。为了解决这些问题，应当在构建生态安全体系时，充分考虑东北地区的实际情况，以确保其生态环境的可持续性和安全性。在社会方面，应将人地和谐作为发展目标，并加强实践，促进经济、社会和生态的和谐发展。在文化方面，应建立和加强文化生态保护体系，用文化管理来服务生态管理，在全国树立东北地区生态相关传统文化和现代文化产业结合的品牌形象，提升其在文化领域的影响力和竞争力。

当前，东北地区生态安全体系建设仍存在基础设施不足、专业人才匮乏、资金投入不足及科技推广转化不足等多方面困难。"十四五"时期，应全面考虑，优化综合支撑保障体系建设。在生态安全基础设施方面，应积极建设生态文明示范区。在组织人员保障体系建设方面，应拓宽人才渠道，实施激励性人才引进机制。在政策法规保障体系建设方面，应进一步细则化和标准化，提高政策法规实施效果。在资金保障体系建设方面，应培育多元化保护发展主体，加强市场化投入机制建设，完善生态保护补偿机制，出台鼓励社会资本投入生态保护修复的有效政策和措施，改善投入不足和投入单一的状况，实现投入多元化。在科学技术保障体系建设方面，应加快东北地区生态保护修复标准体系建设、新技术推广和科研成果转化。应整合区域内外科研力量，形成优势互补，加强东北地区生态安全科研能力建设，创新提高东北生态安全管理能力。建立监督监测保障体系方面，基于前期电子检测系统建设成果，在东北地区建立综合生态监测数据库和生态安全屏障监测信息系统，不断提高利用生态环境数据的能力和环境保护运营管理水平，全面提升保护质量。在新阶段新思想背景下，东北地区生态安全建设既要站在全国生态文明建设的高度，从宏观角度综合考虑生态、国土、经济、政治和文化等因素；也要立足东北地区自身，激活各经济社会主体的内生动力，促进东北经济社会的和谐共生、良性循环和全面发展。

第二章

国内外生态文明建设的发展历程

全球化进程中，全球性问题日益凸显，这些问题已经超越了国界，关系到全人类的共同生存和发展。经济金融危机、环境恶化、能源危机、粮食危机、恐怖主义、跨国犯罪、流行病等都是当前面临的世界性问题。其中，环境恶化尤为严重，自20世纪70年代以来，环境问题已经进入了一个全球化的新阶段，其影响和后果已经扩展到全球范围，并且具有明显的公共性和跨国性特征，需要采取全球性的应对措施来解决。

在生物多样性领域，物种的大量持续损失加剧了生态系统的退化。世界自然基金会（WWF）作为全球最大的国际环保非政府组织之一，通过监测所收集的数据，揭示了全球生物多样性破坏的严重性。根据世界自然基金会和伦敦动物学会（ZSL）发布的两年一度的《地球生命力报告》2020年版的数据显示，1970年至2016年间，全球哺乳动物、鸟类、鱼类、两栖动物和爬行动物的数量平均下降了68%。在世界各地，脊椎动物的种群数量都在急剧减少，自1970年以来平均减少了2/3以上。土地的转变和退化导致一些自然生态系统面积减少了20%。气候变化对生物多样性的影响深远，尤其是当气候变化与其他威胁因素相结合时。[①] 此外，全球的淡水资源和土地正遭受严重的破坏和退化。据统计，全球有28亿人面临水资源短缺的问题，预计到

---

① 世界自然基金会：《地球生命力报告2022》，https：//www.wwf.org.uk/our-reports/living-planet-report-2022。

2030 年，这一数字将增加到世界人口的一半。不可持续的土地和水资源利用方式，如土壤侵蚀、养分流失、水资源短缺、盐碱化、化学污染和生物圈退化等，进一步加剧了这些问题。这些累积的负面效应对粮食安全、生物多样性、碳汇和碳存储构成了威胁。因此，生态环境的持续恶化已经成为一个亟待解决的严重问题。

全球环境问题的讨论和国际治理策略主要分为四个类型：气候变化与空气污染、生态环境恶化、海洋环境破坏及危险废物的跨境转移。其中，气候变化、生物多样性的丧失和土地退化构成了最为紧迫的全球环境问题，需要全球社会采取紧急和协调的行动来共同应对。同时，资源短缺、生物多样性减少和土地退化等环境问题可能演变为更广泛的全球性挑战。

联合国环境规划署（UNEP）负责统一协调和规划有关环境方面的全球事务，其职责覆盖了从空气污染、全球气候变化、淡水资源危机、土地退化与森林砍伐，到沿海及海洋污染、生态环境退化、生物多样性丧失以及毒性和危险废物的跨境流动等多个重要领域。

第一节　全球环境治理的历史与回顾

一、全球环境问题特征

全球环境问题自 20 世纪 60 年代至 80 年代逐渐显现，其治理具有以下显著特征：

第一，全球环境治理需面对整体性问题，包括气候变化、海洋污染、生态环境恶化和空气污染等五大主要问题。这些问题不仅存在于全世界，相互之间关联影响极大，同时，更是与人类的活动紧密相连，极易产生环境破坏问题的连锁反应，如生物多样性的丧失和全球变暖现象。

第二，全球环境问题具有典型的公共性，全球环境问题不仅符合典型的破坏性、危害性等极强的公共危机特点，同时它们还关系到全人类的生存和发展，需要跨国界、多层次的全球合作来解决。此外，全球环境问题超越了现有主权国家的国际体系秩序，现有的国际体系建立在威斯特伐利亚体系之上，主要应对传统政治和安全问题，而面对综合性、开放性、连锁性和超越性的全球环境问题，则需要对国际合作进行重大调整。

第三，全球环境问题在空间和时间上表现出不平衡性。从空间角度来看，不同地区受环境问题影响的程度不同，工业化国家虽然历史上排放了大量温室气体，但拥有更强的经济和技术能力来适应气候变化，而排放较少的贫穷国家生态环境则更为脆弱。从时间角度来看，环境问题的演变速度与人类生命周期不匹配，一代人的行为可能对后代产生长远影响。

第四，全球环境问题的解决方式具有不容忽视的综合性和复杂性。环境问题往往与社会经济问题交织在一起，涉及国家主权、外交、经贸、安全等多个领域。自1972年斯德哥尔摩全球环境大会以来，全球环境峰会上的各国利益分歧早已经超越了环境科学认知，许多环境问题与社会经济、外交问题纠缠于一处，使得问题更加复杂。

最后，全球环境问题是不可逆转的。环境和生态系统的复杂性代表着一旦超过临界阈值，伤害往往是难以恢复的。同时，全球环境问题的科学认知存在不确定性，地球环境系统的复杂性限制了人类对其全面、客观、深刻的理解，使得环境治理成为一个极其复杂的科学和政治问题。

二、全球环境治理的框架协议

随着环境问题的日益严峻，世界各国已经逐渐意识到环境污染所带来的全球性挑战。为了应对全球环境治理问题，国际社会已经从关注具体目标，如臭氧层保护、海洋污染防治、危险废物的跨境转移等，扩展到更为广泛的领域，如生物多样性保护和气候变化等关键环境问题。在这一过程中，集体行动和国际合作逐渐形成了共识，即通过制定环境保护的规章制度来共同应对环境挑战。框架和规则体系的建立已成为全球环境治理的重要基石。

1972 年，斯德哥尔摩《人类环境宣言》的签署标志着国际环境法律法规体系的逐步建立。随后，联合国及其他国际组织通过一系列环境条约，建立了全球环境治理的法律框架体系。其中，《联合国气候变化框架公约》及其《巴黎协定》在应对全球环境问题方面发挥了至关重要的作用，为全球气候行动提供了指导和动力。这些国际协议不仅促进了环境保护意识的提高，也为各国采取具体行动提供了法律依据和合作平台，共同应对环境问题带来的挑战。

随着国际环境协定数量的不断增加，全球环境治理在实践中遇到了一些挑战，如各条约间的原则和规则系统性缺失、协同性不足以及法规的碎片化等问题。在推动全球环境治理的过程中，存在两种主要观点。一方面，一部分学者认为国际环境法律体系需要逐步将分散的规制整体性系统化。尽管目前全球环境法取得了一定成果，但主要是具有普遍性和共识性的法律文件，如《里约环境与发展宣言》，这些文件虽然综合性较强，但约束力有限。另一方面，一些限制性较强的多边环境协定仅针对特定领域，缺乏全面性。

与之对立的观点认为，由于国际环境问题的复杂性以及不同国家主体间的利益和主张存在较大差异，实现全球环境立法的一体化在当前难度很大，实施的可能性不高。此外，这种以共识为基础的综合法可能与现有国际法律文书发生冲突，从而对环境保护工作造成损害。对于全球环境保护和国际环境法的发展，一些人认为维持现有的自由发展模式，即针对具体问题达成具体协议的方式可能更为有利。

《世界环境公约（草案）》的提出受到了国际环境政策变化的影响，反映出全球环境治理的国际政治领导权正在发生转移。环境问题的解决本质上是一个政治问题，需要通过政治途径来解决。在 21 世纪，环境问题与人类命运共同体的概念紧密相连，获得了广泛的社会支持。政治领袖越来越多地将环境保护作为内政和外交政策的突破口，环境外交在国际政治舞台上的作用日益凸显，大国在环境事务管理中的主导作用和影响力也在不断增强。

尽管国际社会为应对全球环境变化不断签订合作条约，并在环境保护方面取得了一定进展，但从整体上看，全球环境状况仍在恶化。这表明，尽管取得了一些成就，但全球环境治理仍面临着严峻挑战，需要国际社会进一步增强合作和努力。

（一）全球气候变化治理协定

全球气候变化治理是全球环境治理中的重要议题。1992 年 6 月，在联合国环境与发展会议上，各国政府签署了具有里程碑意义的《联合国气候变化框架公约》，以及随后的重要文件。该公约广泛涉及经济和社会发展的多个方面，并根据"共同但有区别的责任"原则，为发达国家和发展中国家分配了不同的责任。公约要求发达国家在 2000 年前将温室气体排放量稳定在 1990 年的水平，而发展中国家则侧重于通过技术支持和国家信息通报来确定温室气体排放源，并制定相应的气候变化减缓和适应计划。在这一协议的最终目标下，发展中国家参与全球减排成为必然趋势。然而，作为框架协议，《联合国气候变化框架公约》并未为发达国家设定具体的减排义务，这需要后续的谈判和相关协议来进一步明确。

《京都议定书》的制定和生效过程面临了重大挑战。该议定书确立了量化的温室气体减排目标和具体的时间表，为发达国家和经济转型国家设定了具有法律约束力的减排或限排额度。议定书设立了三个履约机制：国际排放贸易机制（IET）、联合履约机制（JI）和清洁发展机制（CDM）。这些机制允许发达国家以成本有效的方式在全球减排温室气体，体现了在减排承诺期内的国际合作与妥协。

然而，《京都议定书》的生效之路并不平坦。2001 年 3 月，美国政府宣布拒绝批准执行《京都议定书》，美国的退出对气候谈判进程造成了影响。为了推进《联合国气候变化框架公约》和《京都议定书》的实施，2001 年达成了《波恩政治协议》和《马拉喀什协议》。2004 年年末，俄罗斯通过了《京都议定书》，满足了《京都议定书》生效的法律条件。因此，《京都议定书》最终在 2005 年 2 月 16 日正式生效。美国退出后，其原本的减排目标不再适用，但《京都议定书》对其他签署国的减排目标并没有因此而调整。

作为首个具有法律约束力的全球气候控制文件，《京都议定书》为第一承诺期的减排设定了法定目标，具有重大的历史意义。但由于它是各方妥协的产物，其实际成效也存在一定的局限性。尽管如此，《京都议定书》在全球气候变化治理中仍发挥了重要作用，并为后续的国际气候谈判奠定了基础。

《巴厘岛行动计划》和德班会议的相关文件是"后京都时代"气候管理安排的重要成果。《京都议定书》第一承诺期于 2012 年结束，而 2007 年达成的《巴厘岛行动计划》根据"共同但有区别的责任"原则，致力于大幅减少全球温室气体排放量。该计划要求所有发达国家（包括美国）设定具体的温室气体减排目标，并鼓励发展中国家努力控制其温室气体排放量的增长。"巴厘岛路线图"强调发达国家履行其减排义务，并确保这些减排努力是可测量和可报告的。尽管如此，由于美国的反对，"巴厘岛路线图"并未为 2012 年后设定具体的温室气体减排目标。

在"巴厘岛路线图"的基础上，国际社会继续努力推进气候谈判。2008年在波兹南和 2009 年在哥本哈根召开的会议，目的是落实"巴厘岛路线图"的要求，并寻求达成新的气候协议。然而，尽管进行了广泛的讨论和协商，最终并未能达成具有法律约束力的实质性协议。这些会议的结果表明，在气候变化问题上，国际社会仍面临着重大挑战，尤其是在减排责任、资金支持和技术转移等方面。

《坎昆协议》是 2010 年在墨西哥坎昆举行的联合国气候变化大会上达成的一系列决策的总称。该协议作为气候变化谈判的一个中间成果，确立了发达国家在《京都议定书》第二承诺期的量化减排目标，并要求就其他减排措施进行额外的谈判来实施。在资金和技术支持方面，《坎昆协议》提出了发达国家向发展中国家提供资金和技术支持的"三种可能"规则，这体现了国际社会在应对气候变化方面的政治意愿和合作精神。

《坎昆协议》在减缓气候变化、适应、资金和技术等四个关键领域取得了进展。协议强调了发达国家应实施绝对减排指标，而发展中国家则应采取适当的国家减排措施，同时必须"尊重国家主权"，并通过"尊重方式进行国际磋商和分析相关信息"。在适应方面，协议建立了坎昆适应框架，目的在于帮助最不发达国家制定和实施国家适应计划。财务方面，协议决定建立"绿色气候基金"，用以支持发展中国家的减缓和适应行动。技术方面，协议决定建立技术开发和转让机制，以促进清洁技术的传播和应用。

德班会议在 2011 年举行，其核心任务是落实《坎昆协议》的成果并对《京都议定书》第二承诺期作出明确安排，以及明确议定书发达国家缔约方在议定书第二承诺期继续承担量化减排指标的责任。在德班会议上，各方通过了四份决议，反映了发展中国家的两个主要诉求：一是发达国家在《京都议定书》第二承诺期进一步减排；二是启动绿色气候基金。会议决定正式启动"绿色气候基金"，并承诺从 2012 年到 2020 年发达国家每年向发展中国家提供至少 1000 亿美元，帮助后者应对气候变化。同时，会议还同意欧盟的主张，成立了"德班增强行动平台特设工作组"，负责 2020 年后减排温室气体的具体安排。德班强化行动平台的成立标志着首次提议起草适用于所有国家（包括发展中国家）的议定书和法律文件，这表明发展中国家也将参与到减排的共同努力中。此外，"绿色气候基金"为减缓和适应气候变化提供了融资窗口，但存在发达国家可能利用该基金为跨国公司在发展中国家的子公司提供融资的"后门"。《坎昆协议》和德班会议的相关文件为全球气候治理提供了重要的框架和方向，尽管在减排义务、发展中国家的减排措施、技术转让等方面仍有待进一步明确和加强，但已经取得了一定的进展，并为未来的国际气候谈判奠定了基础。

（二）保护生物多样性相关治理协定

生态环境是一个包罗万象的概念，它涵盖了影响人类和生物体生存及发展的所有外部条件，包括动植物、水、大气、土壤等。生态环境的构成是多方面的，不仅包括水资源、土地资源、生物资源和气候资源，还涉及有毒有害废物和化学品的处理，以及大气资源等。面对水资源危机、土壤荒漠化、生物多样性的丧失和森林退化等生态环境问题，全球已经采取行动，通过签订国际条约和建立多个生态环境保护组织来进行应对。在国际上，最为人所熟知的生态环境保护协议之一是《濒危野生动植物种国际贸易公约》。

《濒危野生动植物种国际贸易公约》于 1973 年签署，并于 1975 年正式生效，至今已有 172 个国家成为其缔约方。该公约的核心宗旨是对附录中列出的濒危物种的国际贸易进行监管和控制，以避免因国际贸易、开发和利用而导致这些物种的生存受到威胁。为了确保该公约的有效执行，《濒危野生动植物种国际贸易公约》要求各缔约方建立科学机构和行政机构，并通过发放许可证和证书的制度来进行管理。在过去几十年中，《濒危野生动植物种国际贸易公约》已经通过了 500 多项决议，将超过 33000 个物种列入保护名单，并且在全球范围内保护了超过 65% 的野生动物。

《野生动物迁徙物种保护公约》，亦称《波恩公约》，于 1979 年签署，为保护陆地、海洋和空中的迁徙物种提供了一个全球合作框架，并建立了相应的国际保护机制。该公约的目标是确保迁徙物种的国际贸易不会对其野生种群的生存构成威胁。在该公约的框架下，各缔约方已签订多项针对特定迁徙野生动物物种的保护协议，涉及低地大猩猩、鲨鱼、地中海的海豚以及非洲和拉丁美洲的某些鸟类和蝙蝠等多种野生动物。

《拉姆萨尔公约》（又称《关于特别是作为水禽栖息地的国际重要湿地公约》）于 1971 年签署，1975 年生效，意图保护湿地生态系统免受损害。公约下的国际重要湿地被纳入湿地名录并受到保护。缔约国需根据国家制度保护和管理已登记的湿地，并在湿地生态特征发生变化时向秘书处报告。目前，已有 153 个国家加入该公约，并登记了 648 个"国际重要湿地"。

《生物多样性公约》是保护生物资源的主要国际机制，其缔约国大会已举行了 15 次会议，第 15 次缔约国大会于 2021 年 10 月举行。该公约的三个主要目标是保护生物多样性、可持续利用生物多样性的组成部分，以及公平合理地分享利用遗传资源所产生的利益。公约下的"科学技术和公共利益咨询机构"、"清理点机制"和秘书处均在缔约方大会的批准下运作。《卡塔赫纳议定书》作为公约的补充协议，专注于生物安全，确保对健康构成威胁的改良活体生物和现代产品的安全处理、运输和使用，常被视为跨境运输危险物品的监管安排。《名古屋议定书》（原称《生物多样性公约关于遗传资源获取与公平公正地分享其所产生惠益的名古屋议定书》）意图制定实现遗传资源的合理利用的措施，并采取行动加强生态系统，特别是濒临威胁的珊瑚礁、森林等。

（三）淡水保护相关治理协定

在淡水资源保护领域，1966 年签署的《国际河流利用规则》（也称为《赫尔辛基规则》）是一项开创性的国际公约，针对跨界河流污染问题提供了指导。该规则赋予所有国家权利，以预防新的国际流域污染，并保护其共享水流域内的水资源。此外，《国际河流利用规则》要求必须采取合理措施来减少现有污染，防止对任何国家造成严重损害。

1992 年签署的《跨界水道和国际湖泊保护和利用公约》进一步规范了跨境淡水资源的保护与利用。该公约确立了合作原则，鼓励相关国家基于平等互惠进行合作，通过双边或多边协议来预防、控制和减少跨境水资源的不利影响。在这一公约的框架下，各缔约方需在各自地理区域内制定统一的政策、计划和战略，以保护跨界水域环境，包括海洋环境。

在这一基础上，各缔约方已在不同地理区域制定了许多区域性的双边和多边水环境保护协议。1997 年签署的《国际水道非航行使用法公约》进一步强化了对水道生态系统的保护、管理和水污染的预防、减少及控制。

（四）土地、森林保护相关治理协定

在土地荒漠化和沙漠化治理方面，1994 年联合国通过了《联合国防治荒漠化公约》，这是全球范围内应对土地荒漠化和沙漠化的重要措施。该公约意图通过国际合作和伙伴关系，在干旱和荒漠化严重影响的国家，尤其是在非洲地区，采取有效措施以预防荒漠化、减轻干旱的影响，推动这些地区的可持续发展。

此外，如《联合国防治荒漠化公约》《联合国气候变化框架公约》《联合国生物多样性公约》等多项环境保护相关的国际框架协议均已建立了合作机制。这些机制的一个核心理念就是发达国家向发展中国家提供资金支持，以

帮助保护热带森林。通过这种方式，发达国家可以在《京都议定书》下，将由此产生的减排量计入其履行减排承诺的一部分。这些协议在协助巴西、印度尼西亚等国家保护本地热带森林方面已经取得了一定的成效。

（五）海洋保护相关治理协定

海洋污染是联合国环境规划署列出的十大环境问题之一，主要由石油污染、有毒有害化学物质污染、放射性污染、固体废物污染、有机物污染和海水缺氧等因素引起。随着集约化农业和电力行业等的快速发展，农用杀虫剂的使用增加导致氮、磷等物质被释放到海洋中，引发海洋污染问题，有害微生物爆发和赤潮现象已持续半个世纪。亚太沿海地区还面临工业污染、不当处理危险废弃物以及工业排放的石油和重化学品污染等问题愈发严峻。

目前，国际社会正积极针对海洋环境问题进行管控，包括海洋污染和资源开发。自斯德哥尔摩会议和里约热内卢会议以来，国际社会已制定了多项重要的国际海洋环境法律法规：《防止倾倒废物和其他物质污染海洋公约》《国际陆地污染控制条约》《国际防止船舶造成污染公约》《国际海洋污染事故控制条约》。这些条约构成了国际海洋环境污染损害控制体系。其中，控制海洋废弃物排放的国际条约包括《联合国海洋法公约》《防止船舶和飞机在海上弃置公约》《保护东北大西洋海洋环境公约》《在联合国环境规划署框架内缔结的区域海洋计划区域公约》等。《水及其海洋污染防治公约》意图防止废弃物和其他物质的倾倒，预防海洋污染。此外，在这些条约中，《联合国海洋法公约》规定制定国家海洋环境保护立法，并提供国际规则和适用技术标准。同时，为了控制倾倒行为，1972 年公约将"弃置"定义为船舶、飞机、平台或其他人造结构物从海上倾倒废弃物和其他物质的行为，并基于此制定了国际条约以控制海洋废弃物排放问题。这两项公约都适用"预防原则"和"污染者付费原则"，并需要征求相关国家的事先同意。

随着国际贸易总量的迅速增加，国际社会面临着控制海洋污染事故的任务。为此，主要的全球性多边国际协定包括《国际防止公海洋油污染公约》（1969 年修订版）、《一九七三年干预公海非油类物质污染协定书》（1973 年），以及《国际油污防备、响应和合作公约》（1990年）等应运而生。《国际干预公海油污事故公约》（1969年）授权缔约方在公海采取必要措施，防止、减轻或消除海上油污或海上事故或相关事件引起的油污威胁活动。如果沿海国家面临危险情况或对利益造成直接损失，其采取的有关措施应与其他受海洋污染事故影响的国家和船旗国协商，告知拟采取行动的自然人和法人，并听取他们的意见。同时，沿海国为防止事故污染采取过度措施给其他自然人或法人造成损害时，必须给予赔偿。1973年，《国际公海石油污染事故公约》的签署国还签署了关于在公海发生非石油物质污染时采取行动的议定书。尽管国际社会在过去半个世纪中为解决海洋环境问题作出了巨大努力，但海洋环境问题的恶化并未得到有效遏制，这与其他全球环境问题的发展趋势相似，需要持续的国际合作与行动。

第二节　国外生态文明保护治理经验

一、瑞典环境治理战略规划的经验

作为一个在环境保护中具有创新意识的国家，瑞典一直处于全球减排和可持续发展的领先地位。在2017年6月，瑞典议会通过了"气候政策框架"，其中包括国家气候目标、《气候法》和气候政策委员会三大支柱，并设置了长期减排目标，以实现零温室气体排放。具体而言，该计划意图实现2045年的温室气体零净排的长期减排目标，其中2020年减排40%，2030年减排63%，2040年减排75%。此外，政府每四年制定一次气候政策行动计划，第一份气候政策行动计划发表于2019年12月。气候政策委员会由气候、政治、经济和政策领域的专业领袖组成，负责确定气候政策的发展方向并评估其方向。这些措施均是政府制定气候政策的有力抓手。

在2020年，瑞典先后发布了多个国家战略规划，如循环经济战略、国家绿色复苏计划、国家生命科学战略以及瑞典减少温室气体排放的长期承诺等。这些都标志着瑞典气候政策框架和成就。同时，实现碳中和目标的总体战略框架和政治路径也基本形成。减少温室气体排放的措施主要分为三大类：一是增加森林和土地的二氧化碳净清除量；二是在其他国家进行的投资已证实的减排量；三是负排放技术，例如生物二氧化碳捕获和储存技术。

瑞典政府增加了对科学研究的投资，以实现其2045年减排目标。具体而言，2021年政府研发支出为427亿瑞典克朗，比2020年增加了11%，占中央政府总预算的3.66%。其中74%用于"知识传播"，26%用于重点领域的科学研究项目。超过50%的研究项目资金分配给交通运输、电信和其他基础设施、能源、环境、工业生产和技术领域。在气候和环境领域，瑞典研究委员会、瑞典创新中心、瑞典可持续发展研究委员会和瑞典能源局都有长期部署，并在2021年推出四个新的全国性研究计划。数字化降低碳排放是采取行动的重要措施之一。此外，相关部门已经发布和实施了几项针对关键行业减排的科学研究计划。

目前，瑞典政府正在推进"气候飞跃"和"绿色产业飞跃"两大计划。"气候飞跃"计划是一项针对地方的投资项目，目的是为全国范围内的3200多个气候相关和减排项目提供资金支持。自2020年起，该计划已经投入了约20亿瑞典克朗，减排2900万吨，创造了4000多个新就业岗位。"绿色产业飞跃"计划注入约6亿瑞典克朗的资金，以助力工业部门实现向零化石燃料排放的转型。

瑞典政府于2016年启动了"无化石瑞典行动计划"，授权政府与工业、市政当局、其他公共部门和公民加强对话，并制定加快减排的路线图。目前，该计划有超过400家参与者，包括航空航天、水泥、混凝土、建筑、土木工程、食品零售、林业重工业、道路运输、采矿和运输、采矿和钢铁等行业。瑞典一些重要的科学研究机构，如瑞典皇家科学院等也制定了减排措施或计划。

在战略创新计划中，"制造2030"项目意图降低生产系统和产品的资源消耗和环境影响，实现资源节约型制造的目标。而"瑞典基础设施2030"项目则支持建设气候中性交通基础设施，减少对气候和环境的影响。另外，"Drive Sweden"（驱动瑞典）项目通过减少汽车数量、增加交通量来推广更环保、更安全和更舒适的未来交通方式。"智能建筑环境"项目致力于降低成本、提高速度并提高建筑环境的可持续性，通过数字化、高效数据管理和工业流程进行支持。此外，"动态城市"项目意图为居民创造更好的城市生态、企业、经济、社会和气候环境，支持创新的气候中立及可持续工作和生活方式的研发。

2017年，瑞典政府提出了通过数字化促进社会和环境可持续发展的战略，其中包括数字能力、数字安全、数字创新、数字管理和数字基础设施五个目标。《战略创新计划》通过"过程工业信息化与自动化"工程推动数字技术和数字业务在工业生产过程、产品和服务中的应用，以工业信息化和自动化促进可持续发展。而"智能电子系统"项目则支持电子元器件系统研发，开发基于微纳电子学、光子学、微机械学、电力电子学和集成系统的智能电子系统，寻求低能耗、高效能的医疗需求解决方案和环境可持续性。

二、美国环境保护法律制定的经验

在19世纪，美国经历了两次工业革命，从一个以农业为主的国家转变为一个工业强国。然而，随着20世纪初工业化和城市化的加速，环境污染和破坏生态问题日益严重，这促成了第一次自然资源保护运动的兴起。由于长期以来实行的以经济增长为主导的发展政策，在第二次世界大战期间逐渐崛起的工业使美国成为世界上主要的污染源之一。到了20世纪中叶，美国的生态环境状况已经相当严峻，于是第二波自然资源保护运动开始兴起。

进入20世纪70年代，环境保护的理念和政策工具开始受到更多的关注，并呈现出多样化的发展态势。然而，反环保运动的兴起在一定程度上阻碍了生态环境保护进程。美国至今仍在努力探索如何加速生态环保建设的步伐。美国第一部环境保护法可以追溯到1872年3月1日由总统尤利塞斯·格兰特颁布的《黄石国家公园法》，在怀俄明州和蒙大拿州以及爱达荷州大部分地区的边界上，私人占用、开发和商业活动都被禁止，将这片土地转变为国家公园、森林、牧场和野生动物保护区，意图保护野生动植物、森林、瀑布和温泉。20 世纪上半叶，美国政府在管理和保护自然资源方面取得了相当大的成功，包括生产法、自然保护法、土壤和水资源资助项目以及国家风景和河流法等。这些法律的颁布和实施反映了美国土地政策的变化和公共土地管理的进步。到 1970 年，美国联邦政府开始关注空气和水污染问题。1948 年通过的《联邦水污染控制法》帮助各州建立污水处理厂。随后，在 1963 年通过了《清洁空气法》和一系列修正案，要求每个州制定污染物排放和污染减少标准以及具体的行动计划。

20 世纪 70 年代，被誉为美国的"绿色十年"，这一时期出台了众多涉及环境的重要法律和法规的制定。1970 年 1 月 1 日，美国总统理查德·尼克松签署了《国家环境政策法》。该法案被誉为美国环境保护领域的里程碑，通过实施"环境影响评估报告"制度，极大地促进了联邦各部门对环境事务的关注，并强制其承担起环境保护的责任。

1972 年，美国颁布了禁止使用杀虫剂 DDT 的法案，这一措施提升了美国民众对环境保护的认识，同时政府也加大了对环境保护的人力、物力和财力投入。随着环保运动的兴起，美国成立了环境保护局，并将大部分联邦环境保护项目交由该机构管理。环保局直接向总统汇报，并根据国会通过的环境法律制定和执行环境保护规章。

此外，美国政府还对《清洁空气法》进行了修订，并陆续颁布了《清洁水法》《农药控制法》《濒危物种保护法》《安全饮用水法》《资源保护与恢复法》《有毒物质控制法》等重要法律。同时，还包括了《联邦土地政策管理法》和《国家森林管理法》等关键的自然资源保护法案。这些法律和法案的实施，为美国环境保护工作奠定了坚实的法律基础。

到了 20 世纪 80 年代，美国经济增长放缓和通货膨胀使得人们开始质疑环境政策是否对经济发展构成了限制。1986 年，美国政府通过了《超级基金修正和重新授权法案》以及对《安全饮用水法》的修订，以加强对环境的规范和保护。然而，在这一时期，里根政府开始将重点转向促进经济发展，相对减少了对环境和资源政策的重视，这在一定程度上削弱了美国民众对环境保护的关注和意识。

进入 20 世纪 90 年代，美国政府继续更新和加强环境法规，通过了新的杀虫剂控制政策和《安全饮用水法》的修正案，以提高公共健康保护水平和改善环境质量。这些措施体现了美国在环境保护方面的持续努力和对公众健康的高度关注。从 1970 年至 1990 年，美国的环境质量，尤其是空气质量，得到了显著改善。据美国环境保护署报告，从 1970 年到 1996 年，排放量最大的六种空气污染物减排 32%，而人口增长了 29%，国内生产总值增长了104%。水资源质量也有所改善，地表水源污染明显减少。虽然 90 年代后期环境保护取得了成功，但是根据进行于 90 年代后期的研究显示，美国的环境保护步伐仍然比大多数决策者预期的要慢。

2001 年，美国政府拒绝签署《京都议定书》，否决对二氧化碳排放施加的强制性限制，还发布了新的法规来帮助煤炭公司规避联邦法律，并且提出更宽松的汞排放标准，支持其在北极国家野生动物保护区进行石油钻探，鼓励其在公共土地上伐木。直到保尔森成为美国财政部部长后，这些反环境法规才有所缩减。在奥巴马执政期间，美国政府提出了五项环境保护计划，包括清洁空气、动植物保护和开发、绿色农业、绿色清洁能源和绿色生活。美国政府斥资 900 亿美元用于清洁能源和"绿色工作"计划，制定了美国第一个国家海洋管理政策，加强燃料经济标准，将汽车二氧化碳排放量减半，并提出新的电厂碳污染标准，以增加清洁高效能源的使用。此外，美国政府还加强了减少发电厂汞和其他有毒气体排放的法规，根据统计推测，每年成功防止了 11000 例与污染相关的死亡和 130000 例哮喘病例。

美国政府在生态环保体制的建设上起步较早。美国的环境保护体系主要由环境质量委员会和美国环境保护署组成，这两个机构是专门负责生态环境保护的联邦级机构。除了这两个主要机构外，美国政府的其他部门也承担着各自的环境保护职责，它们为美国环境保护署提供支持，并共同推动环境保护工作。

环境质量委员会是在 1969 年由尼克松总统成立的，作为国家环境政策制定阶段的专业环境管理机构。其主要职责是召集环境顾问委员会，向总统提供关于全国环境问题的咨询和建议。此外，它还负责协调州际间以及联邦政府内部的其他环境相关事务。环境质量委员会通过广泛的研究工作，为环境政策、行动计划和立法的制定提供了科学依据。该委员会在生态和环境研究领域拥有专业的知识，并在咨询、公共关系以及作为美国国家环境保护系统的专家顾问方面发挥着重要作用。

美国环境保护署是一个直属总统办公室的联邦机构，主要负责管理和监督国家的环境问题。该机构由多个部门组成，包括联邦水质管理局、农业部下属的农业登记办公室、卫生与公众服务部下属的空气污染办公室、固体废物管理办公室、环境管理办公室、农药研究所以及标准制定办公室。此外，环境保护署还设有五个专业办公室，负责环境规划、水和大气环境保护等领域的工作。环境保护署的核心职责之一是制定工业污染物排放的环境技术标准。除了环境保护署外，其他联邦部门也设有自己的环境保护机构，负责各自领域的环境保护工作。

在美国历史上，出现过多次因破坏环境导致的水土流失以及生态破坏。美国政府实施了多种治理手段，在一定程度上减少了生态污染带来的巨大损失。历史上，美国的大平原因为生态环境恶劣而一直未被开发。这个区域位于落基山脉和密西西比河之间的内陆地区，气候干燥，终年降水量少，且年降水量分布不均，呈季节性降水。自 1870 年以来，美国人开始控制草原并快速发展牧场业，但也导致了草原生态系统的严重破坏。第一次世界大战结束后，由于人口快速增长和粮食极度短缺，南部美国平原进入"大开垦"时代。与此同时，各种新型农业机械得到推广，农业和种植业也迅速发展，进一步加剧了草坪破坏和开垦田地的现象。到了 20 世纪 30 年代初，南部大平原 35% 的草原已近荒芜，总面积达 13 万平方公里，其生态平衡几乎崩溃。大平原的荒漠化会给居民的生命和健康带来威胁，对人们的日常生活产生了巨大影响。①荒漠化还造成了严重的经济损失：在南部平原，2000 多亩（1 亩 ≈ 666.67 平方米）良田被侵蚀成沙漠，不宜耕种。仅 1935 年一年，土壤流失量就达 8.5 亿吨，带走了大量的腐殖质及氮、磷、钾等元素，降低了土壤肥力。

1934 年，美国国会宣布因土壤侵蚀而进入全国紧急状态，政府开始关注土壤侵蚀研究，进行土壤侵蚀调查，敦促农民采取土壤保护措施，并颁布一系列法律以拯救大量土地。相关立法和政策也转向减少农业对环境的影响，重点是减少土壤侵蚀和提高农业土壤生产力。1935 年，美国颁布了《土壤保护法》，美国农业部成立了土壤和水资源保护局。该法案授权土壤保护机构帮助农民制定和实施经批准的土壤保护措施，防止耕地流失。1936 年，农业保护计划成立，为农民提供资金并实施保护计划。从那时起，土壤保护工作通过研究、教育、资金和技术援助等手段进行。从 1936 年到 1942 年，农业保护项目恢复了 3600 万英亩的耕地，并运用资金和技术帮助农民在耕地上实施土壤和水资源保护措施。在 20 世纪五六十年代，政府致力于区域管理、防洪和农村发展问题。1957 年，西部大平原保护项目为大平原各州提供技术和财政援助，并与农民签订土地保护合同。该项目重点是休闲吸引力保护和农村发展。

20 世纪 70 年代以来，美国自然保护政策越来越强调农田措施，以减轻农田沉积物和其他污染物对区域外水体的影响。一些项目的资金和技术也被用于保护水质。自 1980 年开始，为期 15 年的乡村清洁水计划选定了 21 个地区，并为农民提供资金和技能，自愿实施最佳管理实践以改善水质。1985 年通过了《食品安全法案》，建立了新的土地保护项目，并充分解决了商业利益与自然资源保护之间的关系。该计划要求至少保留土地 10 年。然而，与以往的土地保护计划不同，新的土地保护计划高度重视侵占土地或环境敏感耕地的农民，如果不执行经批准的保护计划，将失去资格。在 20 世纪 70 年代和 80 年代，美国的资源保护工作从单一保护措施的实施（如农业措施、生物措施、

① 新时代证券行业专题研究：《深化生态环保体制改革和多维度环境治理的美国经验》，https：//www.doc88.com/p-9763514476714.html。

技术措施）转向综合管理措施，后来演变成系统的资源创造，实现环境效益管理。

在水资源保护方面，美国自 1824 年颁布了其第一部水生保护法《河流和港口法》（通常被称为《废物法》），该法对保护美国水生环境起到了关键作用。随后，1948 年通过的《清洁水法》进一步加强了对水生生态的保护，并推动了水质标准的制定和研究。美国高度重视保护水生生态，防止其受到破坏，并致力于水质标准的制定。1965 年，美国启动了建立水质标准的计划，并在此基础上进行了深入的应用研究。到了 1980 年，美国出版了《环境水质标准》，为水质监测提供了科学依据。如今，美国已经建立了一套完善的水质标准体系，这套体系广泛应用于地表水、地下水的监测以及污染物的控制，确保了水生态环境状况的准确评估和有效管理。

在绿色街道和海绵工程建设方面。美国在推动海绵城市建设时采用绿色街道作为其绿色基础设施之一，意图提高城市对环境变化和自然灾害的弹性。海绵城市的发展过程包括基础设施完善、精细化水量管控、引入可持续发展理念以及采用最佳管理实践、低影响开发和绿色基础设施等措施。这些措施包括工程和非工程方法，如最佳管理、低影响开发和绿色基础设施，致力于从源头管理雨水径流。其中，最佳管理实践倡导预防胜于治疗的理念，并重视立法、规章制度和政策制定、公众教育和宣传、公众参与、监测检测等非工程措施。此外，采用低影响开发不仅有助于加强城市风暴管理，还能保护城市水环境，促进城市用水安全和节约资源和能源。因此，采用低影响开发措施可以显著降低雨水管网系统的规模要求，从而降低雨水排水工程的成本和管理运营费用。

三、韩国国土绿化与城市生态治理的经验

韩国是一个位于朝鲜半岛南部的多山国家，总面积为 10.329 万平方公里，其中 70% 是山区丘陵。然而，长期的战争和过度砍伐导致韩国森林面积急剧减少，至 2020 年，全国仅剩下 628.7 万公顷森林面积，这也给环境带来

了严重影响。针对这些问题，1953 年到 1972 年被称为韩国森林的恢复时期。在这段时间内，政府执行了许多单项的林业计划，组织人工造林，开展了"国土绿化，培育资源"运动，致力于恢复韩国的自然生态环境。特别是通过人工造林，到 1972 年已经共造成 164.9 万公顷的人工林，为森林面积的增加做出了很大贡献。可以说，韩国作为一个面积较小的多山国家，曾经面临着严重的环境问题，如森林面积急剧减少等。但政府采取了多种措施，包括制定林业计划和组织人工造林，成功地恢复了大量森林面积，缓解了环境问题。

自 20 世纪 80 年代起，韩国便启动了治山绿化计划，并在此基础上相继实施了三期治山绿化计划和两期森林发展计划。这些计划意图加速森林恢复、改善生态环境，并解决与民生相关的各种问题。通过持续不懈的努力，韩国成功地扩大了森林面积，提升了森林覆盖率，实现了国土的全面绿化。

具体而言，三期治山绿化计划分别聚焦于不同目标：第一期（1973—1978 年）着重于荒山的绿化；第二期（1979—1988 年）意图基本完成国土绿化；第三期（1989—1997 年）则致力于通过森林培育提升森林资源的质量。这些计划的执行取得了显著成效，尤其是在提升森林质量方面表现突出。按照原计划，30 年内应完成 216.6 万公顷的造林任务，但实际上，韩国仅用 25 年便完成了 247.9 万公顷的造林工作，平均每公顷的蓄积量达到了 74.4 立方米。这一成就标志着韩国不仅完成了国土绿化，还迈向了林业可持续发展的新阶段。韩国的森林绿化计划赢得了国内外的广泛赞誉，并被联合国誉为"20 世纪森林绿化的典范"。这些计划对于改善环境质量、保护生态系统、促进经济发展以及提升民众生活质量产生了深远的积极影响。

韩国政府在 1973 年至 1982 年间推出了第一期治山绿化计划。该计划意图动员全民参与绿化工作，目标是营造 100 万公顷的速生林，并组织各级人员进行统一的造林活动。工作的重点涵盖了荒山绿化、薪炭林的营造以及林业的宣传教育等方面。该计划由多个子项目构成，包括保护残留森林、在适宜地区进行有效的森林开发、种植速生树种等措施。中央政府努力促使地方社区广泛参与这些项目，并提供财政支持以激励参与。

经过 5 年的持续努力，韩国政府在 1978 年比原定计划提前完成了第一期治山绿化计划，实际造林面积达到了 108 万公顷，超出了原定目标 8 万公顷。这一计划的目的是通过植树造林活动改善生态环境，为国土绿化和生态恢复打下坚实的基础。韩国政府成功地激发了全民参与治山绿化的热情，政策得到了民众的广泛支持。在此过程中，中央政府积极协调各级政府和社区，推动资源共享和知识交流，并提供必要的财政支持。同时，政府也鼓励科学技术的应用，以提升森林经济的效益。

总的来说，在第一期治山绿化计划的成功实施中，韩国政府通过全民参与、政策民主化和科技创新等手段，成功地改善了国土环境，为后续森林绿化工程奠定了坚实的基础。

1978—1988 年，韩国政府在第二个治山绿化十年计划中取得了显著的成效。该计划的目标是实现荒山全部绿化，国土绿化得到基本完成，生态状况得到改善，山地资源化，为林业的长期发展奠定基础。为实现这一目标，该计划将工作重点放在复原荒废山地上，采取荒山绿化、次生林改造和资源保护并举的方针，营造大面积用材林，以解决对木材资源的长期需求问题。同时，该计划还注意利用林地发展新经济区，把培育养护土地与提高群众造林和林业生产的收入相结合。

到 1987 年，韩国政府已经超前完成了造林任务和林道建设，实际造林面积达到了 107.8 万公顷，并建立了 80 个规模较大的用材林基地。这一成就基本消除了荒山现象，并比计划提前一年实现了山区的全面绿化。这一成果凸显了韩国林业在过去 20 年中取得的巨大进步，并为山地资源的合理开发奠定了坚实的基础。

治山绿化计划的成功实施也极大地促进了韩国林业经济的快速发展。政府注重利用林地资源发展新的经济区域，提升了群众参与造林和林业生产的积极性，从而推动了林业经济的增长。韩国政府顺利推进了第二期治山绿化计划的实施，这成为韩国林业发展的一个重要转折点。

在 1988 年至 1997 年期间，韩国实施了第三期治山绿化计划。该计划的目标是通过植树和山地治理来改善环境，提升生态系统的整体质量。在这一计划下，韩国完成了大部分的治山绿化工作，国土绿化任务也基本完成。随着治山绿化计划的成功，韩国的林业发展战略开始转向，从以森林保护和绿化为核心，转变为以山地资源的合理开发为核心的新方向。为了有效利用山地资源，韩国制定了"山地资源化十年计划"，该计划涵盖了山地治理、林产品的稳定供应以及提升公益效能等多个方面。在实现这些目标的过程中，韩国设立了一系列具体指标，包括森林面积、人工林面积、森林蓄积量、每公顷蓄积量以及森林覆盖率等，意图提升森林资源的保护和利用效率。

为了实现这些目标，韩国政府投入了大量资金。据统计，林业总事业费达到了 24280 亿韩元，其中国家投资占 45%，地方投资占 14%，联合投资占 7%，个人投资占 34%。这些资金主要用于植树造林、山地治理和基础设施建设等方面，以促进韩国林业的持续健康发展。①

韩国在加强科学研究、合理利用山区资源，以及实现各方面因素的和谐发展等方面，实施了一系列有效的措施。这些措施包括增加对林业的投资、调整国内外木材供需关系、维护森林产品的合理定价、改善私营部门的投资环境，以及完善林业协会的运作等，都对林业发展产生了积极影响。同时，韩国还加快了林区道路建设、强化了林业科技力量、积极开发高新技术和实用技术、加强了国家林业和公共林地的基础设施建设、实施了规模化管理，并改革了现行的相关法律和制度，为林业发展提供了财政支持，取得了显著成效。自 1998 年起，韩国连续实施了两期为期十年的"森林发展计划"，这些措施为韩国林业的持续发展奠定了坚实的基础。总而论之，这些努力使得韩国的森林面积持续增长，森林质量显著提升，森林效益得到了充分的发挥。

在河流治理方面，韩国对汉江的治理经验具有独特性。汉江作为韩国最长的河流，流域面积达到 26000 平方公里，占韩国总面积的约 26%。然而，在 20 世纪 60 年代，由于国土开发中的河流改造、大坝建设以及高速公路工

---

① 李世东：《世界重点生态工程——韩国治山绿化计划》，《国土绿化》2022 年第 11 期。

程，汉江遭受了严重的破坏。特别是在 1961 年至 1979 年期间实施的《汉江综合开发计划》虽然改善了 281 个地区的汉江生态环境，但在此过程中忽视了河流的自然特性与市民生活之间的紧密联系。

随着汉城市（今首尔市）城市人口和交通需求的急剧增长，20 世纪 80 年代，沿汉江地区进行了大规模的道路建设、桥梁工程和公寓开发，这些活动进一步破坏了本已脆弱的生态环境。这些开发项目导致了水质的恶化和污染问题的加剧，给汉江流域带来了严重的生态挑战。虽然《汉江综合开发计划》在一定程度上改善了部分地区的生态环境，但它未能充分考虑河流的自然特性与市民生活的和谐共存，反而加剧了生态环境的破坏。

在 20 世纪 80 年代初期至中期，汉城市推行了"汉江综合第二开发计划"，该计划通过建设奥林匹克大道、体育设施、游乐场、停车场和污水处理厂等公共基础设施，为市民提供了休闲和娱乐的空间。这些建设项目在提升城市基础设施水平和增加市民休闲娱乐选择方面带来了积极影响。然而，随着时间的推移，这些工程也暴露出了一系列问题，尤其体现在交通拥堵、水质恶化和河岸景观破坏等方面。

为了解决这些问题，河流专家们提出了恢复城市河流自然属性的理念，并明确了未来的管理方向。自 80 年代起，汉城市汉江流域开始了长达 30 年的自然治理和生态恢复之旅，意图修复过去开发活动带来的损害，并寻求与自然和谐共存的可持续发展之路。

进入 90 年代后，韩国开始实施汉江流域自然恢复实践。1991 年，国土、基础设施和运输部与建设技术研究院合作完成了"河流环境基础设施项目"，并引入了国外的先进河流环境治理技术和自然河流建设方法。此后，一系列项目如"河流技术发展研究"和"自然河流改善计划研究"等得以设立，以促进该领域的持续发展。由韩国科学技术学院主导的 G-7 项目完成了韩国第一项自然河流恢复项目，并以汉城市汉江的自然水域为例进行了探索。然而，该项目主要强调河流的空间、景观和亲水功能，而忽略了生态重建的重要性。对河流自然恢复的理解并不充分。直到 1998 年，由国土、基础设施和运输部监督的乌山溪流维护项目，通过推广以动植物栖息地恢复为中心的河流管理思想，对韩国产生了重大影响。这些实践和探索得出了重要的结论：恢复动植物栖息地是恢复河流自然性和生态系统的关键，并将其纳入河流管理的重要方面。该项目的推广将"公园河"的"人为中心"向"生态河"的自然为中心推进了一步，并鼓励河流维护工程师尝试扩大河流的自然恢复项目的实际效果。

此后，韩国加强了对汉江单条支流的治理工作。韩国一直在积极推进汉江流域的生态环境保护和治理工作。针对这个目标，韩国政府制定了多项综合规划，并采取了一系列具体措施。汉江流域被划分为五大片区，通过加强区域联动和协同推进河流生态治理，实现了整体治理和持续发展。韩国首尔市制定了《新首尔—汉江总体规划》，转变治理思路，打造河流自然性恢复与市民利用相协调的生态治理模式，促进城市河流健康生态系统的可持续发展。除此之外，韩国还实施了清溪川复原项目，将清溪川划分为上游、中游、下游三大区间进行主题规划，构建完整的生态系统食物链，为河流生态环境的恢复提供了良好的基础。关于如何恢复城市河流的生态环境，韩国达成了共识：优化城市空间布局，合理开发河流空间，减少人为干预和破坏，积极引导河流自身发展。这些措施都有助于促进城市河流健康生态系统的可持续发展。该项目意图恢复汉江的自然栖息地，同时通过优化城市空间规划，提出首尔城市面貌的创新。通过同时实现城市治理功能，恢复了城市发展的活力，并提高了首尔全球城市的竞争力。

2009 年开始，韩国实施新的年度河流治理综合计划，意图恢复四条河流，并试图打造其成为多功能实体，以应对气候变化、促进区域平衡发展和建立绿色增长基础。其中，首尔市制定了"2030 年汉江自然恢复基本计划"，该计划共有 9 项政策和 20 个实施主体组。这些政策和主体的目标是推动河流自然修复，同时发展旅游、文化、绿色和健康产业。为此，该计划将专注于改善生态环境、恢复清洁水和提高生活质量三个战略。通过不断完善水资源管理和保护措施，以及提高河流水质和野生动植物种群的数量和质量，促进河流生态系统的恢复和保护。另外，该计划也着重发展旅游、文化、绿色和健康产业，以带动地方经济的发展和促进城市的可持续发展。通过开发沿岸景区、举办文化活动、修建绿道和自行车道等方式，该计划为市民提供了更多的户外活动空间，同时也吸引了更多的游客前来观光旅游。

为了更好地保护汉江流域，韩国除了实施环境保护策略外，还统合了各个涉水部门，以增强汉江治理效率。韩国的水资源管理部门分散而复杂。国土交通部负责调节大型河流和水坝的容积，环境部则负责水质管理。在实施初期，暴露出了效率低、协调困难、预算浪费等问题，限制了项目进展。为此，韩国建立了全国性水资源管理委员会，建立了统一的水资源管理体系。国土交通部的大部分水利政策办公室（水政策部、水资源开发部、水资源管理部）和韩国水资源公社的监管机构被转移到环境部，由环境部负责水资源管理任务。通过这样做，建立了统一的水资源管理计划，可以通过综合考虑水的实施、数量和质量、集成预算和废物清除来促进接近自然的河流管理，推动环境修复。

韩国在汉江河流治理中积极动员社会力量参与。韩国认识到恢复河流生态环境是一个需要全社会共同努力的任务，强调建立一个全民参与的河流治理体系的重要性。这样的体系不仅能够提升政策的执行力和促进社会公正，还能增强市民对河流保护的参与感和环境意识。

首尔市通过优化公民参与治理的制度体系，成功地促进了政府与市民之间的积极互动。这种互动不仅提高了市民对河流保护的参与度，还增强了市民的环境社区意识，使得实现河流自然修复的目标变得更加可行。为了实现这一目标，首尔市提出了包括建立政府与民间组织合作在内的多项措施。这些措施意图鼓励更多的非政府企业和非政府组织积极参与，并为汉江自然修复的愿景做出贡献。汉江森林项目作为一个公私合作的典范，得到了非政府企业和非政府组织的广泛参与。社会力量在实现该项目目标方面发挥了重要作用，为汉江的自然修复工作做出了显著贡献，使得项目能够成功达成预定目标。

综上所述，国外环境治理在许多方面需要政府、民间组织和市民的共同参与，并且已经建立完备了全民参与体系。这能够更好地实现环境保护自然修复的目标，提高环境质量。

第三节　中华优秀传统生态文明建设理念

2016 年 5 月 17 日，习近平总书记在哲学社会科学工作座谈会上指出，中华民族有着深厚文化传统，形成了富有特色的思想体系，体现了中国人几千年来积累的知识智慧和理性思辨。这是我国的独特优势。中华文明延续着我们国家和民族的精神血脉，既需要薪火相传、代代守护，也需要与时俱进、推陈出新。要加强对中华优秀传统文化的挖掘和阐发，使中华民族最基本的文化基因与当代文化相适应、与现代社会相协调，把跨越时空、超越国界、富有永恒魅力、具有当代价值的文化精神弘扬起来。[①]

中华文明已经传承了超过五千年，积累了丰富的生态智慧。天人合一、众生平等等哲学理念，以及简洁明了的自然观，仍深深地影响着中国人民的思想和行为，予以深刻警示和启迪。人类命运共同体的理念受到中国传统文化的影响，从其诞生到最终形成和发展一直受到高度重视。它创造了哲学、独特的生活方式和尊敬的文化氛围。生态文明建设是关系到中华民族永续发展的根本大计，中华民族子孙后代的生存与环境保护息息相关，中华文明博大精深，包含着丰富的生态文化，古代中国的生态智慧非常深刻。我国优秀的传统文化从哲学和科学的角度揭示了宇宙、社会和人之间关系的本质和意义。古代思想家将宇宙视为有机联系的整体，强调"天人合一"的思想，强调"众生平等"的观念，体现了中华民族看待自然世界的整体方法论。"人与自然和谐共生"亦是古代自然观所包含的生态学智慧。中国优秀的传统文化

---

① 习近平：《在哲学社会科学工作座谈会上的讲话（2016 年 5 月 17 日），人民出版社，2016 年版。

为生态文明建设奠定了丰富的文化底蕴。

一、天人合一思想

"天人合一"是中华优秀传统文化的重要组成部分，代表了中国哲学和文化传统的基本精神，具备极高的生态智慧。这一思想源于中国古代哲学，强调了自然和人类之间的紧密联系，认为宇宙万物都是同体的，人只有在顺应自然规律的基础上才能真正地达到与自然融合的境界。

中国人心中对天地的崇敬和自然的重现也是"天人合一"思想的内涵之一。中国传统文化中，"天"指的是自然界，而"地"则代表着社会人群。在中国文化中，天地被视为伟大而神圣的存在，人们应该尊敬自然保护环境。"天地玄黄，宇宙洪荒"则指自然界是宏观世界的基石，也是微观世界的造物主，被视为至高无上的存在。这种观念既是中国文化的重要组成部分，又反映了人们对自然界的敬畏之情。"天人合一"强调人与自然的统一和互相尊重。这种思想是生态智慧的体现，它代表东方哲学与文化传统的基本精神。在中国传统文化中，环境保护和可持续发展始终占据着重要地位。因此，"天人合一"的理念被广泛用于环境保护等领域。同时，"天人合一"也阐述了人类与自然的互动关系，认为只有与自然和谐共生，才能真正地实现人类的幸福和繁荣。

中国古代环境治理思想和实践在封建社会的漫长历史中经历了起伏变化。特别体现在水利建设中，中国特殊的地理条件预示着水利在国家发展中举足轻重的地位。西高东低的地势加上众多的大江大河均自西向东注入大海，造成了东部农业核心区更容易遭受水患侵袭。历史上的频繁水灾严重影响农业经济与社会稳定，其中以黄河泛滥最为突出，甚至有人用"河殇"来喻指黄河在孕育中华文明的同时，也给中华民族带来的巨大伤痛。古代以农为本，风调雨顺关乎国计民生，百姓祈求龙王保佑水利，充分反映出水利的重要性。东部地区季风气候导致更严重的水患，历朝历代的治水措施包括防洪、兴修水利、合理利用水资源、保护水生态等。"善治国者必先治水"彰显水利对古代农业社会和国家的重要性，治水关系国泰民安，水利建设必须考量国情民情，综合防洪、灌溉、生态等诸多因素。中国自古以来就是一个注重水利建设的国家。华夏文明发源于黄河流域，先民深刻认识到水的重要性。为了生存发展，中国古人不断探索水利问题，创造了璀璨的水利文明。

二、生命平等的价值观

儒家思想中，天人和谐、中庸之道以及生生不息的理想境界历来是其核心的价值追求。《中庸》指出，唯有天地才能全心全意尽其天性，人要尽自己的本性，方能尽万物的本性，与天地相配。这种"与天地参"的理念强调人要诚心诚意地尽己所能，亦尽万物之性，方可与天地的生生不息相配并驾。而中庸之道则能使天地稳定，万物生长。在儒家思想里，中庸之道强调平衡、调和、兼容并蓄，将其视为处世的良方，体现了以中庸为核心的价值观。通过追求天人合一、中庸之道以及生生不息的理想境界，儒家思想倡导了融合万物的精神，成为中国传统文化极为重要的组成部分。

儒家认为，人与自然应和谐相处，将天道、人伦融为一体，追求人与自然的和谐。对此，儒家提出了尽心、认知自然、了解天道并积极利用自然等观点，认为人应与天地相配，具有进取精神。此外，儒家还强调"爱民爱物"的生态道德观，强调人与自然万物的相互依存，通过爱护人来表达对自然的热爱。儒家认为人高于自然，但也应以仁爱之心对待自然，遵从孝道之义，珍爱自然资源，不滥伐乱砍，保持生态平衡。儒家认为人是天地万物的组成部分，应与自然万物和谐相处。他们提出仁者要爱护万物的理念，肯定万物的内在价值，体现人文关怀。儒家生态伦理思想体现了以人为本、天人合一、人文关怀等价值取向，这些思想在中国生态文明建设中具有重要地位。道家思想中，追求天地和谐、国家太平与个人长生不老是其重要的价值取向。

在人与自然关系问题上，道教蕴含着深邃的生态智慧与丰富的生态伦理思想。《太平经》吸收继承并发展了道家的生态保护思想。道教强调顺应自然之道，将自然视为万物运行的最高法则。道教认为，自然与道互为表里，是同体不同名。道教定义自然为万物的本真状态，并认为，只有遵循自然之道才能事事顺利，违背自然必然遭殃。同时，天道赖以存在的基础在于自然，万物之所以能成，皆因自然之功。道教视自然为道的本性。总而言之，道教的生态伦理思想体现了对自然的敬畏与对环境的呵护。道教强调顺应自然，将自然看作万物运动规律的根源。道教认为，万物皆有其运转法则，人应顺应自然。人类只能辅助万物成长，发挥其应尽之责。

《太平经》认为，应任物自然，不可强求。违反自然规律必然带来灾难性后果和生态危机，人应遵循自然法则，方能实现人与自然的和谐相处。道教强调生命的可贵，提出"好生"、"贵生"与"养生"的思想。道是孕育万物的母体，生命是道的重要体现。不仅人的生命可贵，其他生物的生命同样可贵，在道教看来，道不仅是人的母体，也是万物的母体。道教尊重和重视各种生命，将其视为生态思想的重要组成部分。道教认为，万物平等，这继承和发展了道家的思想。宇宙间万物同出一源，由道所化生，因而万物平等。《太平经》认为，天地间万物皆由道所生，没有贵贱高低之分。同时，《太平经》亦认为天、地、人三者源自同一气，彼此间本质相同。道教认为，人与其他生物本质相同，人不应独尊自大。他们主张以平等之心看待万物，承认万物的生存权利。道教的万物平等思想，有利于更好地保护生态环境。通过这一思想，强调人应当尊重其他生命。总之，道教的万物平等思想展现了人与自然的融合统一，有助于培养尊重生命、呵护生态的价值观念。这些思想对促进人与自然的和谐发展，珍视生命、保护生态具有深远意义。

"众生平等"思想主要来源于佛教，这种思想体现了尊重生命的价值观。佛教宗派是在中国古代天竺佛教传入并逐渐本土化的过程中形成的，随着时间的推移，佛教与当地文化融合，在中国大地上形成了独特的发展道路。"众生平等"的生态智慧体现了对待自然环境和世间万物的平等心态。佛家认为世间万物都有佛性，相互依存、相互依赖，要尊重和保护众生，才能营造和谐的生态环境。这种关注自然环境、尊重生命、营造和谐的生态环境的理念，需要人们从内心深处建立对自然界和世间万物的平等心态。佛教注重众生平等的思想体系，它认为所有生命都应该受到尊重和保护，不分高低贵贱。在佛家的理念中，人类应该保护生命并关爱生命，即使为此牺牲自己的生命也无妨。慈悲为怀的态度是佛家信仰的根本，对万物应该秉持包容的胸怀。

所谓"慈"和"悲"是指给予众生快乐和解救众生苦难的表现。在佛教看来，人们应该无缘大慈、同体大悲，将众生当作自己的另一部分，融为一体。要做到这一点，需要从内心深处产生对所有生命的尊重和关心，以此来消除自身与他者之间的界限，实现真正的平等和爱，阐明人类要善待自然界，包括植物和动物在内的所有"众生"。人类应该意识到，每一个个体都具有自己的价值和意义，而且都有权利得到人类的关注和保护。因此，"众生平等"思想提醒人们尊重自然界，保护它们的生存环境，努力避免人类活动对自然环境造成的破坏，以此来实现与自然的和谐共处。

在现代社会，随着人类对自然环境的不断探索和开发，许多环境问题也不断浮出水面。"众生平等"思想提醒人们，只有真正尊重和保护自然界中的每一个生命，才能让人与自然和谐共存。这需要人类从根本上转变思想观念，采取科学的方法去保护自然环境，减少对环境的破坏，降低碳排放，推广可持续发展等实际行动去营造和谐的生态环境。总之，"众生平等"的思想体系不仅适用于人类，而且涵盖了整个自然界。

三、聚民力集民智攻坚克难的生态治理精神

党的二十大报告指出，中华优秀传统文化中包含着天下为公、民为邦本、为政以德、革故鼎新、任人唯贤、天人合一等智慧，与科学社会主义主张高度契合。马克思主义思想与中华优秀传统文化相结合，将共同的价值观念融入人民群众的生活，以巩固马克思主义在中国的根基。这一理念既体现了对传统文化的尊重和挖掘，又重视了对现代社会主义核心价值观的传承和发展。中国是一个拥有悠久文明历史的国家，同时也是一个注重治理水生态的文明大国。中华民族的生态建设发展历程，在很大程度上可以被视为一部

治水史。不同时期的治水历程见证了中华民族的起源、发展和交融，也丰富了中华民族的集体记忆。水是生存之本，文明之源。中华民族有着善治水的优良传统，中华民族几千年的历史，从某种意义上说就是一部治水史。悠久的中华传统文化宝库中，水文化是中华文化的重要组成部分，是其中极具光辉的文化财富。黄河文化、长江文化、大运河文化等，见证了中华文化的起源、兴盛、交融，积累、传承、丰富了中华民族的集体记忆。以治水实践为核心，积极推进水文化建设，是推动新阶段水利高质量发展的应有之义。[①]五千年的治水经验以及形成的水利文明，不仅是塑造中华文明的重要甚至核心要素，而且是中华文明优秀的组成部分，对中华文明的发展做出了重要贡献。通过将传统文化与现代社会主义相结合，能够更好地传承中华民族的文化基因，推动社会主义核心价值观深入人心。事实上，生态文明建设在加强国家文化自信、提高国家软实力、促进民族团结进步等方面发挥着重要的作用。在新时代中国特色社会主义发展中，应当进一步挖掘和传承中华优秀传统文化的智慧，促进中华民族的文化繁荣和社会进步。

大禹治水发生在华夏民族迈向文明社会重要时刻，当时遭遇了世纪性的洪水灾害。公元前 4000 年至公元前 3000 年期间，包括中国在内的世界各地都遭受了大规模的洪水，对黄淮海平原、长江上游岷江流域以及浙东平原等地区造成了主要影响。根据考古遗址研究发现，一些地区的氏族部落和文化遗存受到了洪水的危害，甚至遭到了毁灭。在这场灾难的背景下，炎黄部落成为大洪水后幸存的氏族部落。在部族首领的领导下，炎黄部落成功走出了灾害，成为华夏文明的起源地。根据《尧典》的记载，华夏部族面临着灭族的危机，鲧以其勇敢和智慧尝试治水九年之久，虽然未能成功，但却为大禹治水铺平了道路。

大禹治水取得了成功，他凭借着智慧和毅力，成功地解决了洪水问题，使华夏民族得以重生。大禹凭借其出色的治水才华和领导能力，建立

---

① 《水利部关于印发〈水利部关于加快推进水文化建设的指导意见〉的通知》，http://www.mwr.gov.cn/zwgk/gknr/202206/t20220624_1581512.html。

了治理河流的制度，开创了中国古代水利工程的先河。他采取了河流分流、堤坝修建以及水流引导等措施，不仅有效地解决了当时的洪水问题，还为后来的农业发展和社会稳定奠定了基础。治水的成功对于华夏民族的文明进程具有重要意义。它标志着中国古代社会从原始农业阶段迈向古代文明社会的重要转折点。大禹治水的故事至今流传，成为中华民族传统文化中的重要组成部分，也成为中国人民勇于面对困难、坚持不懈追求进步的精神象征。

唐代白居易在治理西湖时，将其"兼济"思想落实到治水实践中，体现了以"兼济"精神治水的价值取向。白居易一生的思想带有浓厚的儒、释、道三家杂糅的色彩，但主导思想则是儒家思想。他常言"仆志在兼济，行在独善"，可见"兼济"这一理念不仅支配了他的政治态度，也深刻影响了他的文学创作方向。白居易将"兼济"视为自己的政治态度和创作方向，这种关怀社会、服务人民的思想也深刻影响和指导了他后来的治水实践。担任杭州刺史期间，他组织民工对西湖进行全面治理，注重发动民智、广聚民力，将浚湖治水作为整个社会的共同事业。白居易还注重科学选址、精心设计、合理利用地形地势，既解决了疏通湖水的问题，又充分考虑了美学价值，使西湖景色焕然一新。他的治水思想与实践有机统一，将"兼济"精神在具体的治水实践中得到充分体现和升华。白居易将个人理想融入公共事业，处理了知与行的关系，成为一代文人政治家的杰出代表。他的治水思想对中国古代水利文明传承发展产生了深远影响，体现了中华民族"舍己为人"的高尚品格。白居易治水事业的影响并未随时间的流逝而淡化，成为中国古代治水文化的重要组成部分，而他将"兼济"精神贯穿治水始终，也启迪着后来的文人官员致力于民生工程。

战国时代秦国著名水利专家李冰担任蜀郡太守时采取了民意治水的措施，实地考察后决定兴建水利工程引水灌溉、兴利除害。这个规模浩大的水利工程符合"道法自然"的理念，选址利用地形水势，科学布局。他视民心为心，将兴建水利工程作为自己的首要政务。李冰选择在岷江出山口兴建水利枢纽，此地居高临下，群山环抱，水势环流，是极佳的工程选址。他善于凝聚民智民力，攻坚克难。修建鱼嘴时，江流湍急，多次用石块填江未果。李冰采用灵活的竹笼填石方案，成功改变了江流方向。在开凿宝瓶口时，李冰听取民工建议，采用堆柴燃烧然后浇淋冷水的方式进行爆破，终于击穿了玉垒山，形成宽 20 米的水流通道。李冰的水利工程充分体现了运用本地资源、顺应自然、集结民智民力的治水思想。他的治水事业解决了巴蜀地区的水患，都江堰水利工程也对中国古代水利工程建设产生了深远的影响。李冰的治水思想和实践彰显了"舍我其谁"的大爱情怀，展现了中华民族团结奋斗的民族精神，成为中华水利文明的杰出代表。

四、孙中山自然保护实践方略

清朝末期中华民国初期经历了许多自然灾害。根据历史记录，清朝统治期间发生了 1121 次自然灾害，其中洪涝灾害占比最大，约占总灾害数的 35%；而在中华民国时期，洪涝灾害更是上升到灾害总量的 49.4%。除了洪涝灾害外，还有其他各种自然灾害频繁发生，包括地震、冰雹、风灾、蝗灾以及饥荒等。这些灾害给中国人民带来了巨大的人员和财产损失。

孙中山从两个方面分析了灾害的原因。其中，对森林等自然资源的不合理开发和利用是频繁发生水旱灾害的主要原因。此外，官僚腐败和列强掠夺严重削弱了国家能力和中国社会抗灾能力。这些深刻的见解触及了中国灾害频繁的根源。

为了预防和减轻灾害造成的人员和财产损失，孙中山提出了多种生态灾害方面的预防和救济措施。这些措施包括意图加强森林保护、整治河道、改善农业生产技术、提高人民的应变能力并加强教育宣传等方面。他希望通过这些措施，可以避免或者减轻自然灾害给中国人民带来的痛苦和损失。

在自然因素方面，孙中山着重关注我国东南一带山岭的情况，指出由于缺乏管理和过度砍伐，许多山岭已经变成了荒山。这导致农民失去了种植树木获取效益的机会，同时也使得生态环境未能得到有效的保护，从而频繁发生水灾、旱灾等自然灾害。孙中山认为，古代时期基本不存在过度砍伐，故而森林茂盛，而现在由于过度砍伐，森林稀少，许多山岭因没有植被覆盖而成为荒山。这些问题直接导致了水灾的发生，因为没有足够的树木来吸收雨水，所以洪水泛滥，给人们带来了巨大的危害。

基于这些观察和分析，孙中山主张需要加强对生态环境的保护，避免过度砍伐和森林破坏，有效地预防水灾和其他自然灾害的发生，保障人民的安全和健康。同时，孙中山提出了《实业计划》，意图发展经济、解决交通问题和减少水灾。其中，河运建设和水利建设是重要内容。为了促进经济发展，孙中山制定了河运建设规划，其中包括开挖新的运河和修浚现有运河。此外，他着手整治江河，以减少水灾的发生。治理水灾是孙中山实业计划中的重要内容，其方法包括筑堤、浚深河道和海口、清除淤积泥沙等。孙中山认为治河是"国民之所最需要"，表明了他对治理水灾的重视程度。针对旱灾问题，孙中山主张使用抽水灌溉的方法来解决。提出通过兴修水利工程，可以稳定农业生产，提高粮食产量，改善人民生活，并促进国家经济的发展。孙中山的实业计划中包括河运建设和水利建设，涉及治理水灾、缓解旱灾、发展农业生产等方面。他的想法不仅注重了经济发展，也考虑到了环境保护的问题。

孙中山的《实业计划》提出，虽然兴修水利可以暂时缓解这一问题，但它并不是治本之策。相比之下，植树造林才是一种可持续的、长期有效的解决办法。森林对于防止旱涝灾害具有重要作用。在干旱季节，森林能够通过吸收空气中的水分和地下水来保持水源，并在雨季将多余的水分存储在土壤中以供后续使用。此外，森林还能调和空气中的水量，有效地减轻洪涝灾害的影响。为了预防水旱天灾，孙中山认为需要在全国范围内大规模植树造林，特别是在中国北部和中部地区。这些地区极易发生旱涝灾害，而植树造林可以有效地增加土壤的含水量、提高水文阻力、降低区域气温等，从而降低灾害风险。同时，为了保障森林的健康发展，应该将其所有权归国家经营。这样可以更好地管理森林资源，防止滥伐和砍伐，保持生态平衡。此外，森林资源产生的收入也可以用于济贫、救灾等公共事业。

孙中山深刻认识到自然灾害对人们生活的影响，所以提倡兴修水利、植树造林等措施来防止水、旱等灾害的侵袭，保障人民的生命财产安全。同时，他意识到如果要解决人民的吃饭问题，就需要解决植物粮食问题。为此，孙中山着重研究了农业生产问题，并指出运输和防灾是加强农业生产的重要方法。在孙中山看来，恢复运河制度是解决运输粮食问题的首要途径。坚信只有确保粮食能够稳定地供应到每个角落，才能保障人们的日常生活。此外，防灾对于解决吃饭问题至关重要。孙中山提倡尽可能地预防和减轻灾害的影响，以保障人们的生命财产安全。而植树造林则是防治旱涝灾害、解决吃饭问题的主要措施。要稳定粮食生产，必须注重生态环境建设，大力发展林业。尤其是在水源地和黄河流域等易受水灾影响的地区，要积极推广植树造林，以提高森林覆盖率和水土保持能力，有效预防洪涝灾害，保障农业生产和人民生活的稳定。

在社会因素方面，孙中山提出包括饥荒、水灾、疫病等自然灾害在内的中国各种灾难都源于政府系统的腐败问题，官吏腐败与灾害之间存在着极高的因果关系。在清政府治理河道时，一些官吏通过"捐纳"获取职位，但这些官僚往往不顾及百姓的疾苦，而采取不择手段的方式来牟取私利，这导致了水利系统缺乏修缮基金，令洪水频发，给人民带来了巨大的伤害。此外，在军阀混战时期，吏治腐败仍然严重，这种贪腐行为削弱了社会抵御自然灾害的能力，导致了灾害频频发生。这样的局面进一步加剧了国家的动荡，使得祸患没有止境。基于对这些现象的深刻观察和思考，孙中山得出结论：清朝政府系统的腐败是导致灾害频发的根本原因。官吏腐败导致灾害频发的原因在于其利用灾害牟取私利。而军阀混战时期，吏治腐败严重，削弱了国家和社会应对自然灾害的能力，导致灾害频至，祸患无穷。因此，孙中山主张加强政府监管，打击腐败现象，提高社会抗灾能力，只有减少腐败行为，才能够真正保护人民的生命财产安全，促进国家和社会的长期稳定发展。

第四节 党的十八大前中国生态文明建设的实践经验 （1949—2012 年）

一、社会主义革命与建设时期的生态文明建设

中国共产党一直倡导人与自然和谐相处的理念，这也是构建美好生态文明的重要方面。为了落实这一理念，党中央高度重视山水治理和生态环境美化工作。其中，植树造林绿化活动是美化人民劳动、工作、学习、生活环境的重要手段。此外，植树造林绿化也对农业、工业等方面都有好处，且对于水土保持起到至关重要的作用。

新中国成立后，为了进一步推动植树造林绿化事业，中共中央在1957年印发了《一九五六年到一九六七年全国农业发展纲要（修订草案）》，明确了绿化祖国的阶段性任务，这个任务的关键是要在荒山荒地进行绿化，并组织人们在家附近、路边、水源边等地方有组织地植树。党和国家领导人提出开垦田园的建议，希望通过合理规划耕地18亿亩，用"三三制"的方式将其中三分之一用于种植农作物，三分之一用于种植各种美丽多样的花草供人们观赏，还有三分之一用于植树造林美化全中国。这个建议充分表明了中国共产党已经开始意识到，人民群众不仅追求物质财富，而且对良好的生态环境有了更为迫切的期待。

水利建设是关系国计民生的重要内容。治水害、兴水利不仅是善治国家的必要手段，也是关乎社会生产生活秩序稳定和生态环境改善的重要事项。在新中国成立之初，面临着水患肆虐的问题，治水成为当时执政者的迫切任务和人民群众的殷切期待。

为了解决这个重要问题，中国共产党大力推进水利建设，先后建成了引黄灌溉济卫工程、几百座小型水库、防洪大堤4300多公里、水库80余座等重要水利设施。这些水利工程的开工建设，减少了水患灾害的发生，促进了流域经济、社会和文化的发展，改善了流域自然生态环境，为生态民生的发

展做出了巨大贡献。水利工程的建设，除了直接解决水患问题外，还为当地经济发展提供了条件。同时，水利建设也有助于保护水资源，改善环境，提高生态效益，打造美丽乡村，推动城乡一体化发展。因此，水利建设不仅是治水害、兴水利的重要手段，也是国家经济和社会发展的重要支撑。

二、改革开放和社会主义现代化建设新时期的生态文明建设

在 1978 年至 1991 年期间，我国的工业发展快速，但也带来了巨大的环境影响。工业废水、废气和废物排放量持续增加，生态环境恶化的势头继续蔓延。据统计，工业每年排入大气烟尘有 1400 万吨，二氧化硫 1500 多万吨，排放污水 4000 万吨左右，排放各种工业废渣 2 亿吨以上。主要河流如长江、黄河、松花江等也存在不同程度的污染，城市居民饮用水质量明显下降。农业生产中化肥、农药的滥用使江河、土地和食品的污染问题更加严重。毁林开荒增加耕地面积的做法成为普遍现象，致使生态环境持续恶化，自然灾害频繁发生。虽然改革开放后，我国防灾救灾能力得到了增强，但是自然灾害的频率和影响范围却进一步扩大。自然灾害是生态系统运行状况的晴雨表，自然灾害的多发表明我国生态系统运行存在恶化趋势。

为了维护人民的生态安全健康，1981 年国务院发布《国务院关于国民经济调整时期加强环境保护工作的决定》，其中特别强调我国环境污染和资源破坏已相当严重，保护环境是全国人民根本利益所在。党中央更是倡议开展全民植树活动，并亲力亲为、率先垂范，认为植树造林是建设社会主义、造福子孙后代的伟大事业。这些措施标志着中国政府对环境问题的高度重视和积极应对。1983 年第二次环境保护会议明确了"预防为主，防治结合"、"谁污染，谁治理"和"强化环境管理"三大环境保护政策，为我国环境保护工作提供了指导思想和政策依据。党和政府对环境保护工作的大力实施，使我国环保事业发展较为迅速，人民群众的基本生态权益得到了有效维护。当然，随着经济的快速发展和城市化的加速推进，环境问题仍然是我国面临的重大挑战之一。

1992 年以来，中国逐步建立了社会主义市场经济体制，经济进入快速发展阶段，人民的物质生活水平显著提高。然而，这种高速发展是以牺牲自然生态环境为代价的，许多珍贵的自然资源被滥用，大量污染物直接排放到自然环境中，导致生态环境遭受前所未有的破坏。在此历史背景下，中国生态环境治理难点主要表现在以下三个方面：

第一，水资源短缺已经成为影响经济社会可持续发展和人民生活质量的一个重要因素。2009 年的统计表明，我国目前缺水总量估计为 400 亿立方米，每年受旱面积 200 万—260 万平方千米，影响粮食产量 150 亿—200 亿千克，影响工业产值 2000 多亿元，全国还有 7000 万人饮水困难。缺水对环境和人的身心健康都有着严重的影响。[①] 同时，森林面积减少、土地沙漠化和草原退化等问题也在持续加剧。

第二，水、土壤和大气污染频繁发生。根据 1994 年的数据，全国工业污染事故达到了 3001 起，其中水污染事故 1671 起，固体废物事故 158 起。未经处理的废水、废气和废渣直接排入环境中，导致主要河流水质、耕地质量和空气质量下降，威胁到人们的生命和健康安全。特别是工业化城市附近的水和耕地污染更为严重，空气污染频繁发生，引起了民众的强烈反应。

第三，随着生态环境的恶化，中国也遭受了西方发达国家的生态殖民主义。例如英国的垃圾倾倒问题，以及进口废物造成的环境污染和生态破坏。从 1990 年开始，中国进口的废物数量不断增加，给中国的生态环境带来了巨大的压力。此外，外来物种的侵入也影响了生态环境和生物多样性，对农林业发展产生了严重影响，同时也对人类的健康造成了威胁。

随着中国社会主义市场经济的不断深化，党中央深刻认识到，除了解决人民生计问题，还必须注意改善生态环境质量。然而，受内外因素的影响，中国的生态环境既有积极方面也有消极方面。环境问题与人们的正常生活、身体健康和心理健康密切相关。环境污染会影响人们的生活条件并传播疾

---

① 宁夏回族自治区水利厅：《中国水资源你了解多少？》，https：//slt.nx.gov.cn/xxgk_281/fdzdgknr/slkp/slzs/202104/t20210409_2706584.html?sid_for_share=99125_3。

病。回首中国的发展路径，党中央逐渐认识到环保有助于促进可持续发展观念不断革新。1997 年 9 月，中国共产党第十五次全国代表大会报告指出，我国是人口众多、资源相对不足的国家，在现代化建设中必须实施可持续发展战略。

2002 年 11 月，中国共产党第十六次全国代表大会明确提出，要不断提高可持续发展能力，加强可持续发展能力的利用。着力改善生态环境，走向文明发展。在生产、生活和生态三个方面走好发展之路。可持续发展理论和实践取得了新的突破，为我国实现经济发展和环境保护的矛盾提供了解决思路，为促进生态和民生发展提供了新的思路。党中央着眼于影响人民身心健康的生态环境问题，根据可持续发展战略指导思想，提出了多项促进文明生态文明建设的战略。这不仅从理论上拓展了生态民生的内涵和外延，也为我国解决环境与经济协调发展问题积累了丰富的实践经验，尤其是在新世纪环境保护与经济发展方面。

20 世纪 90 年代以来，我国实施了可持续发展战略，取得了一定成效。然而，中国是一个拥有 14 亿人口的大国，资源约束和环境污染问题日益严重，这对于中国的可持续发展造成了巨大的挑战。经济和社会发展仍然消耗着大量资源并对环境造成总体恶化，我国的可持续发展能力仍然处于较为落后的状态，需要解决现代化进程中自然资源与环境、经济社会发展矛盾。在思想层面制定科学发展战略，实现可持续发展，促进人的发展、社会发展和自然发展的和谐融合，为我国解决经济发展与环境保护矛盾提供了新的理念。

中国共产党始终坚持以人为本的理念，充分认识到资源和环境的重要性，提出了建设资源节约型、环境友好型社会的目标。在面对越来越严峻的环境问题时，各级政府积极响应党的十六届五中全会提出的建设资源节约型、环境友好型社会的战略任务，力求缓解我国资源约束和环境污染问题，推动经济社会健康发展，并提出了一系列相应实施策略，希望在全社会形成资源节约的增长方式和健康文明的消费方式，以达到建设资源节约型、环境友好型社会的目标。在推进这一目标的过程中，始终坚持科学发展观的指导，并将其贯穿于整个工作的方方面面，将积极转型经济增长模式作为解决生态环境问题的根本途径，并积极推动形成以资源节约和环境保护为特色的环保模式。

新中国成立 70 多年来，中国共产党不断积极探索生态文明发展道路，生态文明建设经历了社会主义建设和改革开放的伟大实践。中国共产党在积极回应着中国人民的期望，努力为人民创造舒适、宜居的生产和生活环境。

第五节 党的十八大以来长江、黄河与大运河的生态治理经验

党的二十大报告强调，我们必须坚定树立和践行绿水青山就是金山银山的理念，站在人与自然和谐共生的高度来谋划发展。作为中华民族宝贵财富的水资源，更应加强对其生态环境的治理与保护。我国水资源分布不均，水旱灾害频发，生态环境治理难度大、任务艰巨。面对这一挑战，中国将生态文明建设纳入中国特色社会主义事业"五位一体"总体布局，以建设美丽中国为生态文明建设的宏伟目标。党的十八大将"中国共产党领导人民建设社会主义生态文明"写入党章，2018 年 3 月正式写入《中华人民共和国宪法修正案》，成为广大人民的共识。为保护水资源与水环境，我国制定了一系列重要法律政策。如将河长制写入水污染防治法，通过各级河长来保护每条河流；制定黄河保护法和长江保护法，为母亲河提供法治保护，成为国家江河战略法治化重要举措。这些法律的制定实施，为水资源可持续利用和生态环境保护提供了法律依据和保障。除法律保护外，中国还完善节水制度政策，推动用水节约转型；并通过技术、管理、制度创新，提高水资源利用效率，减少浪费；同时积极推进水环境治理和水生态修复，以实现水资源的高质量利用。

中国共产党始终坚持依靠人民创造历史伟业的人民观，走群众路线。党的生态治理得到人民群众普遍拥护，党的治河方略从理论转化为实践。人民

群众的广泛参与推动了河流流域的治理、开发和保护事业,包括新中国成立以来的重大水利工程建设、新时代河流流域的生态保护等。以人民为中心的发展思想,是中国共产党根本政治立场和百年不懈奋斗的根本价值遵循。中国共产党领导下的河流治理,一直坚持走群众路线,以人民为中心,广泛征求人民群众的意见和建议。中国共产党对河流的治理建设得到了人民群众的普遍拥护,使党的治河方略从理论转化为实践。特别是在新时代,中国共产党将以人民为中心的发展思想作为根本政治立场,坚持绿色发展、生态优先的理念,落实河流流域生态保护战略,推进治理河流的现代化。这一切都离不开人民群众的广泛参与和支持。可以说,中国共产党与人民血脉相连,人民群众的智慧和力量是推动河流流域治理、开发和保护事业的重要力量。深入贯彻以人民为中心的发展思想,坚持群众路线,广泛征求人民群众意见,加强组织保障,推动治河事业不断取得新进展和新成果,为实现中华民族伟大复兴、构建人类命运共同体做出新的更大贡献。

一、长江治理经验

党的十八大以来,"节水优先、空间均衡、系统治理、两手发力"的治水思路,是推进长江经济带发展战略部署的重要遵循。这一思路强调长江要共同抓大保护,不搞大规模开发,坚持生态优先和绿色发展方针。为贯彻这一思路,中央政府出台实施了多项水利规划,重点推进防洪、节水、供水等建设与治理。2007年,《长江流域综合规划(2012—2030年)》获国务院批准,多个相关规划也相继出台。党中央高度重视长江生态环境保护,开展水权确权、河长制、渔业禁捕等专项行动,并加强对水利水电工程的科学调度,以保障长江经济带高质量发展。近年来,各项工作成效显著,河湖治理专项行动、水库调度都取得进展,长江生态环境治理已经进入快车道。

在党中央、国务院的正确领导下,长达70多年的时间里,经过一系列水利工程建设和防洪措施,长江流域在防洪抗旱、水资源利用、水环境保护、水生态保护以及流域管理等方面取得了显著成效。长江流域防洪减灾体系基本建立，形成了上游和中下游相应的防洪工程体系，三峡等大型水利枢纽工程也已建成。流域内已建成各类水库 5.2 万座，总库容约 4140 亿立方米，其中大型水库 300 多座，防洪堤防总长约 6.4 万公里。流域水文气象监测站网全面监控降雨洪水变化，水文气象预报预警系统为防洪减灾提供了有力技术保障。这些措施大幅减少了长江流域的灾害受灾面积和人口。统计数据显示，流域年均受灾面积和受灾人口分别减少了 72% 和 33%。长江流域水资源综合利用体系初步形成，以大中型水库、引水工程、提水工程和调水工程为主体的水资源配置体系建立起来。流域供水安全保障程度全面提高，2020 年全流域供用水量约 1950 亿立方米，流域水电装机容量约 23.7 万兆瓦。南水北调中线东线一期工程建成并向北方供水，累计向北调水近 400 亿立方米。北京、天津、河南、湖北等地 7500 多万人开始使用长江水，有效缓解了水资源短缺问题。与此同时，长江航运快速发展，航运条件得到大幅改善。目前，长江干线货运量已达 30.6 亿吨，长江水系内河通航航道里程约 9.65 万公里。水利建设成就为长江流域经济社会发展和人民生活提供了有力的水利支撑和保障。[①]

二、黄河治理经验

治理、开发与保护黄河，事关中华民族伟大复兴进程和可持续发展。在长达一个世纪的治黄历程中，中国共产党对人与自然关系的认识不断深化。党关于黄河流域治理、保护的历史演变充分说明，只有在中国共产党领导下，黄河事业才能不断传承创新。在不同历史时期，中国共产党都能根据生态现状、发展阶段、历史条件等，不断完善治理黄河的理论主张，推进流域治理体系和治理能力现代化。党中央提出实施黄河流域生态保护战略，加强组织保障和政策引导，着力破解流域生态环境问题，推动黄河流域高质量发展。在中国共产党领导下，黄河治理事业不断取得新的进展。治理、开发与保护黄河是重大的历史使命与战略任务。

---

① 《党在新中国成立后领导长江治理的历史经验与启示》，《水资源开发与管理》2021 年第 10 期。

习近平总书记曾多次实地考察调研黄河流域。2019 年 9 月 18 日，习近平总书记在黄河流域生态保护和高质量发展座谈会上的讲话中强调指出，要坚持绿水青山就是金山银山的理念，坚持生态优先、绿色发展，以水而定、量水而行，因地制宜、分类施策，上下游、干支流、左右岸统筹谋划，共同抓好大保护，协同推进大治理，着力加强生态保护治理、保障黄河长治久安、促进全流域高质量发展、改善人民群众生活、保护传承弘扬黄河文化，让黄河成为造福人民的幸福河。[①] 党中央在深入分析和准确判断新时代生态文明建设的主要矛盾和黄河流域存在的突出问题之后，确定和布置了黄河流域生态保护这一非常重要的国家发展战略。

保护黄河的宗旨是让黄河造福人民。黄河流域的根本问题是流域生态环境问题，明确了黄河流域生态保护的主要目标任务，并提出了加强黄河流域生态保护的政策措施，系统阐述了黄河流域生态保护和高质量发展的蓝图，为新时代黄河治理、保护和高质量发展指明了方向。党的十八大以来，在以习近平同志为核心的党中央的坚强领导下，黄河流域经济社会取得了巨大发展，沿黄地区脱贫攻坚工作也有序推进，中央财政投入大量专项资金支持河南、山东两省实施黄河滩区居民迁建工程，让广大河滩群众过上好生活。实施黄河流域生态保护和高质量发展，根本立场是为人民谋幸福，为民族谋复兴，核心是提高人民福祉。让黄河成为"幸福河"，回应人民对美好生活的新期待，是新发展阶段贯彻习近平生态文明思想的具体举措。全面实施黄河国家战略，关系中华民族伟大复兴和永续发展大局，担负起全新的历史使命，意义非凡。

三、大运河治理经验

大运河具有 2500 多年悠久历史，其开凿可以追溯到公元前 5 世纪的春秋时期。隋唐时期，在疏浚原有河道的基础上形成以洛阳为中心的隋唐大运河。元代时，通过延直河道、开凿新河，建成由通济渠、永济渠组成的京杭

---

① 中共中央党史和文献研究院第七研究部：《新时代　新发展　新成就——从党的十八大到二十大（第三册）》，人民出版社，2024 年版。

大运河主体骨架。明清时期，京杭大运河逐渐成为南北交通的水运要道。新中国成立后，通过河道整治，大运河成为我国东部沿海地区的主要水运通道之一。大运河主要由京杭大运河、隋唐大运河和浙东运河组成。京杭大运河包括7个河段：通惠河、北运河、南运河、会通河、中运河、淮扬运河、江南运河。隋唐大运河则包括永济渠和通济渠。如今，大运河已成为我国重要的文化遗产和旅游资源，也是连接全国各地的重要水上交通运输通道。

2017年6月，习近平总书记对建设大运河文化带作出重要指示，大运河是祖先留给我们的宝贵遗产，是流动的文化，要统筹保护好、传承好、利用好。①2019年2月，中共中央办公厅、国务院办公厅印发了《大运河文化保护传承利用规划纲要》，提出以建设大运河文化带为核心，打造文化名片、生态品质、旅游景观，使大运河成为展示中华文明、彰显文化自信的生动窗口。规划还对不同河段的功能定位提出明确要求，推进河道治理，重塑大运河"有水的河"面貌。此外，2019年底，中共中央办公厅、国务院办公厅印发《长城、大运河、长征国家文化公园建设方案》，将大运河纳入国家文化公园建设重点项目，提出河道治理和文化保护的具体要求。近年来，沿线各地和有关部门围绕大运河保护利用开展大量工作，取得显著成效。

经过长期努力，在大运河的保护利用方面已经取得显著成效，采取科学严谨的保护措施成功保护了大运河的历史文化遗产，同时充分发挥大运河的综合功能推动区域经济社会发展，在满足旅游通航需求的基础上兼顾水资源的合理配置和利用推进了绿色生态廊道建设，加强了水资源和水环境承载能力约束平衡了节水、配水、输水、调水与改善水生态环境和航运功能提升之间的关系，采用创新技术手段和管理模式制定并执行相关法律法规实现了大运河的有效治理和长效管理。中国始终坚持生态文明理念推进人水和谐、绿色发展，使大运河成为展示中华文明的生动窗口，同时通过国际交流合作推动中外文化交流共同发展。

---

① 水利部编写组：《深入学习贯彻习近平关于治水的重要论述》，人民出版社，2023年版。

第三章
"十四五"规划推动东北地区生态系统高质量发展战略

近年来，东北地区取得了快速发展，成为中国新兴产业的摇篮和重要的工业基地和原材料基地。同时，东北地区也是我国的粮食基地，粮食产量约占全国总产量的13%，居全国之首，东北地区粮食生产对我国整体粮食安全而言具有非常重要的位置，在国家战略中占据着重要的地位。然而，随着经济的快速发展，东北地区的生态环境面临巨大挑战。东北地区高度重视国家粮食安全、生态修复与保护，对东北生态环境建设提出了更高的特殊要求。在这一重要时刻，生态环境保护应该被放在更清晰的战略位置上，以促进绿色高质量发展。为实现这一目标，东北地区需要建立完善的环保机制，依靠国家的有力支持和广大群众的共同努力，推动生态文明建设向前迈进。同时，东北地区积极推进高质量发展，采用绿色技术和清洁能源，减少污染物排放和资源消耗，推动绿色发展和生态文明建设。这将有助于提高人民的生活品质，保护自然环境，促进可持续的经济增长。东北地区是我国的战略要地，其生态环境建设对于保障我国边疆生态安全也有重要的影响。

第一节 东北地区生态环境质量现状

一、辽吉黑自然资源情况

辽宁、吉林、黑龙江三省位于我国东北，拥有极为丰富的自然资源与重要的战略位置。当然，通常人们所说的东北事实上包括了辽宁、吉林、黑龙江三省，以及内蒙古自治区的四个盟市（兴安盟、呼伦贝尔市、通辽市、赤峰市），位于我国的东北部，也是我国纬度最高的地区。东北地区西起东经115°37′的内蒙古新巴尔虎右旗以西与蒙古国交界处，东至东经135°5′的黑龙江省抚远以东乌苏里江汇入黑龙江处的耶字碑东角，地处中高纬度欧亚大陆的东岸，横跨经度19°28′。北达北纬53°30′，紧靠世界最寒冷的西伯利亚东部，深受寒冷干燥的冬季风影响，南至北纬38°40′，与我国其他省份相邻，纵跨纬度14°50′。乌苏里江以东耸立的锡伯特山脉削弱了鄂霍次克海气流的直接侵入，东南部的日本列岛和朝鲜半岛阻挡了与太平洋的直接接触，南部的渤海有辽东、山东两半岛的遮蔽，使之成为内海，降低了海洋气候的调节作用。其境内东、北、西三面为低山、中山环绕，中部为广阔的东北大平原，形成了独特的气候。

东北地区地形较为复杂，有山地、平原、丘陵、沿海等，区域内各地气候也不尽相同。但总的气候特点是：寒冷期长、平原风大、东湿西干、雨量集中、日照充足、四季分明。属于跨越了寒温带、温带、暖温带的湿润、半湿润气候区。东北地区北面与北半球的"寒极"东西伯利亚为邻，从北冰洋来的寒潮经常侵袭，致使气温骤降。西面是高达千米的蒙古高原，西伯利亚极地大陆气团也常以高屋建瓴之势直袭东北地区。纬度较高和特殊的地理位置使得本区冬季气温较同纬度大陆低10℃以上。而其东北面与素称"太平洋冰窖"的鄂霍次克海相距不远，春夏季节从这里发源的东北季风常沿黑龙江下游谷地进入东北，使东北地区夏温不高，北部及较高山地甚至无夏。东北地区也是我国经度位置最偏东地区，并显著地向海洋突出。其南面邻近渤海、黄海,东面邻近日本海,向西北伸展的一支东南季风,可以直奔东北。经华中、华北而来的变性很深的热带海洋气团,也可因经渤海、黄海补充湿气后进入东北,给东北带来较多降雨量和较长的夏季。气温较低,蒸发微弱,降水量也不十分丰富,但湿度并不低。由于热量与水分配合得较为协调,水分条件可以满足一年一熟作物生长的需要。纬度位置的差异,造成南北热量状况不同,适宜种植的农作物也不同。东北区南部(主要指辽南南部)可种植的农作物主要为冬小麦、棉花、暖温带水果;中部可种植的农作物主要为春小麦、大豆、玉米、高粱、水稻、甜菜、亚麻;北部主要可种植的农作物为春小麦、大豆。

东北地区河流众多,主要有黑龙江、松花江、辽河、鸭绿江、图们江、绥芬河等河系,组成密集的水网。东北地区还有大面积针叶林、针阔叶混交林和草甸草原,肥沃的黑色土壤,广泛分布的冻土和沼泽等自然景观,都与温带湿润、半湿润大陆性季风气候有关。东北地区主要农业气候灾害是干旱、洪涝和夏季低温冷害。从现有的研究结论来看,该区应是我国气候变暖最为显著的区域,伴随气候变暖,干旱和洪涝灾害有加剧趋势,应引起重视。

二、当前东北地区存在的生态环境问题

当前,东北地区生态环境状况存在以下几点问题。

第一,空气污染问题,空气污染一直是全球关注的重要环境问题,具有区域性和流动性的特点,导致治理空气污染具有很大的难度。虽然近年来东北地区的空气质量有所改善,但空气污染严重的问题并没有得到实质性的解决。自 2020 年 4 月以来,由于季节性耕作,大量秸秆被露天焚烧,导致东北地区的空气污染持续加重。一些地方的 PM2.5 小时浓度达到上千微克 / 立方米,特别是在黑龙江省南部地区。中国环境监测总站的监测数据显示,包括哈尔滨在内的 11 个城市累计出现了 137 小时空气质量指数(AQI)"大爆

发"，4 月份哈尔滨的 PM2.5 小时浓度甚至超过了 2000 微克 / 立方米。[①] 如此高浓度的 PM2.5 颗粒物，对人们的健康造成了极大的危害，尤其是老年人、儿童等敏感人群需要特别注意。事实上，PM2.5 不仅危害人体的呼吸系统，长期接触还会引发心血管疾病、癌症等严重疾病。除了不利的天气条件，露天焚烧秸秆也是 PM2.5 排放的主要原因之一。以黑龙江省为例，黑龙江省是农业大省和秸秆生产大省，但秸秆利用率较低。2019 年，黑龙江省全省秸秆利用率仅为 81.9%，远远低于全国的正常水平。低效率的资源使用方法令大量秸秆在春耕前被焚烧，导致一些地方的空气质量严重降低，黑龙江整体空气质量也因此恶化。

第二，水资源短缺与污染问题。尽管东北地区人口密集、工业集中和农业繁荣，但水资源问题是该地区难以解决和管理的重要方面。与此同时，东北地区总的水资源短缺问题也十分严峻，主要是缺乏资源型水资源所致。另外，东北地区的水资源分布及分配极度不平衡，一些地区水资源丰富，而另一些地区则缺乏水资源。2023 年，黑龙江省水资源量为 1014.98 亿立方米，是辽宁省水资源量的 2.67 倍，是吉林省水资源量的 2.03 倍。[②] 目前，根据每人 1000 立方米以下为严重缺水的水资源标准，辽宁省属于水资源短缺地区。未来，随着经济社会的快速发展，辽宁省的水资源短缺问题预计会变得更加严峻。大量需求的水资源推动了地下水资源的开发。例如，土地沉降、滑坡和海水侵入等地质灾害最终将导致生态失衡，使生态系统更加脆弱，并有助于生态环境的高质量发展。

除此之外，水质问题也是东北地区难以解决和亟待管理的重要缺陷，这也制约了东北生态文明发展。随着快速的经济发展和城市化进程加速，城市污水排放不断增加，非点源污染多年来一直限制着水环境质量的改善。根据

---

① 中华人民共和国生态环境部：《蓝天保卫战专家谈｜东北地区近期大气重污染成因分析》，https：//www.mee.gov.cn/ywgz/dqhjbh/dqhjzlgl/202004/t20200419_775251.shtml。

② 《辽宁省水资源公报（2023 年）》第 3—5 页、《黑龙江省水资源公报（2023 年）》第 3—4 页、《吉林省水资源公报（2023 年）》第 1 页内容结合整理而成。

全国地表水质量月度监测结果，在全国前十大流域中，中东部松花江和辽河流域基本为轻度污染，劣 V 类及以下水体比例相对较低，为 3.0%。虽然整体得到了改善，但劣 V 类及以下水体的比例仍高于全国平均水平，水污染控制措施仍在不断推进。例如，根据辽宁省统计，2022 年 1—4 月份，辽宁省 150 个国考断面，其中优良水质断面 115 个，同比减少 8 个（主要集中在沈阳市，同比减少 5 个），朝阳市、沈阳市超标问题较为突出；省考断面：水质同比有所恶化，辽河、浑河、太子河一级支流污染问题突出，铁岭市恶化最为明显。[①]

其原因在于，一是城镇生活污水处理设施短板仍普遍存在。区域管网混错接、漏接、老旧管网破损问题突出，部分地区仍有生活污水直排。二是企业（园区）污水偷排问题时有发生。部分工业企业（园区）污水处理设施不健全、运行不稳定，违法偷排偷放。三是农业面源污染和垃圾倾倒问题尚未得到有效解决。农药化肥流失量高，畜禽粪污资源化利用率低，垃圾倾倒问题时有发生。四是河流生态修复治理和流量保障仍不到位。河道内无序建坝截水，生态修复治理工程进展滞后。

第三，碳排放问题。长期以来，东北地区经济发展过度依赖能源，整体能源消耗量不断增加。其中，重工业在能源消耗量中所占比例尤其高。能源消耗所带来的二氧化碳排放也非常严重，影响了经济和社会的发展。节能和减排的情况十分严峻。在国家"十三五"规划中，控制温室气体排放是一项主要任务。在"十三五"期间，吉林省和辽宁省的二氧化碳排放强度下降了18%，而黑龙江省根据统计数据，2018 年单位国内生产总值二氧化碳排放量比 2017 年下降了 3.8%，达到了"十三五"的进展目标。同期，辽宁省累计二氧化碳减排目标仅达到了 10% 左右，主要原因是经济发展过度依赖能源消耗，对煤炭等能源的依赖难以改变。

第四，生态民生问题。在中国现代的行政管理中，生态环境保护领域

---

① 辽宁省生态环境厅：《2022 年辽宁省生态环境状况公报》，https：//dbdc.mee.gov.cn/sydt/ln/202306/t20230607_1033096.html。

是全面建设小康社会、推进社会主义现代化建设的"短板"和"难点",也是区域发展不足的重要标志。东北地区生态环保区域生态安全问题突出。尽管正在推动的绿色产业发展受到了广大人民群众的支持,但由于向绿色产业发展过渡时期产生的一些问题,使一小部分普通居民受到了低收入和就业机会减少的影响,导致其收入仍然处于较低发展。国家生态安全和地区和谐发展并非相互矛盾。为此,需要各级政策制定机构与管理部门彻底了解基层情况,特别是经济困难的地区,更需要进行深入细致的调研。在此基础上,政府将梳理、结合、适应一些现有政策,最终形成符合当地特色的有效措施。

第五,环保产业扶持问题。在中国东北的许多地区,生态保护问题导致许多企业放弃了以经济收入为主的发展机会。目前,这些地区着重发展新能源、生物制药、新材料、环保和节能建筑等新兴产业。尽管东北地区需要大力推动"清洁能源和新兴产业"发展模式,但由于人才、资金、市场和地域等因素制约,大多数地区的发展还不够。东北地区各级政府应集中资源支持新兴产业的发展,严格执行生态文明评估政策与自然资源保护机制,做好生态文明建设工作。

三、东北地区环境保护应对措施

在"十三五"期间,东北地区的环境保护措施也获得了诸多成效。

第一,东北地区的环境治理能力在不断改善。东北地区具有良好的农业基础,黑龙江、吉林等省份是重要的农业大省。这些省份拥有许多粮食生产基地,单位面积产量高,是秸秆较多的地区之一。以黑龙江为例,秸秆数量达到了约1.3亿吨,相当于全国秸秆总量的1/8。然而,大量焚烧秸秆对大气环境造成的压力,以及东北地区长期以来主要依靠工业结构的特点和气候条件等,已经成为空气污染的重要原因之一。

针对这个问题,东北地区所有省市都采取强有力的措施,坚决控制空气污染。例如,黑龙江省发布了"三年攻坚打赢蓝天保卫战行动计划",并从污染源头和领域入手，努力加强对严重污染天气的应对措施。吉林省则加强了煤炭污染管理，从煤炭、汽车、户外焚烧秸秆、工业和扬尘污染等方面入手，并与"散乱污"企业合作，努力纠正流动污染管理。在城市空气质量方面，黑龙江和吉林两省表现出色。统计数据显示，2019年这两个省份城市空气质量优良天数比例分别达到了93.3%和89.3%，高于全国平均水平，相应的劣天气日比例分别为6.7%和10.7%。[①②] 其中，吉林省还提前完成了全国"十三五"更严格的碳排放强度目标评估。东北地区蒙东地区采取了生态建设、治理保护项目等措施，显著改善了环境条件，特别是空气质量。

为了实现更好的环境保护治理效果，东北地区各级政府部门和公众也积极行动。例如，沈阳市成立了由200多人组成的专业第三方控制团队，并建立了13个微信群。此外，智能环保系统等新技术和措施在防治空气污染方面也被广泛运用。

东北地区正在通过联防联控的方式，开展生态治理和净化工作，重点是提高当地生态环境管理的效率。在这个过程中，执法保护起着至关重要的作用。为了保护生态环境，正在制定相应的法律规章和限制条款，以约束违法行为。同时，在制定这些规定时，特别需要考虑与地方实际环境相互兼容、协调、共同推进，在确保不违反宪法的前提下，有效保护生态环境。在制定相关政策时，东北地区基于经济增长和环境保护之间的和谐原则，通过生态环境的和谐与适度来体现法制建设成果，打破行政障碍，实现当地生态环境保护的协调管理目标，从多方面共同推进东北地区生态文明建设。

在联合执法方面，东北地区各地方政府正在主动开展有序有效的执法活动。为了有效监督约束破坏环境行为，各地方政府在不同地区设立环境

① 黑龙江省生态环境厅：《三年计划收官之战！今年黑龙江"蓝天保卫战"要干成这7件事》，https：//huanbao.bjx.com.cn/news/20200522/1074706.shtml。

② 吉林省人民政府网：《吉林省人民政府关于2019年度政府环境保护目标责任制考评情况的通报》，http：//www.cailianxinwen.com/app/news/shareNewsDetail?newsid=175665。

执法检查队伍，建立信任机制，促进环境信息和监测信息的共享，充分优化环境资源。除此之外，还加强了纵向约束，针对环境执法效果不佳和约束力弱的岗位，进行有针对性的环境执法人才培养，帮助他们提高能力水平，更好地履行职责。总之，为了达到东北地区生态文明建设的目标，在监督管理方面一定要联防联控，制定相应法规，开展有效的执法活动，配合加强职称的专业培训等一系列综合措施，共同维护当地生态环境的健康和高质量发展。

第二，改良东北水环境质量。东北地区水资源丰富，有松花江、嫩江、乌苏里江、图们江、鸭绿江等水系，以及成千上万的大小湖泊，是东北经济社会发展的基本支撑。为在同时利用各部分的固有功能和各地区利益变化的前提下建立有效的协调机制和新秩序，建立了从省到村五级联动行动体系，以实现对河湖资源的长期有效保护和"社会"的管理。黑龙江省从问题、目标、步骤和任务四个方面构建了河湖管理保护理念，并实施了"黑龙江流域生态保护与建设规划"，正在推进全省河湖"四套班子"建设。吉林省实施了西部河湖连通工程，目前在吉林西部形成了利用洮儿河、霍林河洪水资源，依托"引洮分洪入向"工程，连接向海周边48个湖泡而形成的"向海"生态板块；利用嫩江、洮儿河、二龙涛河洪水资源，以及白沙滩、哈吐气等灌区退水进行补给的"莫莫格"生态板块；利用松花江、嫩江、洮儿河、霍林河洪水资源，以及各灌区退水进行补给，查干湖周边的91个湖泡的"查干湖"生态板块；以松花江为主要水源，通过泵站提水而沟通连接的7个湖泡，形成了美丽而壮阔的"波罗湖"生态板块，形成了毗邻互动、河湖交互、静态平衡的四大生态社区。多年来，东北地区加强了对蒙东的生态支持，坚持防洪抗旱相结合，做好防汛减灾、水质土保生态扶持工程。在此同时，着力解决供需矛盾，努力解决工程用水短缺和规划用水紧张问题。

第三，在生态文明政策与法制建设方面，东北地区也根据过往经验，实施了多个环境保护相关条例。经济和社会发展与生态环境密切相关，只有保持良好的环境基础，才能实现健康可持续的发展。同时，环境污染具有跨界和流动性特征，各行政区域难以单独控制，污染物的外流是不可避免的。虽然各省之间存在协调机制，但缺乏有效的运作方法来解决多区域的重大生态问题，需要成立地方协调管理部门，从根本上改善确保多部门联合与政策实施的有效性，通过多边检查来协调不同地区之间的生态环境问题，并推动其得到解决。此外，东北地区对于不同地区的污染水平已经着手定制解决方案，这些计划将基于当地的生态环境状况和需求，提供适当的解决方案，包括技术和政策手段，以实现生态环境的改善。

东北地区是欧亚大陆仅有的三个黑土区域之一，同时也是我国重要的粮食原材料生产区。国家高度重视东北黑土的保育和耕作，并且东北各省市也都开展了许多土壤环境保护工作。其中，黑龙江省实施专项保护措施，推广"一轮两免"等综合技术措施，实行农业机械化与保护相结合，培育、调查和纠正重点重金属工业企业，堵塞农业产业链，保障食品安全。2018 年 7 月 1 日起，吉林省实施《吉林省黑土保护条例》，将 7 月 22 日确定为全省黑土保护日，并明确不当保护的惩罚措施。这是全国首部省级关于黑土保育的法规，对保护黑土资源、防止黑土数量和质量下降发挥了重要作用。辽宁省盘锦市 2019 年完成了 12600 亩矿山环境治理。同时，获得了"无废城市"称号并获得了"无废城市"试点批准。

2018 年 11 月 18 日，中共中央、国务院发布了《关于建立更有效的区域协调发展新机制的意见》，意图建立中国主要粮食生产地区和主要销售地区之间公平、公正的协调机制。该机制的一个重要组成部分是实施生态补偿机制和利润补偿机制。东北地区一直处于全面发展的前沿，在国家要求下对生态文明建设做出了巨大贡献，这极大地提高了国家生态环境的质量，赢得了广大民众的赞誉。然而，东北地区的生态和环保问题也十分突出，促使国家增加支持并尽快建立公平、公正的协调机制。为了减少地区差异，实现全体人民的共同福祉，改善国家治理结构，该意见呼吁在工业发达地区实施公平交易污染物排放权和二氧化碳排放权的特殊做法，意图节约资源、保护自然资源和环境，促进绿色发展。总而言之，该意见反映了政府努力平衡全国经济增长与环境可持续性和社会公正的努力。

第四，生态文明建设质量获得明显提高。中国北方的东北地区作为生态安全屏障，对于维护区域生态平衡和国家粮食安全发挥着重要作用。近年来，东北地区各省市自治区聚焦生态安全等关键挑战，加强生态系统恢复，加强自然资源保护和管理，深化大规模林业改革，推进环境保护监管和攻坚，打赢"绿水青山就是金山银山"的攻坚战等，提高了生态文明建设水平，取得了显著成效。其中，黑龙江省三北工程建设覆盖全省 13 个市（地）的 113 个县（市、区），建设区域总面积 4174.18 万公顷，伊春市创造了 400 万公顷的大型森林和 40 万公顷的美丽湿地、702 条清澈河流、84.7% 的森林覆盖率，每立方米超过 2 万个"生态品牌"，使之成为国内外知名的生态旅游胜地。①②

吉林省一直坚持"保护优先、生态优先"的原则，致力于加强森林资源的保护和管理。通过持续规范森林资源的管理，大力推进草原、湿地和自然保护区的建设，并使吉林省多个自然保护区成功晋级为国家级自然保护区。同时，吉林省积极开展生态文明建设，通化市、梅河口市被确定为第三批全国生态文明建设示范城市，集安市被确定为第三批国家"绿水青山就是金山银山"实践和示范城市创新基地。新增省级生态市 23 个，省级生态村 84 个。吉林省在生态文明建设思想指导下环保事业取得了显著成效。在 2019 年的生态环境状况指数（EI 值）中，吉林省的得分为 70.19，比 2018 年提高了 1 分以上，评级等级为"良"，全省生态环境质量状况基本稳定。③

---

① 黑龙江日报：《省际联动之"三北"防护林｜黑龙江：为大粮仓撑起绿色屏障》，https：//h5.hljnews.cn/h5/detail/normal/4671511017473024。

② 黑龙江日报：《伊春 生态优等生再赴赶考路》，http：//hljnews.cn/whly/content/2022-05/28/content_617295.html。

③ 吉环生态字〔2019〕2 号：《吉林省生态环境厅关于命名吉林省第八批省级生态乡镇、生态村的决定》，http：//xxgk.jl.gov.cn/zcbm/fgw_98007/xxgkmlqy/201906/t20190611_5918146.html。

辽宁省一直致力于推进生态保护和建设工作。为此,全省14个市开展了生态保护红线勘界定标技术方案的制定工作,深入开展"绿盾"行动,在生态环境示范建设方面,生态环境部将位于丹东市的大梨树村被评为"绿水青山就是金山银山"实践创新基地。同时,盘锦市盘山县和双台子区也被评为国家生态文明示范区。相关荣誉显示了相关地区在生态保护和建设方面所付出的努力,以及他们不断推动"绿水青山就是金山银山"理念的落实。另外,在矿山恢复治理方面,辽宁省积极推进抚顺市综合治理采空区和阜新海州矿山的试点项目。经过多年的生态环境保护和建设,蒙东地区在生态环境质量方面取得了较多进展。这些企业存在着高资源消耗和环境污染问题,情况十分严峻。但是,经过多年的努力,生态环境质量得到了显著改善。现在,企业已经开始采取更加环保的措施,以减少其对环境的影响。努力的结果在2018年得到了体现,辽宁生态质量指数(EI值)为67.3,比2017年增加了3.4个点。[1][2] 可以说,在节能减排以及淘汰大量耗能、污染环境的落后企业产能方面,辽宁省也取得了大量成功经验,正向全省积极推广循环经济和清洁生产的方向前进。

第五,东北地区在生态环境保护方面深入扎实地开展各项工作,不断提升环境治理能力。为此,他们在2019年先后制定发布了多个文件,如《黑龙江省城乡固体废物分类治理布局规划(2019—2035年)》《吉林省辽河流域水环境保护条例》《辽宁省绿色建筑条例》等,推进污染防治攻坚战的落地实施和生态环境体制机制改革,并从环境保护各个领域继续努力。这些措施使得东北地区的生态环境质量得到了显著提升。近年来,东北地区将生态治理摆在突出位置,积极在祖国北疆建设生态安全屏障,保护天然林,处理风沙问题,实行退耕还林还草,目前蒙东地区的森林覆盖率达到了30.5%,比内蒙

---

[1] 辽宁省生态环境厅:《2018年辽宁省生态环境状况公报》,https://sthj.ln.gov.cn/sthj/hjzl/hjzkgb/hjzlzkgbnb/829625167AA047B5A623A441862F6D6B/index.shtml。

[2] 辽宁省生态环境厅:《2017年辽宁省生态环境状况公报》,https://sthj.ln.gov.cn/sthj/hjzl/hjzkgb/hjzlzkgbnb/43B483EF6FF242C2894455F2A846AC39/index.shtml。

古自治区平均水平提升了近 10 个百分点，草原植被覆盖率为 60% 左右，比内蒙古自治区平均水平高出近 12 个百分点。①

除此之外，东北生态环境保护区已经开始采取措施，发展新兴产业，以促进区域增长、改善民生。尽管全国都在面临旅游资源不够丰富的困境，但东北地区仍具有巨大的增长潜力。当前，东北地区正在探索红色旅游、个性定制冰雪游、露营类户外休闲娱乐、体育竞赛观赏以及休闲和旅游设备制造等新业态。各级政府正在吸引投资、建立数据库并提供专业培训，以支持项目展览规划和运营。他们还利用多种财产辅助形式来吸纳社会资源，扩大新的贸易形式，从而减少资源损耗。通过转型到旅游等新产业和新产品，可以满足游客多样化的需求，实现产业的改善和多样化。

近年来，东北地区生态环境管理已经成为政府改善的重点领域。为实现成本共担和效益共享目标，东北地区已经开始建立完善的生态补偿机制，鼓励广泛参与生态环境保护和恢复工作。市场导向的长期机制已经开始建立和完善，以优化资源配置、提高效率，并更好地实现成本共担和效益共享为目标。在这个过程中，森林资源已经成为探索市场导向生态补偿机制的非常有利的领域。通过发展市场导向的森林生态补偿机制，更好地保护和恢复森林生态系统，并创造经济价值。这些机制也已经成为增加人民收入的新途径。此外，各种融资渠道也非常重要。例如，通过发行生态政府债券、生态彩票等，形成多样化的融资渠道，满足生态环境治理的资金需求，解决共享问题。

总之，东北地区已经开始建立完善的市场驱动的长期生态补偿机制，并探索各种政府间横向补偿机制，以解决生态环境管理领域的成本共担和效益共享问题。同时，利用森林资源和市场导向的森林生态补偿机制的优势，探索促进生态经济的新道路，如：发行政府生态债券和生态福利彩票等形成多样化的融资渠道。这些措施将有助于保护和恢复东北地区的生态环境，促进

---

① 内蒙古自治区统计局：《主动融入东北经济圈 蒙东地区高质量发展特征逐步显现》，https：//www.mymetal.net/19/0708/13/B18728F7AAD5EE60.html。

绿色高质量发展。

第二节　辽宁省全面振兴新突破三年行动绿色低碳发展战略

2023年2月22日，辽宁省委十三届五次全会闭幕，会上通过了《辽宁全面振兴新突破三年行动方案（2023—2025年）》（以下简称《方案》）。《方案》的实施是深刻践行习近平总书记在深入推进东北振兴座谈会上的重要讲话精神，展现更大担当和作为；同时也是贯彻党的二十大精神、推动中国式现代化辽宁篇章的实际行动，适应辽宁更好服务和融入新发展格局、实现高质量发展的现实需要，也是贯彻辽宁"十四五"规划、省第十三次党代会精神的重要举措。《方案》分为三个部分。第一部分是总体要求，其中明确了全面振兴新突破三年行动的指导思想、基本原则和总体目标。总体目标意图通过三年的努力，显著提升维护国家"五大安全"能力，实现高质量发展迈上新台阶，加快结构调整步伐，创新能力显著增强，数字辽宁和智造强省建设成效明显，改革开放取得重大进展，营商环境实现根本好转，加快推进"一圈一带两区"建设，扎实推进生态环境建设取得成效，增强社会治理能力，持续改善人民生活品质，形成营商环境好、创新能力强、区域格局优、生态环境美、开放活力足、幸福指数高的振兴发展新局面，以中国式现代化辽宁实践推动全面振兴取得新突破。

一、大力推进绿色低碳发展

在辽宁"十四五"规划重点任务中，着力强调要推进美丽辽宁建设，在绿色低碳发展上实现新突破。坚持人与自然和谐共生，统筹产业结构调整、污染治理、生态保护、应对气候变化，协同推进降碳、减污、扩绿、增长，加快建设天更蓝、山更绿、水更清、生态环境更美好的美丽家园。具体提出稳步推进碳达峰碳中和、持续深入推进污染防治、加强生态保护和修复等 3 项重点举措。同时，设置了具体的任务目标，即绿色发展取得新进展、生产生活方式绿色转型取得显著成效，生态安全屏障更加牢固，同时，要求单位地区生产总值能源消耗和二氧化碳排放量比 2020 年分别下降 14.5%、18%。除此之外，辽宁省生态环境厅更是提出了辽宁绿色低碳发展的重点工作任务。

在实现碳达峰碳中和的过程中，为了降低碳排放，辽宁省计划控制化石能源的消费，推动清洁低碳能源转型，包括提高可再生能源的利用率和发展新能源技术等。

采取精准应对和协同治理的策略，稳步提升生态系统碳汇能力，保障生态安全。积极开展辽河流域环境监测和评估工作，及时发现和解决污染问题。此外，还将加强企业改造，鼓励企业实行清洁生产，降低污染物排放量，加强水源保护等工作。

在生态保护和修复方面，辽宁省已经提出创建辽河国家公园（2022 年 5 月更名为辽河口国家公园），并将进一步深入开展辽河流域山水林田湖草沙一体化保护和修复工作，建设生态文明，保护辽河流域生态环境。辽宁省还需要加快建立绿色矿山和自然保护地体系，维护生态平衡，促进生态文明建设。同时，还将加强公众环保意识的普及和提高，鼓励广大群众积极参与到辽河流域生态环保工作中来，共同推动环境保护事业的发展。

当前，辽宁省正逐步推进各项重点工作任务。在实现碳达峰碳中和的过程中，辽宁省作为一个重要的能源生产地和消费地，为了推进能源绿色低碳转型，将积极推进煤炭消费替代和转型升级。这代表着辽宁省将加快减少煤炭消费的步伐，并严格控制煤炭消费的增长。同时，辽宁省还将科学规划建设先进煤电机组，加快淘汰落后产能，以提高煤电的效率和降低其对环境的影响。除此之外，辽宁省还将推进存量煤电机组的节能改造和供热改造，为清洁取暖打下坚实基础。在重点用煤行业方面，辽宁省将推广冬季清洁取暖，减少煤炭的使用量。同时，还将实施清洁能源替代措施，如电力替代散煤、以天然气代替煤炭等，以提高能源结构的清洁度和可持续性。最终的目标是逐步降低煤炭消费，向基础保障性和系统调节性电源并重转型。

为有序引导天然气消费，辽宁省正在采取一系列措施保障民生用气。为此，辽宁省正积极扩大上游气源供应，以满足日益增长的天然气需求。同时，辽宁省也在推动天然气与可再生能源融合发展，注重提高能源利用效率。为了优化天然气输送管网，辽宁省还在其沿线布局天然气调峰机组，以确保稳定的供气和管网运行。除此之外，辽宁省还致力于稳定省内原油年产量在 1000 万吨左右，同时提升终端燃油产品能效，以降低能源消耗和减少环境污染。为在平衡经济发展和资源保护之间寻求最佳方案，辽宁省将努力保持石油消费处于合理区间。

为了实现清洁能源的大规模开发，辽宁省将推进风电、光伏等清洁能源的开发。针对海上风电的开发，辽宁省将统筹数据资源，深化调查，强化要素保障，科学有序进行。同时，辽宁省还将探索"光伏+"产业发展，实施生物质能推广应用工程，促进抽水蓄能电站建设。同时，辽宁省将落实可再生能源电力消纳保障机制，确保可再生能源的稳定消纳和电网的安全运行。最终目标是到 2025 年，辽宁省的风电、太阳能发电总装机容量将达到 3700 万千瓦以上，为推动清洁能源的高质量发展打下坚实基础。这也将为辽宁省经济社会的可持续发展提供更加清洁、高效、环保的能源供应体系。

辽宁省正在积极推动清洁电力资源的优化配置，以提高能源利用效率和减少对环境的影响。为此，辽宁省正在逐步优化电力输送通道，以提升电力互济能力，并计划新增跨省跨区通道，可再生能源电量比例将达到 50% 以上。同时，辽宁省也在引导各类负荷参与系统调节，确保电力供需平衡。目前，辽宁省电网已经具备 5% 以上的尖峰负荷响应能力，可以有效应对电力峰谷差异带来的挑战。为了进一步提高清洁能源的利用率，辽宁省正在积极发展新型储能设施和多能互补。其中，新型储能装机容量预计将达到 100 万千瓦以上，非化石能源装机占比将超过 50%。此外，抽水蓄能电站装机容量也将达到 800 万千瓦左右，非化石能源发电量占比也将超过 50%。

在发展新能源技术方面，辽宁省将致力于安全有序地推进核电的发展。为此，辽宁省将加强对核电厂址规划和保护工作的管理，确保核电站建设符合环境、安全等各方面要求。同时，还将积极推进徐大堡核电二期建设，并争取一期等项目尽快核准并开工建设，同时谋划研究三期等项目，以促进区域能源结构的优化和升级。除了推进核电站建设，辽宁省还将开展核能综合利用的示范项目，积极探索制氢、海水淡化等相关技术的应用。在核电安全方面，辽宁省将加大安全投入，持续提升核安全监管能力。在核电站、工程建造现场和核级设备制造厂等一线实行最严格的安全标准和最严格的监管，确保核能在安全、高效的环境下发挥其应有的作用。目前，辽宁省正致力于推进清洁能源应用，不断完善电力系统，以满足经济社会发展对能源的需求，同时减少对环境的影响。

二、着力维护生态安全

在污染防治、保障生态安全方面，辽宁省将构建绿色低碳导向、主体功能明显、优势互补、高质量发展的国土空间开发保护新格局。这一目标代表着在未来的发展中，必须严守生态保护红线，严格管控自然保护地范围内非生态活动。同时，需要推进辽河口国家公园创建工作，以更好地保护该区域的自然生态环境。辽宁省以水生态环境持续改善为核心，致力于统筹水资源利用、水生态保护和水环境治理。在污染减排与生态扩容两手发力的基础上，积极推动河流水系连通，实施入河排污口整治、城镇污水处理提质增效、工业园区整治、水生态保护修复等措施。为了达到这个目标，辽宁省已经开始着手完成辽河、浑河干流及一级支流主要入河排污口溯源，并且基本完成了辽河口国家公园范围内 70 个重点排污口规范化建设试点工程。辽宁省计划到 2023 年基本完成全省流域汇水面积 50 平方公里以上一级支流排污口整治，到 2025 年基本完成全省流域主要河流入河排污口整治，使辽河流域优良水体比例达到 60% 以上。为了实现上述目标，辽宁省将严格落实国土空间用途管控制度，并强化生态灾害防治。辽宁省还将加强本溪满族自治县、桓仁满族自治县等国家重点生态功能区保护修复工作，以确保这些区域的生态系统得到有效保护。辽宁省还将致力于增强生态系统服务功能和森林碳汇能力，以促进全省生态环境的高质量发展。

辽宁省积极倡导绿色低碳生活方式，为推进环保理念的普及与贯彻采取了一系列举措。鼓励人们理性适度消费、节约用能、减少包装和制止浪费行为。积极推动生活垃圾分类和资源循环利用，支持共享经济和闲置资源再利用。规范发展新兴业态，如网约车、自有车辆租赁以及旧物交换利用等，促进低碳出行和绿色出行方式的普及。大力推广绿色消费，鼓励人们购买绿色节能环保产品，从根本上减少自身对环境的影响。落实政府绿色采购政策，推行绿色低碳产品政府采购需求标准，加大绿色产品采购力度，扩大绿色产品采购范围，引领全社会向绿色低碳发展转型。

在加强企业改造，鼓励企业实行清洁生产方面，辽宁省将强化企业环境责任意识，引导企业适应绿色低碳发展要求，推动企业向环保型、资源节约型、绿色可持续发展转型。支持企业加大绿色可持续投资力度，鼓励企业公开低碳目标与完成情况，促进企业自觉履行社会责任。推进重点用能单位节能降碳，制定专项工作方案，全面落实国家和地方的节能减排政策和标准，减少企业对环境的负面影响。建立重点用能单位节能目标责任制和评价制度，强化监管与考核，确保企业能够按照规定达到节能减排目标实现高质量发展。发挥第三方监督作用，督促企业自觉履行社会责任，同时提高公众对企业环保行为的知情权，共同推动绿色低碳发展。

三、落实环境监督责任

辽宁省将采取更为严格的措施来保护辽河流域的生态环境。其中，在管护上建立责任制，实施河（林）长制划分责任区，完善管护体系，并加大生态封育力度，巩固退耕还河自然封育成果。同时，还将对辽河主干流进行生态流量评估，编制生态用水分配和调度方案。此外，湿地生态系统的保护和修复也将得到加强，政府将采取自然恢复为主、辅助人工措施的方式进行治理。此外，生物多样性的保护也将成为辽宁省的重点工作，政府将建设生态廊道，构建全流域生物多样性保护网络。为提高水质净化和水源涵养能力，辽宁省将实施更加严格的水生态环境保护措施，打造出一个更加健康的生态环境。在此基础上，政府将落实最严格的水资源管理制度，保证辽河水质的安全。同时，政府还将按照三条红线严格管控，对水污染进行全面治理。

为增强水源涵养和地表蓄水能力，辽宁省将加强水源涵养区的植树种草工作，并合理调控流域水文生态过程。同时，政府还将建立水质监控全覆盖体系，实时监测水源地、入河排污口、河段以及重点监控断面的水质情况，及时发现并解决水质问题。同时，将按照不同主管部门的职责协调统一划分管护责任区，形成一个完善的管护体系，为保护辽河流域的生态环境提供有力支持。

为了维护辽河在国家生态安全、粮食安全和产业安全方面的重要战略地位，辽宁省从2021年开始逐步开展对辽河国家公园（2022年5月，更名为辽河口国家公园）的创建工作，意图全面实现设立辽河口国家公园这个重大目标。这一举措有利于维护辽宁地区的生态安全，推动辽河流域生态环境保护，并增进民生福祉。辽宁省致力于推动周边社区居民与辽河口国家公园建设相互支撑，加强社区共建共管的工作。为此，辽宁省将建立健全市、县（市、区）、乡镇（街道）共管机制，共同保护辽河口国家公园周边自然资源。在生态环境保护方面，辽宁省将引导当地政府在辽河口国家公园周边合理规划建设社区和特色小镇，聘请社区居民为生态保护修复、科研监测、自然教育等提供劳务服务，以协同推进辽河口国家公园文化建设和周边社区居民提升生活质量。为了更好地促进居民绿色低碳生活，辽宁省还将举办形式多样的宣传活动，鼓励当地社区居民倡导可持续生活方式，实现绿色生活。除此之外，辽宁省还将设置生态管护公益岗位，优先安排居民担任生态公益管护员，发挥居民自身力量参与生态保护工作。辽宁省也将推动传统产业转型升级，以挖掘生态资源的经济潜力，并带动社区居民从事生态产业。同时，辽宁省积极探索生态产品价值实现途径，加快发展生态循环农业和优质生态农林产品试点项目，打造生态旅游业，提高生态产品的竞争力。

辽宁省将建立和完善考核评估机制，以生态系统状况、环境质量变化、社区综合发展等方面为重点，构建全面的考核体系。为此，辽宁省将强化管理机构的自然生态系统保护主体责任，明确政府和相关部门的相应责任，确保公园创建和保护工作的有序开展。同时，为保证工作顺利进行，辽宁省将严格落实考核问责制度，将创建辽河口国家公园工作纳入生态文明建设考核体系，并对辽河口国家公园创建和保护不力的责任人和责任单位进行问责。这些措施将有效地促进辽河口国家公园工作的有序推进，提高工作的科学性和规范性，为保障辽河口国家公园高质量发展做出重要贡献。在具体实施过程中，辽宁省将积极探索多种形式的考核评估机制，督促相关部门落实好职责，加强生态环境监测和数据共享，定期发布辽河口国家公园建设和保护的考核结果，挖掘问题根源，制定有针对性的整改措施，努力推动国家公园建设和保护事业的高质量发展。

第三节　吉林省改善生态环境质量建设生态强省战略

吉林省积极贯彻习近平新时代中国特色社会主义思想，坚持以人民为中心的发展思想，构建新发展格局。为了实现高质量发展和生态环境高水平保护，吉林省以减污降碳协同增效为总抓手，突出"一条主线"、实施"两个路径"、统筹"三个区域"、强化"四个保障"、实现"五个突破"，达到"六新目标"。具体而言，吉林省全面推进生产生活绿色化、资源利用高效化、生态保护系统化、环境治理精细化、治理能力现代化，以满足人们日益增长的优美生态环境需求。在服务吉林全面振兴全方位振兴大局上，吉林省将展现新担当，提高生态环境质量，实现新突破，谱写美丽中国的吉林篇章。吉林省力争到 2035 年实现生态环境根本好转，为此，省政府将在实现新发展格局的基础上，加强生态文明建设，提升生态环境质量，推动经济社会高质量发展。吉林省将坚持以人民为中心，坚持系统化、全面化、精细化、现代化的治理方式，通过科技创新和产业转型升级等手段，实现生态环境质量的大幅提升。

在这一过程中，吉林省坚持新发展理念，推进经济社会绿色转型，从源头上控制环境污染和生态损害。为全面深化生态环境保护改革创新，加强治理体系和治理能力现代化，增强工作创新活力，吉林省还将底线思维融入行动中，健全法规制度体系，严守保护红线，控制资源利用上限，守住环境质量底线。同时，吉林省也将全方位、全地域、全过程开展生态文明建设，一体化推进生态环境保护，提升生态系统质量和稳定性。

吉林省建设生态强省的战略目标是，到 2025 年实现生态强省建设阶段性成果，包括六个方面的目标，即生态经济实力增强、环境质量持续改善等。为此，吉林省将以加快建设生态强省为主线，实施"两个路径"为手段。具体而言，吉林省将通过生态产业化和产业生态化相结合、生态环境高水平保护相融合的"两个路径"，推动生态强省建设。同时，吉林省划分出三个区域，即东部突出"生态保护"，中部突出"环境治理"，西部突出"生态修复"，以便更有针对性地进行工作。在具体实施中，吉林省将重点任务放在保护森林资源和生物多样性，治理大气、水、土壤环境污染，实施河湖连通，促进草原、湿地生态恢复等方面。这些举措意图提升生态环境质量，促进经济高质量发展，实现生态文明建设与经济社会发展的良性互动。

一、推动"四个保障"

吉林省在推进生态文明建设和实现绿色发展的过程中，重点推动四个方面的保障工作：动力保障、技术保障、制度保障和智慧保障。

强化动力保障，吉林省将把创新作为推动生态环境保护的重要动力，加强生态环境保护体制、政策、管理和技术创新，提升生态环境保护的活力，从而不断完善和优化生态环境保护工作。

强化技术保障，吉林省将围绕生态环境保护的重点领域和关键环节开展科技攻关和技术研发，加大环境科技创新投入，提供技术支持，通过先进技术手段提高环境保护的效率和水平。

强化制度保障，吉林省将完善法规体系和标准体系，建立失信企业联合惩戒机制，推进环境信用评价制度，健全生态补偿、损害赔偿等各项制度，提高现代化水平。这些制度的建立和完善，将有助于更好地规范和管理生态环境保护工作。

强化智慧保障，吉林省将推进数字化、信息化产业应用于生态环境保护领域，完善智慧监管平台，提高环境管理、执法、监测预警等现代化水平。借助先进的科技手段，更好地掌握生态环境状况，及时发现问题并加以解决，进一步提高生态环境保护工作的质量和效率。

二、实现"五个突破"

减污降碳协同增效：吉林省在能源、工业、城乡建设、交通运输等领域，聚焦重点行业，实现源头治理、系统治理、整体治理，推进结构调整、产业升级、控煤减排、清洁能源替代等方面的突破，以协同促进经济效益和环境保护。

污染防治攻坚：吉林省集中攻克群众身边的突出环境问题，在蓝天、碧水、青山、黑土地、草原湿地等方面加大治理力度，延伸深度、拓宽广度，实现满足人民群众对生态产品、环境的新期待等方面的突破。

依法严格生态环境监管：吉林省以严厉打击环境违法违规行为为重点，突出工业集聚区、工业企业、生活污水、规模化畜禽养殖等方面监管，全面实行秸秆全域禁烧，加强污染地块违法违规利用监管、生态保护红线区和自然保护地排查整治等，实现生态环境精准监管的突破。

健全生态环境监管体系：吉林省建立发现问题解决问题、长效常治的闭环管理体系，夯实生态环境保护责任落实机制，在督察、执法、监测三个手段和排污许可、"三线一单"两个管理制度"3+2"监管体系方面实现突破，构建起科学高效的生态环境监管体系。

生态环境宣教工作：吉林省调动各方力量，多形式、多渠道开展生态环境宣传教育，营造良好的生态环境保护社会氛围，引导全社会共同参与和监督生态环境保护工作，在提高全社会对生态环境保护意识和行动力方面实现突破。

三、达成"六新目标"

吉林省自觉践行"绿水青山就是金山银山"等生态文明理念，加强生态文明创建活动，并逐步形成目标责任体系、生态经济体系、生态安全体系、生态文明制度体系和生态文化体系。

在绿色转型发展方面，吉林省取得了较大进展。产业结构沿着绿色发展道路不断优化，各领域广泛应用绿色理念、技术和生产方式，资源消耗和污染物排放量显著减少，废弃物资源化利用水平也得到提高。

同时，在环境污染防治方面，吉林省取得了显著的成效。空气质量稳步提升，已进入全国第一方阵；水环境质量持续改善，河湖生态保护修复工作也得到有效推动；土壤环境质量稳定向好，农产品安全也得到有效保障。

生态系统功能方面，吉林省正在不断提高。全省山水林田湖草沙整体保护和系统修复取得实质性进展，生物多样性和生态平衡得到切实保护，生态系统质量和稳定性也在稳步提升，生态安全得到有效维护。

吉林省的生态环境法治保障能力也在不断增强。地方性法规修订出台，生态环境损害赔偿和重点流域生态补偿等工作深入推进，环保产业也加快发展壮大。

为普及生态文化，吉林省开展了以学习普及生态文化为主要内容的宣传教育活动，全民生态文明素质不断提高。绿色、低碳、环保的生活方式和消费模式更加深入人心，各类绿色创建活动更加贴近实际和群众，形成了全民参与生态文明建设的浓厚氛围。

四、建立完整生态文明体系

吉林省计划 2035 年在生态文明建设方面取得重大成效，形成以生态文化、生态经济、生态责任、生态制度、生态安全为主体的生态文明体系。经济社会实现全面绿色转型，以产业生态化和生态产业化为主体的生态经济体系得到全面构建。落实主体功能区战略，使生产空间集约高效、生活空间宜居适度、生态空间山清水秀。届时，吉林省的生态环境根本好转，人与自然和谐相处，吉林大地更加美丽。全体社会公民生态文明素质显著提高，生态产品供给水平持续提高。最后，吉林省的生态文明法规制度健全完善，环境治理体系和治理能力现代化得以基本实现。

在推进绿色低碳发展，源头控制生态损害部分。吉林省牢固树立"绿水青山就是金山银山、冰天雪地也是金山银山"的理念，持续深入推进生态文明建设。这代表着，吉林省将加快建设生态强省，促进经济社会全面绿色转型，抓住新一轮科技革命和产业变革的历史性机遇，从而实现经济高质量发展与生态环境高水平保护的良性互动。

在优化国土开发方面。吉林省将加强环境管控，将生态保护红线、环境质量底线、资源利用上限等要求落实到环境管控单元。同时，还将建立差别化的生态环境准入清单，加强"三线一单"成果在政策制定、规划实施、环境准入、园区管理、执法监管等方面的应用。为了健全以环评制度为主体的源头预防体系，吉林省将严格规划环评审查和项目环评准入。此外，吉林省还将开展重大经济技术政策的生态环境影响分析和重大生态环境政策的社会经济影响评估，意图推动经济发展与环境保护协调发展的目标。

在城市绿色低碳发展方面。吉林省将推进城市集约绿色低碳发展，建设韧性、绿色、低碳、海绵城市，引导重大产业向环境容量充足、扩散条件较好的区域优化布局，以实现经济和生态环境保护的良性互动。为了支持老工业城市振兴发展，吉林省将积极有序推进城区老工业区搬迁，加快资源枯竭城市转型发展，并探索实施资源枯竭型地区代际补偿。此外，吉林省还将控制国土空间开发强度，加强城市化地区基本农田和生态空间保护，减少工业化、城镇化对生态环境的影响，避免土地占用过多、水资源过度开发以及生态环境压力过大等问题。这些措施意图实现吉林省经济社会高质量发展和生态文明建设的目标，促进人与自然和谐共生。

在耕地保护方面。吉林省将加强耕地保护工作，完善土地利用政策措施，优化农业用地结构，确保粮食安全和生态安全的双重目标。在耕地保护方面，吉林省将实行严格的耕地保护制度，划定耕地红线，并加强耕地质量管控和监测，严禁非法占用耕地。为了推进绿色农业发展，将积极推广化肥农药减量化技术，促进生态环境与农业高质量发展相协调。同时，吉林省将大力发展生态农业、节水农业和特色农业，提高农产品品质和附加值，促进农村经济发展。为了提高农产品加工利用价值，将支持农产品、畜产品、水产品和林产品的深加工和副产物综合利用。此外，还将加强农业面源、畜禽养殖污染治理和农村人居环境整治，改善农村环境质量，保障农民健康和生活质量。为了提高耕地土壤环境质量，吉林省将加强土壤污染防治和修复工作，推进农业有机废弃物资源化利用，减少土地污染风险。同时，吉林省还将保障农产品安全，建立健全的农产品质量安全监管体系，确保农产品生产过程中的质量安全和环境安全。

在加快生态保护和修复重点生态功能方面。吉林省将以国家重点生态功能区为主体，以各级自然保护地为重点，全面加强生态环境保护工作，提高生态系统的稳定性和适应性。保护生态环境、提供生态产品是吉林省生态文明建设的主要目标。为了实现建设目标，吉林省将禁止或限制大规模高强度的工业化城市化开发，推行生态优先、绿色发展的理念，鼓励和引导产业转型升级，促进经济结构调整和绿色低碳发展。同时，还将制定一批生态保护修复政策，实施一批生态保护修复项目，加强生态系统保护与修复，推进生态环境持续改善。

为了支持重要生态功能区的人口逐步有序向城市化地区转移,吉林省将注重城乡融合发展,探索建立新型城镇化模式,使生态优势和资源禀赋成为农民增收致富的重要渠道,有效促进城乡人口均衡发展。此外,吉林省还将加强生态服务功能,强化生态系统保护与修复,提高生态系统的稳定性和适应性,促进生态文明建设,完善生态环境监测和评价体系,推进生态环境信息公开,加强生态环境执法和监管,确保生态环境保护工作的有效实施。

第四节 黑龙江省提升放大绿色发展优势战略

黑龙江省编制了《黑龙江省"十四五"生态环境保护规划》,这是一项深入贯彻落实习近平生态文明思想的重要举措,意图推动黑龙江省的生态文明建设水平迈上新台阶。该规划紧紧围绕"五位一体"总体布局和"四个全面"战略布局,面向 2035 年远景目标和生态强省建设目标。《黑龙江省"十四五"生态环境保护规划》以解决突出环境问题为导向,是黑龙江省"十四五"生态环境保护工作的纲领性文件。通过实施该规划,黑龙江省将持续改善生态环境质量,提升绿色发展优势,提高人民群众生态环境获得感、幸福感和安全感,这对黑龙江省民生福祉建设具有重要意义。作为一个拥有丰富自然资源和生态环境的省份,黑龙江省当前正处于生态环境保护的攻坚期和窗口期,同时存在着结构性问题和矛盾。

首先,黑龙江省的生态环境结构性矛盾依然突出。以重化工、煤能源和公路货运为主的产业结构没有根本改变,导致环境污染和生态破坏加剧,同时绿色生产和生活方式尚未得到广泛推广和普及,需要进一步努力。其次,地域特色环境问题在短期内难以解决。粮食生产和黑土地资源带来的压力需要优化农业生产结构和传统农业生产方式等因素,才能更好地保护当地的生态环境。最后，部分地区和领域仍然存在着突出的生态环境问题。空气质量、水质改善、黑臭水体、污染源头防控、治理能力、环境基础设施等方面存在短板，需要全面加强相关工作和措施。

一、促进全面绿色转型

黑龙江省以习近平生态文明思想为指导，全面贯彻落实党的各项决策，促进经济社会发展全面绿色转型，协同推进经济高质量发展和生态环境高水平保护。以减轻污染和降低碳排放、持续改善生态环境质量为总体要求，重点解决突出环境问题，打好污染防治攻坚战。同时积极推进应对气候变化与生态保护修复和环境治理，防范生态环境风险，建设北方生态安全屏障。努力提升人民群众对生态环境的获得感、幸福感和安全感，为加快全面振兴奠定坚实的生态环境基础，实现生态文明建设新突破。通过推行科学规划、严格执法、强化监管等举措，构建全社会参与的生态文明建设体系，不断推动黑龙江省在生态文明建设方面取得新的成就。

在"十四五"期间，黑龙江省的绿色转型计划取得更多显著成效。通过合理配置能源资源，碳排放强度持续降低，基本形成绿色生态产业体系。这种转型不仅可以在经济上获得巨大发展，同时也能够促进环境的高质量发展。黑龙江省始终致力于持续改善生态环境。计划主要污染物排放总量继续减少，全面改善空气质量。稳步提升水生态环境质量，天然河湖国控劣 V 类断面初步恢复水生态功能，城市建成区基本消除黑臭水体。随着生态系统质量和稳定性的稳步提升，黑龙江省的北方生态屏障功能将进一步提升，生物多样性得到有效保护，生态系统服务功能将不断增强。现在，黑龙江省已经建成为一个生态强省。黑龙江省的生态环境安全得到了有效保障。土壤安全巩固利用水平正在提升，固体废物与化学物质环境风险防控能力明显增强。核辐射安全监管持续加强，环境风险得到有效管控。黑龙江省还筹划建立健全的现代环境治理体系。通过深入落实生态文明制度改革，加快补齐生态环境治理能力突出短板，治理手段多样、治理能力先进的环境治理体系已经形成。这种治理主体合理的体系，为黑龙江省未来的生态环境发展提供了良好的基础。

"十四五"期间，黑龙江省将实施以下重要措施来推进生态环境保护与治理，实施减污降碳、精准治污、亮剑护绿、科技赋能"四大行动"，以提高生态文明建设水平。实施绿色低碳发展战略，通过技术创新、产业升级、资源优化配置等手段，促进经济转型升级和生态环境保护相协调。打好蓝天、碧水、净土保卫战，集中力量解决空气、水和土壤污染问题，确保人民群众健康和生态环境安全。山水林田湖草沙冰一体化保护和系统治理，加强对自然资源的保护与管理，构建生态文明城市和美丽乡村。实施"十个全覆盖"，即工业企业污水稳定达标排放、省级及以上工业园区污水集中达标处理、20蒸吨以上锅炉稳定达标排放、钢铁焦化企业脱硫脱硝、全省集中式饮用水水源保护区划分、重点流域入河排污口排查整治、耕地分类管理、建设用地污染地块安全利用、县域农村生活污水治理专项规划实施、医疗废物处置10个全覆盖。加强环境风险防范，制定应急预案，加强环保部门和企业的应急管理能力。推进生态环境治理体系与治理能力现代化，加强环境监测、信息公开、投诉举报等方面的建设，提高生态环境保护水平和治理效能。

在推进高质量发展阶段，黑龙江省将统筹推进区域绿色发展，加强国土空间保护和开发管理，实现生态环境分区管控全覆盖。为构建可持续的生态系统保护机制，省政府将制定并落实生态保护红线、重点生态功能区和生态修复补偿目标等政策。为推进产业结构转型升级，黑龙江省将依托科技创新，推动绿色转型升级。省政府将针对重点行业制定绿色转型升级规划，引导企业开展绿色设计、生产和营销。同时，也将淘汰落后产能和过剩产能，提高行业资源和能源利用效率。

为构建清洁低碳能源体系，黑龙江省将优化能源供应结构，以清洁低碳能源替代传统能源。具体措施包括在可再生能源领域加大投入和支持力度，发展核能、风电、太阳能等清洁能源，大力推广电动汽车、燃料电池汽车等清洁交通工具。为建设绿色交通运输体系，黑龙江省将优化交通运输结构，提高交通运输效率和安全性。具体措施包括推广公共交通、鼓励非机动车出行、优化公路网、建设高速铁路等现代交通基础设施，并加强环境保护监管，遏制交通污染。为大力推进生态环境科技赋能，黑龙江省将发挥科技创新在绿色环保领域的支撑作用，加快绿色环保战略性新兴产业的发展。具体举措包括加大环保科技研发投入，推动生物技术、智能化、节能降耗等先进技术在环保领域的应用。同时要鼓励企业增强环境责任意识，推动企业绿色转型升级。

二、维护良好空气质量

在控制温室气体排放部分，作为一个大型工业化省份，黑龙江省十分重视应对气候变化问题。黑龙江省启动了二氧化碳达峰行动，并制定了2030年前的碳达峰行动方案，同时还制定能源、工业、城建、科技、减污降碳、生态系统碳汇、标准计量体系等专项方案。此外，黑龙江省要求将二氧化碳达峰行动纳入全省规划体系，并推进农业、旅游等特色领域的近零碳排放区示范工程建设。在温室气体排放控制方面，黑龙江省将重点控制工业、交通和建筑领域的二氧化碳排放，并严格控制非二氧化碳温室气体排放，如煤层气甲烷、油气系统甲烷、全氟化碳等含氟温室气体和氧化亚氮的排放。黑龙江省也提出了具体的措施，如升级能源、建材、化工等领域的工艺技术，利用转炉渣等非碳酸盐工业固碳废物作为原辅料生产水泥，推动全流程二氧化碳减排示范工程；打造绿色低碳交通网络，推广节能和新能源车辆，加快充电基础设施建设；开展绿色建筑创建行动，推动新建建筑全面执行现行节能标准，落实绿色建筑标准等。在应对气候变化方面，黑龙江省还要求将其纳入"三线一单"生态环境分区管控体系，逐步探索和开展二氧化碳、甲烷、非甲烷总烃、氧化亚氮监测工作，并完善企业碳排放信息披露等相关制度。同时，黑龙江省还要提高数据时效性，加强应对气候变化技术支撑能力建设，落实国家适应气候变化战略，增强农业、林业、水资源等领域对气候变化的适应能力。

在改善大气环境方面，为了控制和减少黑龙江省空气污染，特别是PM2.5细颗粒物的排放，黑龙江已经制定了控制PM2.5和臭氧污染的计划，明确目标、路线图和时间表。开展PM2.5和臭氧污染原因的研究，以提高污染控制的准确性。实行大气环境质量管理目标，包括制定并公开披露空气质量短期改善目标。针对燃煤污染问题，加强煤炭污染控制措施，减少散煤使用，逐步淘汰不符合排放标准的燃煤锅炉。同时，提高秸秆资源综合利用水平，禁止焚烧秸秆，完善秸秆收集、储存、运输等基础设施，探索有益于各方的政策。此外，黑龙江还将通过实施绿色建设、加强工地扬尘控制、推广湿式清洗作业、加强道路冲洗和清扫、在重点扬尘源处建设扬尘抑制设施等措施，加强细颗粒物的控制。另外，通过投资购置防尘设备、鼓励封闭运输等方式，减少露天地面、物料堆场和大型煤矿码头等地的扬尘排放。

为了推进多污染物协同减排，黑龙江省制定了一系列措施。其中，重点行业氮氧化物（NOx）等污染物深度治理是首要任务，黑龙江省将加强钢铁、焦化等行业超低排放改造，实现全覆盖脱硫脱硝。同时，对水泥、玻璃、铸造、石灰、矿棉等行业进行污染深度治理，并鼓励逐步取消烟气旁路。此外，黑龙江省还将开展挥发性有机物（VOCs）全过程综合整治，提高绿色原辅材料替代比例，加强涂装类工业园区和企业集群建设。除了以上措施，黑龙江省还将强化车油联合管控，规范成品油市场，严厉打击非标油品行为，加大用车监督执法力度。同时，黑龙江省还将推动其他涉气污染物治理，包括大气氨排放控制、消耗臭氧层物质和氢氟碳化物环境管理、恶臭综合治理等。同时，优化饲料结构，加强畜禽养殖业氨排放综合管控，推动恶臭投诉集中的重点企业和园区安装运行在线监测预警系统等。

为了深化区域大气污染联防联控机制，黑龙江省筹划构建常态化协作机制，统一规划、标准、监测和污染防治措施。为了应对重污染天气，黑龙江省将提高预报准确率，完善应急预案体系，并推进企业绩效分级管理规范化、标准化，扩展公众监督渠道。此外，还将制定实施噪声污染防治行动计划，安装噪声自动监测系统，加强对工业企业和社会生活噪声的监管和整治。在区域大气污染联防联控方面，黑龙江省将开展交叉互查，探索建立与吉林、辽宁两省和内蒙古自治区的四个盟市开展跨省级行政区联防联控模式，以实现多污染物协同减排目标，提高空气质量，保障人民健康。在应对重污染天气方面，黑龙江省计划完善重大项目环境影响评价区域会商机制，进行应急减排信息公开和公众监督。同时，适时修订应急预案，探索轻、中度污染天气应急响应的应对机制，加强重点行业超低排放改造，实现全覆盖脱硫脱硝，推进其他涉气污染物治理，包括大气氨排放控制、消耗臭氧层物质和氢氟碳化物环境管理、恶臭综合治理等。

三、提升居民生活质量

在噪声污染防治方面，黑龙江省将开展环境功能区评估与调整，将工业企业噪声纳入排污许可管理，并严厉查处工业企业噪声排放超标扰民行为，鼓励采用低噪声施工设备和工艺。计划到 2025 年，地级及以上城市全面实现功能区声环境质量自动监测，声环境功能区夜间达标率达到国家要求。

在提升水环境质量方面。黑龙江省将致力于提升水环境质量和推动水生态恢复。为此，省政府制定了一系列举措来实现这一目标。在饮用水安全保障方面，将加强县级及以上城市集中式饮用水水源达标治理和水源地规范化建设，加大饮用水安全状况信息公开力度，以实现全省集中式饮用水水源保护区划分全覆盖，确保县级及以上城市集中式饮用水水源水质全部达到或优于Ⅲ类。流域水生态环境质量方面，黑龙江省将持续削减水污染物排放总量，并确定 135 个国控断面水质目标，未达到水质目标要求的地区应依法制定并实施限期达标计划，同时打好松花江生态保护治理攻坚战。在城市黑臭水体治理方面，黑龙江省将巩固城市黑臭水体治理成效，并建立防止返黑返臭的长效机制。为此，县级城市政府将完成建成区内黑臭水体排查，并制定城市黑臭水体治理方案。计划到2025年，县级城市建成区将基本消除黑臭水体。在节水增容方面，黑龙江省将建立水资源消耗总量和强度双控制度，并制定重点河流生态流量保障方案。此外，还将加强乌裕尔河等6条河流生态流量保障，并推进水资源和水环境监测数据共享，以实现单位地区生产总值用水量下降12.8%左右。最后，在水生态保护修复方面，黑龙江省将划定生态缓冲带，并加强河湖缓冲带管理，推进自然湿地修复和综合整治。同时，将开展重点河湖水生态调查和监测，并因地制宜保护和恢复珍稀濒危水生生物，严格落实禁渔期制度。

在生态环境保护和水污染治理工作方面，黑龙江省一直以来通过多项措施不断加强对重点流域和湖泊湿地的生态保护治理。其中，黑龙江省着重建立联防联控机制，加强风险防控，推进城镇和农村生活污水治理，完善工业治理设施，并实施湖泡联通工程，增强支流整治，恢复湖泊水生态。另外，黑龙江还加强中俄界湖生态保护治理，推进兴凯湖流域生态环境调查和水力流场研究，改善重点流域和湖泊水生态环境，推进灌区农田退水治理和湿地保护修复。在具体措施方面，黑龙江省建立跨市流域上下游突发水污染事件联防联控机制，出台全省流域生态补偿办法，并编制"一河一策一图"应急处置方案，重点解决古恰泄洪闸口断面水质问题。在园区提标升级改造方面，黑龙江省积极推进入小兴凯湖水域水污染防治工程，实施湖泡联通工程，建设闸涵水利工程，并加强支流综合生态整治，同时在燕都湖和明湖恢复水生态。

此外，黑龙江省还加强农业农村污染防治，因地制宜开展兴凯湖流域总磷排放控制，实施兴凯湖国家级自然保护区湿地恢复和沿湖缓冲带综合整治工程。在流域水生态环境改善方面，黑龙江省推进呼兰河、鹤立河、蜇克图河等流域水生态环境改善，并逐步改善小兴凯湖、镜泊湖等湖泊水生态环境，推进松花江中下游及黑龙江湿地保护修复和水生生物多样性恢复，并加强黑龙江、乌苏里江、绥芬河等界江的风险防范。

通过这些措施，黑龙江省将努力提高水环境质量和水生态保护水平，为人民群众提供更好的水资源和环境。

四、治理农业环境资源

在土壤保护方面。近年来，随着经济的快速发展和工业化进程的加速，土壤污染问题成为我国环境保护的重要挑战之一。针对这一问题，黑龙江省采取了一系列措施加强土壤污染源系统防控，保护农用地生态环境，推进用地风险管控和治理修复。在土地用途规划及建设项目审批过程中，必须充分考虑土壤污染环境风险，并依法进行环境影响评价，从而实现对土地的管控。此外，更新土壤污染重点监管单位名录，促进企业落实土壤污染防治义务，鼓励提标改造；加强尾矿库安全管理，有效遏制新增土壤污染。切实加强农用地生态环境保护，保障黑土地资源可持续利用，巩固提升农用地分类管理。为提高耕地质量，采取多种措施，保障国家粮食安全。同时，严格保护优先保护类耕地，推广应用技术，加强严格管控类耕地风险管控，并动态调整耕地土壤环境质量类别，为农业高质量发展提供保障。此外，黑龙江省建立建设用地土壤污染风险管控和修复名录制度，依法开展土壤污染状况调查和风险评估，推广绿色修复理念。同时，严格建设地块准入管理，有序实施土壤治理与修复，持续推进用地风险管控和治理修复，为全面推进生态文明建设提供了有力支持。

在治理农村环境、提升乡村居民居住水平方面。为了加强对农业污染的防治，黑龙江省提出了一系列重要措施。其中包括推广清洁生产，建立绿色循环低碳生产制度，以实现投入品减量化、生产清洁化、废弃物资源化和产业模式生态化。此外，还要开展农作物重大病虫统防统治和绿色防控，并推广低毒低残留农药，以减少农药使用的害处。在施肥方面，将推广新型肥料和测土配方施肥技术，以改进施肥方式。同时，还将全面普及标准农膜，并示范推广全生物降解膜，以达到地膜减量化的目的。除此之外，在农村有机废弃物利用方面，将建立网络，以实现有效回收和利用。针对农业面源污染，将确定优先治理区域，并开展监督指导试点工作。黑龙江省的目标是到2025年，将废旧农膜回收率提高至88%。这些措施将有助于促进农业农村环境保护，提高农产品质量和安全性。

为了改善农村人居环境，黑龙江省提出了一系列的举措。实施县域农村生活污水治理专项规划，在全省范围内实现全覆盖，加快设施建设并提高运行率。同时，更新完善黑臭水体清单，选择合理的治理技术和模式，分类施策并落实属地责任，推动河湖长制管理体系向小微水体、闭流区泡泽等延伸，目标是到2025年国控清单农村黑臭水体治理率达到60%。此外，还将推进农村垃圾分类和资源化利用，建立收集处置体系，交通便利且转运距离较近的村庄依托城镇无害化处理设施集中处理，其他村庄就近分散处理。深入开展农村人居环境整治提升行动，建设美丽乡村示范村，全面推进乡村绿化，综合提升"田水路林村"风貌，也是黑龙江推动绿色人文环境的重要举措。为了建立健全的农村人居环境长效管护机制，黑龙江省将建立有制度、有标准、有队伍、有经费、有监督的村庄人居环境长效管护机制，鼓励一体化、专业化、市场化建设和运行管护，推行环境治理依效付费制度，有条件地区依法探索建立农村厕所粪污清掏、农村生活污水垃圾处理农户付费制度。通过这些措施，黑龙江省将进一步提升农村人居环境质量，促进城乡一体化发展。

第四章

东北地区大气环境保护战略

第一节 空气污染现状与大气环境现状

一、空气污染的概念与含义

空气污染是指空气中存在有害物质的状态，这些物质具有一定浓度和持续时间，会影响到当地居民的生活质量，危及公共卫生或妨碍生物生存。人类活动或自然过程都可能导致物质排放进入空气，但并不是所有排放都会构成污染。污染物质的"损害效应"与其性质有关。某些排放物质虽然在空气中浓度较高，但其危害性却很小，而有些物质毒性很大，虽然它们在空气中的含量很小，却能产生严重危害。显然，前者构成空气污染的潜在性小，而后者构成空气污染的潜在性大。污染物质在空气中的浓度取决于污染源在单位时间内所排放的污染物质的数量，即排放率或污染源强度。同时，气象条件对污染物质在空气中浓度的分布起着决定性影响。污染物质进入空气后是集聚在污染源附近，还是迅速向外输送和扩散？向何处输送？扩散到多大范围？这些都与气象条件有关。在排放率一定的情况下，人们往往根据气象条件来评价和预报产生空气污染的潜在可能性。

其次是受害对象。假如在某地区的污染源排放出大量污染物质，在一定的气象条件下，污染物质在空气中累积到能够产生严重危害的浓度，但该地区荒漠无人，又无其他受害对象，这就不能构成所要控制的空气污染问题。所以，形成空气污染一般具备三个条件：排出大量污染物质、存在不利气象条件、存在受害对象。空气污染一般都发生在人口密集、工厂林立的城市中。要解决空气污染问题，必须从以上三个条件入手。因为当前无法将受害对象如居民和工厂大规模地迁移，而现有的科学技术尚不能较大规模地改变气象条件，唯一能做到的只有通过控制和减少污染物质的排放量或排放状态来避免或减少污染。因此，空气污染防治的策略是根据实际情况制定出空气质量标准，控制污染物质在空气中的浓度，保证人类、动植物和社会财产免受污染物质的损害。

空气污染源可分为两类，自然源和人为源。自然源包括大风吹起地面的扬尘，火山爆发产生的气体和灰粒，森林火灾产生的大量碳氧化物、氮氧化物、二氧化硫及一些碳氢化合物，自然放射性源和其他源产生的有害物质。人为源是产生空气污染的主要方面，它主要是从人们的生产活动和日常生活过程中产生的。人为源可分为点源和综合源。如果人们根据空气中所含的污染物，可以明确地指出它们来自某个排放源，则该源称为点源。如果某个地区有许多排放源，有固定的或流动的，人们不可能根据空气中所含的污染物的成分、性质判断它们来自某个具体源，这种源统称综合源。

不同类型的污染源，排放出来的空气污染物也有所不同。但近年来在我国，煤炭、石油和天然气作为主要的动力和生活的燃料。大部分空气污染物是燃烧煤、石油和天然气的排放物。火力发电厂、冶炼厂、炼油厂、工业锅炉、交通运输等是重要的污染源。

燃烧煤所排放的有害气体有二氧化硫、二氧化碳、一氧化碳、氮氧化物、甲醛和烃等。此外，还有许多固体颗粒物组成的烟尘。烟尘主要是由无机物组成的，主要成分有二氧化硅、氧化铝、氧化铁、氧化钙等。苯并芘等致癌有机物也往往附着在烟尘上随之排出。煤炭中各种有害物质的排放量与煤质、燃烧设备的构造、燃烧方式、操作管理有很大关系。以煤为燃料的火电厂是主要的点源。城市集中了大量综合污染源。因此，对污染源进行监督管理和治理，是防治空气污染的主要措施。

二、空气主要污染物

根据国内学者的研究，通过对常用于国内外的四种污染物排放测量数据（EDGAR：全球大气研究排放数据库；CEDS：社区排放数据系统；MIX：亚洲排放清单；PKU-FUEL：全球燃料排放数据）进行分析比较，揭示出了东北地区八种污染物（PM2.5、PM10、SO_2、NOx、NMVOC、NH_3、OC 和 BC）的来源。研究结果表明，东北地区的污染物排放主要集中在 SO_2、NOx 和 NMVOC 化合物上。其中，SO_2 是二氧化硫的缩写，主要是由燃煤和重油等含硫燃料的燃烧所产生；NOx 则指氮氧化物，其来源包括机动车尾气、电力工业和工业废气等；而 NMVOC 则表示非甲烷挥发性有机化合物，这些污染物主要来自于石化、涂料、印刷和溶剂等化工行业的排放。此外，焚烧水稻秸秆、玉米秸秆等民间因素导致 PM2.5、PM10 每年反复造成周期性空气污染，个别城市 PM2.5 小时浓度甚至达到上千微克 / 立方米。所谓 PM 是指直径小于等于一定尺寸（微米）的空气悬浮颗粒物，在大气中的存在形式主要包括粉尘、烟雾和液滴等。这些颗粒物因其极小的粒径，具有较长的停留时间和良好的携带性。

事实上，东北地区空气污染的主要原因复杂，具有区域和季节性特点。随着空气污染问题持续扩散，损害将变得越来越严重。目前，东北地区社会正处于发展阶段，它已经在一定程度上促进了空气污染问题的发展和扩散，特别是汽车排气、农业生产过程中产生的焚烧、冬季取暖问题以及尚未得到解决的工业问题，比如发电过程中的污染排放等。

这些空气污染将极大地损害居民健康。特别是 PM2.5 颗粒物的危害。PM2.5 是一种非常小的颗粒物，直径只有人头发直径的 1/60，可以深入肺部并进入血液系统，长期接触这种颗粒物会增加心血管和呼吸系统疾病以及肺癌的风险。世界卫生组织将每年 PM2.5 的平均浓度设定为 10 微克 / 立方米以下为最高安全水平，但现在很多城市的 PM2.5 浓度已经超过了 35 微克 / 立方米，远高于安全水平。为此，世界卫生组织制定了三个目标来鼓励各国减少空气污染，分别是 15 微克 / 立方米、25 微克 / 立方米和 35 微克 / 立方米。但目前许多城市的 PM2.5 浓度已经超过了 35 微克 / 立方米的最高水平。除此之外，臭氧、二氧化氮和二氧化硫等也是空气污染中引发哮喘、支气管症状、肺部炎症和肺功能下降的主要因素之一。[1]

三、当前东北地区大气环境现状与问题

东北地区目前仍然存在着空气污染问题。尽管政府已经采取了一些控制污染的措施，但需要持续关注和投入资源来解决这个问题。在近几年中，黑龙江、吉林和辽宁这三个省份达标天数总体呈增加趋势，但值得注意的是，减少污染所取得的成果并不总是牢固的，需要更多的工作来确保其能够持续发挥作用。在 2019 年的供暖季节，治理污染的措施效果减弱，导致空气污染水平再次上升。这个问题突显了一个快速发展的国家在解决环境问题时所面临的挑战，虽然当前东北大气污染问题已经取得了一些进展，但需要持续关注和专注行动来建立在过去成就的基础上，保障公共卫生和环境可持续性。

近年来，给东北地区环境和人民健康带来极大危害的是雾霾问题。雾霾问题的产生有着多种因素。东北地区是我国重工业基地，曾经是煤炭、钢铁和化工等高耗能、高污染产业的集聚地。然而，随着人们对环保意识的提高以及对空气质量的要求不断加强，东北地区政府开始采取了一系列防治重污染天气的控制措施。为了应对重污染天气，东北地区政府全面实行燃烧禁令和排放限制，禁止农村露天焚烧秸秆，同时禁放烟花爆竹等。在冬季供暖方面，东北地区各省政府逐步实现清洁高效煤粉锅炉替代传统工业锅炉，并加强了对供暖标准和清洁用煤的监管。除此之外，在产业转型升级方面，东北

---

[1] Chengcheng Qiu：《PM2.5 rebounds in China in 2023, after falling for 10 years straight》，https://energyandcleanair.org/pm2-5-rebounds-in-china-in-2023-after-falling-for-10-years-straight/。

地区政府与企业共同努力，抛弃旧的发展思想，推行产业结构调整，加快发展新兴产业和清洁能源产业，并逐渐淘汰落后高污染、高能耗产能。这些努力已初见成效，东北地区的空气质量得到了明显改善。针对高污染高排放企业，所有企业在严重雾霾天气中都必须限制生产和排放，以实施高污染高排放企业的整改。

　　汽车尾气也是造成东北地区雾霾的形成和加重其中一个重要的因素。为了解决这一问题，各地纷纷采取行动。东北三省提出解决方案，并取得了一定的效果。除此之外，各地也在积极谋划城市轨道交通建设，包括像长春、沈阳、哈尔滨和大连等城市。这不仅可以缓解交通拥堵问题，更重要的是对改善空气质量有着显著的作用。同时，电动汽车逐渐普及，代替传统的出租车和公交车，进一步减少了尾气排放量。此外，单双号限行政策也被广泛实施，特别是在易产生雾霾天气的季节和时间段，可以缩短公交车出车时间间隔，从而有效降低尾气排放。

　　但当前东北地区的大气环境治理仍然存在着一些问题。从公众参与度方面来看。尽管雾霾治理是一个重要的公共民生项目，但当前在中国东北三省的管理过程中，公众参与度较低。这部分原因可能是由于公众不愿承担风险和责任，同时，因一定的经济利益因素干扰导致参与效果不明显。当公众避免参与环境治理时，最终可能会面临更大的健康风险和其他不利后果。此外，东北地区公众参与的有效性比较分散，需要各个地区的政府机关通力合作与相互协作，以提高雾霾治理的效率和质量。缺乏法律和制度保障也是影响公众参与的主要问题之一。目前，在雾霾治理方面缺少相应的法律和制度保障，这导致了公众参与途径单一，无法充分发挥公众的积极性和创造力。因此，建立一个合理的渠道来表达公众对雾霾管理的利益和建议至关重要。政府应该通过加强宣传和教育，鼓励公众积极参与治理，并为其提供安全和可靠的环境，同时建立明确的法律和制度规范，以保障公众参与的权益和利益，促进雾霾治理工作的顺利进行。

　　从地区特殊性来看，相比于其他地区，东北地区的雾霾问题具有明显的区域特点，不仅产生原因、出现时间和处理方法与其他地区有所不同，还需要根据具体问题采取不同的治理方法。政府采取的应对措施多为临时紧急情况下的临时措施，无法解决问题长期存在的根本原因。盲目复制其他地区或国家的治理经验也无法达成效果，需要结合东北地区的实际情况和特点进行治理。作为中国重要的工业基地，东北地区依赖重型工业发展，这也是雾霾产生的主要原因之一。除此之外，也存在一些其他的原因，如天气条件、交通运输、农业生产等。针对不同的原因，需要采取不同的治理方法。例如，应对工业排放污染，需要通过加强企业环保设施建设、推广清洁能源等方式来减少污染物的排放；而针对农业生产和交通运输所带来的污染，则需要加强管理和监管，推广绿色交通方式和农业生产方式。因此，针对东北地区的雾霾问题，应该采取科学合理、具有可持续性的治理方法。政府需要制定长期性的环境保护规划和政策，加大环保投入力度，推动企业实施更加严格的环保措施。

　　作为雾霾问题的主要原因之一，东北地区依赖重型工业发展。在治理工业排放污染方面，企业需要加强环保设施建设，推广清洁能源，减少污染物排放。除了工业污染，东北地区还存在其他多种造成雾霾问题的原因，如气象条件、交通运输、农业生产等。针对不同的原因，也需要采取不同的治理方法。例如，在农业生产和交通运输引起污染的情况下，需要加强管理和监督，并推广绿色交通和农业生产方法。同时，政府也应该制定长期的环保计划和政策，增加环保投资，促使企业实施更严格的环保措施。此外，政府也应该减少对高污染性企业的政策优惠，避免对这些企业的"纵容"给东北地区雾霾治理带来巨大困难。

　　最后，东北各地区协同治理方面存在着巨大的问题与隐患。东北地区是我国大气污染比较严重的地区之一，但是治理工作却面临着重重困难和问题。其中，最主要的问题包括地方政府之间存在邻避现象和环境竞争，导致难以协同治理；政府间联合管理无效，出现零和博弈局面；治理面临成本效益问题，个体主体倾向于以较低成本获取不匹配的行政收益；各省市政府在政府行政能力和生态关注度方面存在差异，导致治理成本和效益分配不均；另外还存在区域分布差异，导致治理目标难以协调。由于各地在政府行政能力和生态关注度方面存在差异，导致在治理过程中会投入不同的资源和精力，进而导致治理成本和效益分配不均。此外，大气污染治理成本和效益分配不均，最终导致污染区域差异，执行出现偏差。受地形和气候等因素影响，地方政府在制定治理目标时难以协调，并且容易因治污趋势不同而出现目标偏差。

而某些地方仍然存在着严重的"官本位"思想，以及服务观念不够强的问题；治理体系上存在明显的层级依赖，缺乏充分的合作意愿；政策目标过于强制性，实施上存在障碍；陈旧的管理理念都会导致各地方之间的合作困难重重。具体来说，东北地区的政府之间协同治理落后，缺乏有效的治理实践。在治理过程中，地方政府内部产生阻力，这给治理工作带来了很大的困难。此外，政策目标过于强制性，实施上存在障碍，这也是影响治理效果的一个主要因素。另外，由于陈旧的管理理念仍然存在，政府管理理念需要从主导和约束向服务和协调转变，以更好地推动治理工作的顺利开展。

为了解决这些问题，需要政府各部门加强沟通和协作，找到合适的协调机制，共同解决治理面临的问题，确保环境质量得到有效改善。一方面，政府部门需要转变治理观念，从"官本位"转向服务和协调，加强与社会各界的对话，提高治理效能。另一方面，应该加强政府内部部门之间的合作，消除层级依赖，并鼓励政府各部门形成协同治理的良好态势。同时，需要进一步完善治理体系，将治理目标转化为可操作的具体措施，以实现治理的可持续性和长期效果。

第二节　大气环境保护战略任务

在当前背景下，大气保护已经升级为更重要的环保措施之一。为了有效遏制工厂、居民盲目和随意破坏大气环境的行为，需要重点考察科学发展前景和加强内在建设的国家中长期环境决策，为全面建成社会主义现代化强国提供重要保障。新时代的大气环境保护战略研究涉及多个领域，需要对当前大气环境进行广泛调查、深入研究，对环境问题进行前瞻性的思考和判断，以制定出合理的环境保护政策和措施。同时，需要充分认识到大气环境保护的紧迫性和重要性，积极采取行动，推动环境治理和生态文明建设，为中华民族营造良好生活环境，实现中华民族伟大复兴贡献力量，具有重要的战略意义。

一、严峻的大气环境形势

中国现在面临着严峻的大气环境形势。大气环境，特别是空气质量与公众需求不相符，污染排放与经济发展水平不协调，环境管理与国家治理体系不匹配。这些因素共同导致了当前的环境保护策略与中国在国际上的地位不符合。这种情况的出现原因是多方面的：

第一，由于经济发展和快速城市化所带来的环境问题，人们对大气污染问题缺乏足够的认识。尽管在制定国家发展路线时，已将环境保护列为基本国策，但对于人力、财力、物力等资源的配置以及干部绩效考核等方面缺乏严格规定和必要保障，弱化了资源环境支持发展的能力。

第二，对农村环境问题和现代农业发展缺乏深入了解。农村大气环境保护与农民的利益息息相关，包括可持续农业发展、农村地区整体发展的和谐稳定等方面。"米袋子""菜篮子""水缸子"是重要的公益事业。随着工业化、城市化和农业现代化加速推进的速度，农村大气环境保护面临着更多新的挑战。

第三，大气污染对居民健康的影响非常复杂和多样化，特别是在中国高速发展的阶段，一切依靠人民，一切为了人民，人民的健康更是重中之重。由于大气问题的数量和规模很大，很难总结其对居民健康的影响。尽管这非常重要，但相关研究还不足够，需要进一步完善科学、政策、标准和机制准备工作，并且仍有许多急需解决的问题。人们对于复杂污染物的恶化缺乏足够的了解。目前，大气污染问题正在积极开展研究，然而，雾霾、颗粒物质、臭氧以及各类大气污染物质的加剧却带来了新的问题。另外，对于解决工厂排放问题的认识不足，更加深了问题的复杂性，并导致一部分地方政府疲于准备应对措施。

二、解决大气污染的基本方略

党的十八大以来，为解决大气污染问题，国家多次发布大气污染防治政策，例如 2013 年出台的《大气污染防治行动计划》、2014 年通过的《大气污染防治行动计划实施情况考核办法》，以及根据《打赢蓝天保卫战三年行动计划》制定的《2019 年全国大气污染防治工作要点》。此外，还有为解决炉窑污染而特别通过的《工业炉窑大气污染综合治理方案》等一系列政策计划措施。在这十年间，大气环境质量不断改善，全国各级政府为改善空气质量，从多角度实施了"组合拳"，持续推进了中国大气质量向好发展。党的二十大报告提出，要加强污染物协同控制，基本消除重污染天气。

在过去十年里，中国政府推进了一系列重要的措施来优化能源结构、产业结构和交通运输基础设施。这些努力意图减少煤炭消耗、调整产业、实施联防联控措施并依法治理。在能源方面，中国积极推广天然气替代煤炭的使用。据统计，全国燃煤锅炉数量已从 2013 年的 52 万台减少到不到 10 万台。同时，长距离跨区输电线路也已投入使用，使得煤炭运输量减少了 2.5 亿吨。清洁能源现在占据了近三分之二的能源消耗增量。在产业结构上，中国已淘汰了钢铁（约 3 亿吨）、煤炭（10 亿吨）、水泥（3 亿吨）和平板玻璃（1.5 亿个单位）等行业的落后企业和过剩产能。此外，约 1.4 亿吨低质钢铁已全部清零，而京津冀及周边地区的超 6.2 万家散乱污企业及群体将被分类淘汰。在交通领域，中国一直在推动从道路到铁路和水路的转变，全国铁路货物运量实现了"六连增"。2022 年，与上年相比，全国铁路和水路交通量分别增长了

4.5% 和 3.8%。^① 此外，新能源车辆得到了推广，中国已连续八年实现全球最高的生产和销售量，淘汰了 3500 万辆旧车，并将公共交通中新能源公交车保有量提高至 68%。

大气污染防治是一项长期性、复杂性和艰巨性的任务，需要政府各部门的砥砺奋进和持续努力。需要我们注意的是，尽管我国重污染天数有所减少，但是空气质量改善的成果还不够稳固，当遇到不利的气象条件时，重污染天气仍然多发频繁。根据统计，2022 年全国平均霾日数为 19.1 天，较 2021 年和近 5 年平均分别减少 2.2 天和 5.8 天。全年共出现 10 次沙尘天气过程，较 2021 年偏少 3 次，较近 5 年平均偏少 2.2 次。^② 为了实现更加清洁的空气环境，中国正努力推行"绿色低碳"理念，推动产业结构和布局优化调整。

为了实现这一目标，由生态环境部牵头，会同国家发改委、工信部、交通运输部等多部门出台重污染天气消除攻坚战行动方案，意图严控污染物排放量增长、依法依规退出重点行业落后产能、大力发展新能源和清洁能源、推动传统产业的转型升级。具体来说，针对污染物排放量增长的问题，政府将严格控制煤炭消费增长，推动能源绿色低碳发展。同时，也要坚决遏制"两高"项目及落后产能项目的继续存在，推动传统产业的转型升级，以守住来之不易的大气环境保护成果。

党的十八大之前，东北三省是大气污染较为严重的地区。为改变环境现状，党的十八大之后东北三省相继出台了多个重要大气污染治理相关的宏观性环境保护条例与细节性操作规定，为东北地区大气污染治理提供了有力的政策支撑。

---

① 极目新闻：《生态环境部召开 3 月例行新闻发布会》，https：//baijiahao.baidu.com/s?id=17617581
  95311978707&wfr=spider&for=pc。
② 新京报：《2022 年我国出现 10 次沙尘天气，全国平均霾日数为 19.1 天》，https：//baijiahao.
  baidu.com/s?id=1767569800855809695&wfr=spider&for=pc。

三、辽宁省解决大气污染的具体措施

2014 年，辽宁省政府为加快大气污染综合治理，进一步改善空气质量，保障人民群众身体健康，制定了《辽宁省大气污染防治行动计划实施方案》，其中，要求加大大气环境科研的资金支持力度，并开展相关研究以提供科学决策支持。研究范围包括辽宁中部城市群和沿海城市，研究重点包括挥发性有机污染物、细颗粒物、臭氧等复杂污染物。针对空气污染物，研究涵盖成因与治理技术、区域大气环境风险评估以及大气特征污染物环境风险源预测预警技术等多个方面。此外，加强了大气污染与人群健康关系的研究，以便更好地评估大气污染对人类健康的影响。在此期间，大力推行发展环保产业。将大气污染治理的政策要求转化为节能环保产业发展的市场需求，强化国家和省级《重点节能减排技术目录》的推广，建立节能减排技术应用推广的运行模式与管理机制，并推行污染治理设施投资、建设、运营一体化特许经营，培育一批具有竞争力的大型节能环保企业，大幅增加大气污染治理装备、产品、服务产业产值。将大气污染治理政策的要求转化为市场需求，推动节能环保产业发展，同时建立完善的技术应用推广机制和特许经营模式，以实现更快速、更有效的应用落地。培育一批具有核心竞争力的企业，提高企业的创新能力和市场竞争力，推动大气污染治理装备、产品和服务产业的快速发展，创造更多的就业机会和经济效益。

在完善大气污染防治投入机制方面，除了加大资金支持力度和制定排污权交易政策外，还要求政府建立合理的财政资金分配机制，确保资金用于真正需要的地方，避免资源浪费。此外，应该加快推进环境税法和排污费改革，引导企业采取减排措施。同时，也需要鼓励企业进行技术创新，提升治污效果和降低成本。

在实行环境信息公开方面更加注重监管和执法。各级政府部门要加强对排污单位的监督检查，重点关注高耗能、高排放的企业，在发现问题时要及时公布，追究责任人的责任，并依法予以处罚。此外，还需要建立环境信用

评价制度，将企业的环保行为纳入考核范畴，根据评价结果给予奖惩，激励企业提高环保水平。

在环保宣传教育方面，各相关部门通过各种方式和渠道向公众普及大气污染防治的重要性和科学知识，引导公众关注环保问题，采取绿色低碳的生活方式，积极参与环境保护行动。这可以通过媒体宣传、文化活动、志愿者服务和社区自治等多种途径来实现。

秸秆燃烧是东北冬季雾霾污染的主要原因之一，为有效防控农作物秸秆焚烧污染大气环境，落实秸秆焚烧防控责任，2016 年辽宁省人民政府办公厅印发了《辽宁省秸秆焚烧防控责任追究暂行规定》，2018 年通过了《辽宁省秸秆焚烧防控责任追究办法》，规定了地方政府、相关部门、社区、村自治组织以及从事秸秆焚烧防控工作的人员所应承担的责任以及针对责任人的多个惩罚措施。

2017 年，辽宁省为贯彻落实《国务院关于印发"十三五"生态环境保护规划的通知》，推进污染防治与生态建设和保护工作，努力改善全省环境质量，制定了《辽宁省污染防治与生态建设和保护攻坚行动计划（2017—2020年）》，明确了大气保护的具体目标，即 2017—2020 年期间，全省环境空气质量达标率不低于 74.3%—76.5%，细颗粒物（PM2.5）浓度下降到 42—50 微克/立方米以下。

在能源结构调整方面。实行煤炭消费总量控制和目标责任管理、逐步实施新建耗煤项目燃煤等量替代制度、推进气化辽宁工程和天然气管网建设、推广清洁能源利用和推动供热计量改革、严控新建燃煤锅炉和大力推广背压机组和煤炭清洁燃烧技术、加强煤炭销售使用环节监督检查、拆除老旧低效燃煤锅炉等。其目标是到 2020 年，煤炭占全省能源消费总量比重下降到 58.6% 以下，天然气占全省能源消费总量提高到 8% 以上，新增城市地源热泵等清洁能源供暖 2000 万平方米，其中"煤改电"供暖面积 500 万平方米，建成区全面实现高效一体化供热，原煤洗选率达到 100%。

在产业结构调整和绿色发展方面。制定了化解过剩产能、推进兼并重组压减产能、优化产业布局、推动绿色发展等。此外，还提到了加强节能环保技术、工艺、装备推广应用，鼓励企业发展绿色技术、绿色设计、绿色产品，强化产品全生命周期绿色管理，创建一批绿色工厂、绿色园区，培育一批绿色产品的目标。

在扬尘污染综合整治方面。要求各地区整治施工扬尘、严控交通扬尘和工业堆场扬尘、加大城乡绿化力度等。其中，规范渣土运输、强化城市保洁扬尘控制、提高城市道路机械化清扫率等措施有助于减少交通扬尘；抑尘改造大型煤场和料场降低工业堆场扬尘；开展裸露土地绿化覆盖工作并安装视频监控设施等措施有效控制施工扬尘。

在机动车尾气污染防治和城市交通管理方面。加大黄标车淘汰力度，鼓励出台黄标车提前淘汰补贴政策，推广清洁能源和新能源汽车，加强机动车环保管理，完善"环保绿标路、区"创建工程，优化城市功能和布局、实施公交优先战略等。此外，还提到了加强新生产车辆环保监管、建立超标排放车辆维修治理体系和柴油车车用尿素供应体系、加强油品质量监督检查、提高公共交通出行比例等目标。

在秸秆综合利用与禁烧管控方面。加大禁烧管控力度，实现全省秸秆焚烧火点数逐年明显下降，推动秸秆综合利用等。为此，辽宁省将建立逐级监督落实机制，强化重点区域和时段的禁烧措施，制定秸秆综合利用方案并建设秸秆收储中心和服务体系，到 2020 年全省秸秆综合利用率达到 87% 以上。

在应对重污染天气方面。加强基础能力建设，提升区域大气环境质量预测、预报和预警能力。辽宁省将建设霾天气加密观测系统、酸雨观测站、大气降尘观测站、激光雷达、微波辐射计、云雷达等生态环境气象监测站，并升级市内大气成分观测站，提高联防联控能力。此外，辽宁省还将完善重度及以上污染天气的区域联合预警机制，加强应急预案实施情况的检查和评估，启动应急响应措施，以提高重污染天气应对的有效性。同时，辽宁省将开展重污染天气成因分析和污染物来源解析，编制大气排放源清单并定期更新，开展大气环境网格化管理平台建设，并构建起"精确监测、精准溯源、科学决策、精细执法"于一体的三级大气环境网格化管理平台。

2018 年通过的《辽宁省打赢蓝天保卫战三年行动方案（2018—2020 年）》（以下简称《方案》），以环沈阳城市群为重点区域，推进多项措施实现蓝天保卫战的目标。具体措施包括控制煤炭消费、治理企业污染、降低扬尘、管控车船、控制秸秆焚烧、应对重污染天气和治理挥发性有机物等。辽宁省将采取精准溯源、科学分析和精细管理方法，联合各方共同打赢保卫蓝天的战斗，以明显降低 PM2.5 浓度和重污染天数、改善大气环境质量和增强人民幸福感为奋斗目标。这些措施意图为全面建成小康社会和美丽辽宁提供生态保护支撑。

在《方案》中，辽宁省以目标和问题为导向，制定专项行动方案，强化督察督考，建立健全保障机制。辽宁省将紧盯大气污染治理重点区域、重点领域、重点时段，细化任务措施，严格执法检查，以实现"十三五"大气环境保护目标为奋斗目标。坚持以调结构为治本之策。深入调整能源结构、推动产业升级、积极调整运输结构、优化调整用地结构等措施，以降低大气污染物排放量为目标，促进经济社会高质量发展。以全民共治为防治体系。强化地方党委、政府对环境空气质量的主体责任，加强政策引领和措施引导；强化企业减排责任，推进重点排污单位环境信息强制公开；强化公众参与意识，加强宣传教育和舆论引导，发挥社会组织作用，倡导践行绿色生活方式。逐步建立以政府为主导，企业为主体，社会组织和公众共同参与的大气污染防治体系。

《方案》制定了具体的大气污染防治目标。其中，总体战略目标是通过减少大气污染物排放、降低 PM2.5 浓度、减少重污染天数等措施明显改善大气环境质量和增强人民的蓝天幸福感。为实现这一目标，辽宁省制定了年度达成目标，分别是 2018 年达到 46 微克 / 立方米，2019 年达到 43 微克 / 立方米，2020 年达到 40 微克 / 立方米。同时，在各年度也有相应的努力目标，例如

2018 年全省 PM2.5 浓度下降到 46 微克 / 立方米，2019 年全省 PM2.5 浓度下降到 43 微克 / 立方米，2020 年全省 PM2.5 浓度下降到 40 微克 / 立方米。为全面建成小康社会和美丽辽宁提供生态保护支撑。事实上，蓝天保卫战统筹实施，在压煤、治企、控车、降尘、防秸秆露天焚烧、强化大气重污染区域治理重污染天气等方面取得良好成效。2020 年，二氧化硫、氮氧化物（NOx）排放总量较 2015 年累计分别下降 31.74%、20.11%；全省细颗粒物（PM2.5）平均浓度 39 微克 / 立方米，比 2015 年改善 29.1%；优良天数 306 天，比 2015 年增加 32 天。

2022 年通过的《辽宁省"十四五"生态环境保护规划》，坚持继续打好蓝天保卫战，提升空气质量。并特别提出，要在冬季采暖期和夏季臭氧污染高发期对大气污染进行重点管控，在加强 PM2.5 污染防治的同时，补齐臭氧污染治理的短板，协同控制 PM2.5 和臭氧污染。除此之外，还将大力推进 VOCs 和 NOx 减排，带动多种污染物、多种污染源的协同控制。

在加强细颗粒物和臭氧协同控制方面。辽宁省要求落实各城市政府大气污染防治主体责任、建立城市大气污染来源解析和污染源清单机制等；同时，开展空气质量预测、预报，落实污染控制对策，并完善城市大气环境闭环管理流程。在区域协同方面，推动城市 PM2.5 浓度持续下降，并加强重点区域、时段、领域、行业等方面的治理，以实现精细化协同管控。在具体的污染管控方面，将以夏季石化、化工、工业涂装、包装印刷等行业为重点，加强 NOx、VOCs 等污染物的监管，在秋冬季则以移动源、燃煤源污染管控为主，强化颗粒物、氮氧化物、二氧化硫、氨排放监管。

在强化区域协作和重污染天气应对方面。加强区域大气污染综合治理，以沈阳、鞍山、辽阳、营口、锦州、葫芦岛等城市为重点防治区域，建立大气重污染区域整治清单，实施动态管理，并加强重污染天气应对。辽宁省还将实现大气环境立体监管，完善空气质量监测网络和协同控制监测能力建设，并实现大气污染来源解析、散乱污企业识别、重污染天气预警预报、执法交办处置和三维立体监测监管等目标。同时，辽宁省将推进大气污染联防联控，健全区域联合执法信息共享平台，开展区域大气污染专项治理和联合执法，以降低污染物排放并消除重污染天气。

在持续推进重点污染源治理方面。加强燃煤锅炉整治和散煤污染治理，实施燃煤锅炉超低排放改造，并全面推进清洁能源采暖。加强供热热源和配套管网建设，加快天然气产供销体系和储气设施建设，并开展清洁取暖城市试点建设。同时，加快全省散煤治理，以城中村、城市周边等低矮面源和重污染地区为重点，通过拆迁改造和清洁供暖等方式推进散煤整治。计划在2024年年底前完成大气重污染区域散煤治理任务，在2025年年底前，城镇清洁取暖率达到80%以上。

在实施重点行业污染物深度治理方面。包括淘汰、替代和治理一批问题企业，分类推动工业炉窑全面实现污染物达标排放。持续开展产业集群排查及分类治理，并全面加强无组织排放管控。制定实施"十四五"钢铁超低排放改造项目计划，研究开展水泥等建材行业超低排放改造。重点行业包括镁砂、钢铁、焦化、建材、有色金属冶炼、铸造等。严格控制物料储存、输送及生产工艺过程无组织排放，特别是在铸造、铁合金、焦化、水泥砖瓦、石灰、耐火材料、有色金属冶炼等行业。

在废气排放系统监督改造方面。大力推进重点行业VOCs治理，包括通过源头结构调整、污染深度治理和全过程精细化管理等方式开展治理。针对VOCs无组织排放、治理设施综合效率低等问题，实施清单式排查和综合整治。逐步取消企业非必要的VOCs废气排放系统旁路。加强非正常工况VOCs管控，规范开展泄漏检测与修复。加强监管、依法关停整治污染严重企业，并加大源头治理力度。此外，还需要强化涂料、油墨、胶黏剂等产品VOCs含量限值标准执行情况监督检查，加强汽修行业VOCS综合治理，以及加大餐饮油烟污染治理力度和执法监管。重点行业包括石化、化工、包装印刷、工业涂装、家具制造及油品储运销等。

在深化移动源污染防治方面。加强对新车生产、销售和注册登记等环节的监管检查，并推进技术监管，如远程在线监控和遥感监测等，以提升监管水平。同时，淘汰国三及以下排放标准营运柴油货车，促进船舶发动机升级和尾气处理，以及推进港口码头和大型机场的污染防治工作。

在扬尘综合治理和秸秆禁烧管控方面。全面加强各类施工工地、道路、工业企业料场堆场、裸地、露天矿山和港口码头的扬尘精细化管控，并实施网格化降尘量监测考核。同时，加强秸秆禁烧的管控工作，建立秸秆焚烧监控体系，并试点开展重点领域大气汞排放清单编制。

在涉气污染物治理方面。将推进养殖业、种植业大气氨减排并探索建立大气氨规范化排放清单，推进工业烟气中的非常规污染物脱除，加强生物质锅炉燃料品质及排放管控，并试点开展多个重点领域大气汞排放清单编制。

四、吉林省解决大气污染的具体措施

2022 年 1 月，吉林省印发了《吉林省生态环境保护"十四五"规划》，同样将重点放在深入打好蓝天保卫战，实施空气质量全面改善行动上。为了达到这个目标，抓好细颗粒物和臭氧协同控制，强化区域、时段、重点污染物差异化管控，并整治秸秆、燃煤锅炉、柴油货车、工业企业、扬尘和餐饮油烟等重点污染源。同时，还加强其他污染物协同治理，逐步增加优良天数比例，有效应对重污染天气，确保百姓能够看到"蓝天白云、繁星闪烁"。

在加强细颗粒物和臭氧协同控制方面。明确控制目标、路线图和时间表，削减氮氧化物和挥发性有机物排放量，以及开展协同治理科技攻关。同时，需要制定分区域、分时段、分领域、分行业的差异化和精细化协同管控措施。目标是到 2021 年年底，地级及以上城市细颗粒物浓度控制在 30.9 微克 / 立方米以下，到 2025 年，地级及以上城市细颗粒物浓度控制在 29.5 微克 / 立方米以下，遏制臭氧浓度上升趋势；完善区域大气污染综合治理体系，包括开展大气污染专项治理和联合执法，并加强省际间沟通协调、联合执法、跨区域执法和交叉执法等联动合作。同时，需要协同开展燃煤污染、秸秆焚烧污染等区域共性污染问题治理，着力打好重污染天气消除攻坚战。目标是到 2021 年年底，重污染天数比例控制在 1.2% 以内，到 2025 年，重污染天数比例控制在 0.7% 以内。完善重污染天气应急响应体系，包括加强环境空气质量预测预报能力、构建预案体系、完善减排清单，并推动企业主动提高治污水平。同时，需要畅通信息公开和公众监督渠道。最终完善预警应急启动、响应、解除机制，确保重污染天气应急工作有序有效地开展。

在实施差异化管控方面。推进吉林省城市大气环境质量持续改善，包括推进大气环境网格化监管系统建设、优化调整污染防治重点区域、执行大气污染物特别排放限值等措施。同时，需要将县级纳入大气质量日常管理范围，并进行月度排名和约谈，以确保地级及以上城市空气质量优良天数比例达到 90.7%（2021 年年底）和 92.3%（2025 年）。最终让城市大气环境质量持续改善。突出不同时段污染治理重点，分别聚焦春秋季禁止秸秆焚烧、夏季臭氧污染防治和秋冬季采暖燃煤污染治理。其中，夏季要着力打好臭氧污染防治攻坚战，秋冬季则要完善燃煤供热锅炉错时启炉方案、实行重点行业差异化错峰生产，优先调度可再生发电资源，在保障冬季供热和电力可靠供应的前提下，提高污染治理效果。最终在不同时间段内进行有针对性的污染治理，有效降低大气污染程度。实施重点行业氮氧化物深度治理，包括推进钢铁、水泥、焦化等行业超低排放改造，进一步加强自备燃煤机组污染治理设施运行管控。同时，要严格控制无组织排放和逐步取消烟气旁路，并安装在线监管系统以确保安全生产。到 2021 年减排 0.48 万吨，到 2025 年减排 3.19 万吨，进一步降低大气污染程度，提高空气质量；推进重点行业挥发性有机物治理，包括实施排放总量控制、源头替代和在线监控设施建设，以化工、石化、涂装、医药等行业为重点。同时要加快重点企业、产业集中园区治理和建设监测、防控和处理相结合的挥发性有机物治理体系。到 2021 年减排 0.15 万吨，到 2025 年减排 1.03 万吨，进一步降低大气污染程度，提高空气质量。

在突出重点污染源治理方面。深入推进秸秆禁烧管控，包括全域禁烧、五级网格化监管体系建设和省级巡查、地方检查的监管机制。同时要修订责任追究办法，压紧压实地方政府主体责任，保持高压态势。最终建设秸秆禁烧监控系统，运用信息化手段及时发现和处置秸秆焚烧问题，减少大气污染；深化燃煤锅炉综合整治，包括严控新建燃煤锅炉、按等容量替代原则建设大容量燃煤锅炉、推进超低排放改造以及加强燃煤锅炉监管。县级以上城市建成区不再新建每小时 35 蒸吨以下燃煤锅炉，其他地区不再新建每小时 10 蒸吨以下燃煤锅炉。超标企业实行"冬病夏治"，并推动大型燃煤锅炉超低排放改造。最终减少燃煤锅炉对环境的污染，提高空气质量。持续打好柴油货车污染治理攻坚战，包括深入开展清洁柴油货车、清洁柴油机、清洁运输、清洁油品等专项行动。同时要严格实施更加严格的车用汽油质量标准，到 2025 年基本淘汰国三及以下排放标准营运柴油货车。还有一部分措施包括严格新生产机动车、发动机、非道路移动机械企业监督管理、消除未登记或冒黑烟工程机械、建设高排放车辆监测管理系统和推进全省互联互通"天地车人"一体化的机动车排放监控系统建设等。最终减少柴油车和非道路移动机械对环境的污染，提高空气质量。深入推进工业污染源治理，包括持续推进工业污染源全面达标排放，加大烟气高效脱硫脱硝、除尘改造力度，推进重点行业污染深度治理，以及加强工业无组织排放管控。同时要鼓励企业采用先进适用的清洁生产原料、技术、工艺和装备，并完善动态管理机制，加强油气回收装置管理。减少工业污染对环境的危害，保护生态环境健康；加强扬尘和餐饮业油烟精细化管理。为了达成目标，需要推广绿色施工、强化城市施工现场、堆场、裸地、门市装修等扬尘污染防控，并严格渣土运输车辆等规范化管理。另外，还需要提高城市道路机械化清扫覆盖面，推进扬尘管理精细化、规范化、长效化。同时，为了减少餐饮业对环境的污染，需要强化监管，要求餐饮服务场所、机关、学校食堂等按规范要求安装和使用油烟净化器。此外，吉林省还要求加强防治其他污染物的危害。深入开展消耗臭氧层物质淘汰工作，包括完善消耗臭氧层物质的监管、鼓励替代品生产和使用、打击非法活动等措施。同时要加强恶臭、有毒有害大气污染物防控，通过加强化工、制药、工业、涂装等行业的治理和严格审批等方式来减少大气污染物排放。此外，还要加强生物质锅炉燃料品质及排放管控，采取积极措施，推进养殖业大气氨减排。

五、黑龙江省解决大气污染的具体措施

2021 年 12 月 29 日，黑龙江省印发《黑龙江省"十四五"生态环境保护规划》，黑龙江全面贯彻落实中央和省委省政府的指示，以习近平新时代中国特色社会主义思想为指导，构建新发展格局，协同推进经济高质量发展和生态环境高水平保护。加快黑龙江筑牢北方生态安全屏障，不断提升人民群众对生态环境的获得感、幸福感和安全感，实现生态文明建设新突破。为此，需要深入打好污染防治攻坚战，协同推进应对气候变化与生态保护修复和环境治理，防范生态环境风险，解决突出环境问题，构建现代化生态环境治理体系和治理能力。最终目标是将"绿水青山就是金山银山""冰天雪地也是金山银山"理念落到实处，促进经济和生态环境的高质量发展。要求黑龙江省的大气治理情况在"十四五"规划期间，持续改善生态环境，不断减少主要污染物排放总量，有效控制温室气体排放，全面改善空气质量，基本消除重污染天气。

在改善空气质量方面，加强细颗粒物污染防治。包括开展 PM2.5 与臭氧污染协同防治、制定空气质量改善规划、针对不同季节和区域采取差异化措施等。当前，相关部门应该注重研究 PM2.5 和臭氧成因的关联性，提高污染控制的精准度；加强细颗粒物污染防治，开展 PM2.5 与臭氧污染协同防治，制定空气质量改善规划，针对不同季节和区域采取差异化措施，提高污染控制的精准度。实施大气环境质量目标管理，包括对 2035 年远景目标进行形势分析和制定近期目标。编制实施大气环境质量限期达标规划，明确达标路线图和污染防治任务，并加强达标进程管理；强化秸秆综合利用和禁烧，包括编制实施方案、完善收储运体系、拓宽利用路径、建立三方共赢机制、提高监管水平等。努力达到全省秸秆综合利用率达到 95% 的目标，严格落实禁烧主体责任和奖惩制度，加强督查巡查，提高监

管水平。推进扬尘精细化管控，包括全面推行绿色施工、加强施工扬尘监管执法、推进低尘机械化湿式清扫作业、城市出入口和城乡接合部冲洗保洁、渣土车全密闭运输、强化绿化用地扬尘治理以及完成抑尘设施建设和物料输送系统封闭改造等。

在推进多污染物协同减排方面，实施重点行业污染物深度治理，包括推进钢铁、焦化行业超低排放改造，实现各种企业脱硫脱硝全覆盖，推动取消烟气旁路，加强生物质锅炉燃料品质及排放管控等。加强 VOCs 全过程综合整治，提高绿色原辅材料替代比例，逐步取消非必要 VOCs 废气排放系统，并鼓励建设涂装中心、活性炭集中处理中心、溶剂回收中心等工业设施。同时，加强汽修、餐饮等行业 VOCs 综合治理，持续开展重点行业 VOCs 全过程综合整治。强化车油联合管控，进一步规范成品油市场、提高油品质量监管水平、打击非标油品行为。

加强新生产车辆和货车排放监管，严格实施国家机动车油耗和排放标准，加大在用车监督执法力度。强化非道路移动机械生产企业监管和排放控制区管控，消除未登记和冒黑烟工程机械。推进大气氨排放控制，注重源头防控，优化饲料结构，增加畜禽养殖业氨排放综合管控；加强氮肥、纯碱等行业氨排放治理，设置工业源烟气脱硫脱硝氨逃逸防控。推动开展消耗臭氧层物质和氢氟碳化物环境管理。开展重点行业恶臭综合治理，推动恶臭投诉集中的重点企业和园区安装运行在线监测预警系统。

在提升区域联防联控能力方面，全面深化哈尔滨市、大庆市、绥化市大气污染联防联控，构建重点区域常态化协作机制，实施区域统一规划、统一标准、统一监测、统一污染防治措施。完善重大项目环境影响评价区域会商机制。积极探索与吉林省、辽宁省和内蒙古自治区四个盟市开展跨省级行政区联防联控模式。加强环境空气质量预测预报和气象卫星遥感应用及人工影响天气能力建设，提升 PM2.5 和臭氧预报准确率。完善省、市、县三级重污染天气应急预案体系，探索轻、中度污染天气应急响应的应对机制。哈大绥地区开展重污染天气重点行业企业绩效分级，推进绩效分级管理规范化、标准化，完善差异化管控机制。拓展应急减排信息公开和公众监督渠道，评估应急预案实施情况并适时修订。

第三节　大气环境与低碳绿色能源发展分析

环境保护是摆在全人类面前的一个非常重要的问题，需要共同努力来解决。为减少大气污染、治理大气环境，中国政府提出了碳达峰、碳中和等目标，这些目标能够调整产业结构，减少碳排放，推动绿色经济的发展。政府工作报告也特别强调了保护生态环境，推动"双碳"战略的实施，尤其是减少高耗能项目、钢铁、化工等行业的碳排放，特别是在东北地区长期发展重工业导致大气污染加剧的情况下，更需要加快低碳绿色能源发展进程，提高经济发展水平，以应对环境问题的挑战。

一、低碳绿色能源发展存在问题

辽宁省长期以来能源消耗规模在全国排名前列，成为制约发展的瓶颈因素。能源消费需求和消耗量呈逐年增加趋势，年增长率近10%，且在逐年递增。特别是能源消费结构中，近年来原煤的消耗量一直处于60%以上，在总能源消耗中占据着较大比重，远高于其他能源。辽宁省是中国能源资源供给大省，同时也是能源需求大省，然而，辽宁省的能源供需缺口却相当巨大。据统计，每年的能源需求和供给缺口占能源消费总量的比例高达51.7%到65.9%。[①] 此外，辽宁省在我国的污染物排放中处于前列，其中工业废气和颗粒物的排放总量都位居全国第七位。根据过往统计，辽宁省2014年排放的二氧化硫、氮氧化物、烟（粉）排放量分别达到99.46万吨、90.2万吨和112.07

---

① 潘霄，全成浩，沈方，等：《辽宁省"十三五"能源发展趋势预测及需求分析》，《中国能源》2015年第37期。

万吨以上。[①] 因此，为了实现经济生产和社会的高质量发展，必须加大力度调整能源消费结构，并推动新能源替代传统能源。

吉林省拥有较为齐全的新能源和可再生能源资源，包括水能、风能、生物质能、太阳能和地热能。同时，吉林省化石能源储量不足，煤炭自给率不足50%，所以发展新能源和可再生能源具备得天独厚的资源和市场条件。党的十八大以来，吉林省正积极有序发展风电，推广风电消纳示范项目建设。同时协调发展太阳能光伏发电和生物质能源产业，并重点支持分布式太阳能光伏发电和生物质成型燃料产业发展。此外，还积极推进低碳能源示范县和新能源示范城市建设，加强农村能源建设，改善农村用能条件，构建具有吉林特色的、比较优势明显的新能源和可再生能源产业体系。这些举措将有助于促进吉林省的经济发展和环保事业。

目前，黑龙江省传统能源的使用主要集中在热电生产、传统能源使用、转换加工以及居民生活和供暖方面。整体能源利用效率不高，但逐渐呈向上趋势。其中，传统能源利用效率普遍呈现先降低后提高的趋势。尽管传统能源利用效率最近有所提高，但仍不理想。2016年，黑龙江省传统能源产业的产值有所下降，但总经济规模处于增加态势。非能源行业的产出近年来有了显著增长。除此之外，黑龙江省仍然存在着企业违规排放导致大气污染的问题。2016年，黑龙江省环保厅联合省质监局、公安厅开展了污染执法检查，发现部分能源企业煤炭燃烧质量不达标。重点检查哈尔滨、齐齐哈尔、大庆、绥化4个城市的污染问题，发现各城区空气污染比较严重，存在以直接燃烧煤炭为主的小锅炉尚未进行绿色能源改造，没有安装治理大气污染的设施而且分布范围广，燃烧气体直接排入空气中，对城区空气污染较大。城乡接合部由于没有进行集中供暖，原煤散煤直接燃烧，造成大量污染。此外，部分企业还存在污染防治设施不完善等问题。当前，黑龙江省正处于产业结构调整和优化的重要阶段，虽然前景稳中向好，但仍面临传统能源改革困难

---

① 中国产业数据库研究院：《辽宁省资源和环境》，https://www.chinairn.com/ndsfsj/moref6f12f6.shtml。

并处于新旧动能转换的过渡期。

值得注意的是，当前东北地区在传统能源改革与绿色能源发展方面仍然存在着一些问题。传统能源技术研究相对滞后，需要提高水平。目前正处于产业重组和优化的关键时期，需要进一步研究相关技术，并促进传统能源行业的绿色发展。由于技术水平低和管理水平相对滞后，主要能源消耗产品的总单位产出和能源消耗略高于主要能源消耗地区的平均水平，进一步加剧了传统能源供需矛盾，影响传统能源行业的绿色发展进程。

东北地区冬季雾霾频繁，环境问题受到社会广泛关注。常规能源的直接燃烧是污染物排放的主要原因，其中燃烧煤所排放的污染物远大于燃烧油和天然气。由于东北地区以煤为主，总污染排放量较高，严重影响了传统能源行业的绿色发展。预计随着城市化和工业化进程的推进，如不进行改变，未来十年中碳排放量将逐年增加。

东北地区的传统能源行业绿色发展离不开资金投入，但目前资金总量过于微薄，难以支持传统能源行业的绿色发展项目。政府需要制定更加完善的政策，从监管、评估、信息公开等多个方面支持绿色发展，同时加大对企业的监管和执法力度，确保传统能源的绿色转型取得实质性成效。

二、低碳绿色能源发展具体路径

东北地区低碳绿色能源发展路径可以分为两个部分，一部分是对传统能源进行升级，另一部分是大力发展新能源。东北地区需要通过供给侧改革，在未来几年内淘汰小煤矿和落后产能，构建传统能源新体系并将产能危机风险降至最低。此外，还要严格控制煤炭领域及其相关行业的新增产能，重新审批新增煤矿以控制煤矿数量，并加快淘汰落后产能。同时，提高传统能源效率、推动传统能源消费革命和绿色技术革命，构建节约型产业体系，进一步推进低能耗、低排放的产业发展，加快建设节能减排、降耗工程，重点发展新兴产业，控制传统能源总消费量，逐渐形成资源节约型的传统能源生产方式和经济协调可持续的传统能源消费模式。

此外，还要调整产业结构，改变之前无约束的传统能源供应思路，通过推进传统能源消费革命和绿色技术革命，构建节约型产业体系，调整产业结构，进一步推进低能耗、低排放的产业发展，控制传统能源总消费量，逐渐形成资源节约型的传统能源生产方式和经济协调可持续的传统能源消费模式。此外，东北地区产业结构严重失衡，经济发展模式落后，导致传统能源利用率低等问题。未来要发展能源利用率高、污染低、经济效益优的产业，减少能源消耗、降低环境污染，实现多重效益的发展。需要淘汰高能耗、高污染行业，发展第三产业，推动文化、旅游等领域的发展，加快新兴产业发展，提高第三产业比重，实现经济平稳运行。

针对东北地区的传统能源产业，需要加大绿色发展投入。为了保证资金使用效果，可以利用市场机制扩大融资渠道，并鼓励金融机构创新金融产品和业务，加大对该领域绿色发展项目的投资。此外，还需拓宽融资渠道，引导各类社会资金和多元投资主体进入该领域。推动财税、金融等科技创新也是必要的，以引导企业增加研究开发投入。为了实现"双控制"，需要将传统能源产业绿色发展目标分解到各个市县区。同时，实行各级政府主要领导"一把手负责制"，并对各级人民政府进行评价考核，以确保绿色发展目标的落实。对达成绿色发展目标的地区、单位和个人给予表彰奖励，以激励广泛参与和积极贡献。长期以来，东北地区的经济发展主要依赖于传统的重工业和煤炭资源开采。随着环保要求的不断提高，东北各地政府开始意识到传统能源的消耗和排放对环境的危害。目前，发展低碳绿色能源项目已成为促进东北地区经济发展和环境保护的重要途径。

东北地区在能源发展方面，需要采取一系列措施，以严格限制化石类和非可再生能源的应用范围为首要任务。同时，优先规划可再生能源供电、供热等工程，提高非化石能源在一次能源中的比例。这包括推广风能、水能、太阳能等可再生能源的利用，以及引入"互联网+"智慧能源理念，积极实施电能替代，从而减少对传统能源的依赖。另外，对于生物质能资源，东北地区需要推动其规模化和市场化开发，提高综合利用水平和效益。在风能资源的分布、电力输送和市场消纳上，需要进行统筹规划，加强风电布局与主体功能区划、产业发展、旅游资源开发的衔接协调。同时，在太阳能资源丰富、分布广泛、开发利用基础较好的优势下，东北地区应充分发挥太阳能资源的作用，以提供绿色电力、绿色热力为重点，并坚持太阳能发电与热利用并重的原则。东北地区需要不断扩大太阳能利用规模，推动可再生能源在区域能源结构中的比重提高，以实现可持续能源发展的目标。

推动可再生清洁能源替代化石能源，尤其是电能替代，同时发展可再生能源在终端能源消费中的比重。其中，东北地区将发展与可再生能源配套的高载能工业作为重点，探索新型可再生能源开发利用模式，率先实现高比例可再生能源应用，这将为实现低碳经济和高质量发展做出贡献。

在农业领域，东北地区将以农业发展为契机，发展"可再生能源 + 现代农业"，实现农业发展的低碳化、循环化。此外，东北地区还将构建能源生态循环型现代畜牧业体系和多元能源供给体系，提高可再生能源比例和解决能源消纳矛盾。

以供热模式的多元化转变为契机，东北地区正在积极发展可再生能源综合供热模式，以促进能源消费结构调整。这一举措分别在传统集中供暖城区、农作物秸秆资源量和集中供暖需求量大的县城区域以及人口密度较低的偏远乡村推广。

在传统集中供暖城区，东北地区正在构建"传统燃煤热电联产 + 蓄热式电锅炉"的联合供热模式。通过利益补偿机制、电热联共体系、综合能源调控等探索，解决了传统热电耦合矛盾问题，实现了节能减排和促进可再生能源消纳的综合目标。

在农作物秸秆资源量和集中供暖需求量大的县城区域，东北地区正在构建"生物质热电联产集中供暖 + 居民分散电采暖"的联合供热模式。这一模式成功替代了散煤，改善了农村空气质量，同时降低了居民取暖成本。

在人口密度较低的偏远乡村，东北地区正在积极探索因地制宜的可再生能源综合供热模式。其中包括"太阳能采暖＋地热能采暖＋沼气采暖＋生物质成型燃料取暖"等多能互补、多元联动的融合供热模式。这些模式不仅改善了农村废气排放质量，还有效推广了可再生能源在农村的应用。

东北地区应该将生物质能作为优化能源结构、改善生态环境、发展循环经济的重要内容。具体来说，可以探索生物质能源多元能源化利用新途径，利用各类农作物秸秆，大力发展非粮生物乙醇生物汽油、生物柴油、秸秆成型燃料、气体燃料，并建立覆盖周边近区的生物质资源收集以及成型燃料生产加工储运、销售、使用的产业体系。

此外，东北地区还应该构建以县域为单位的分布式生产消费模式，加强用户侧节能改造，提高能源利用效率。加强系统调节能力建设，增强系统灵活性、适应性，提高可再生能源消纳能力和系统运行效率也是非常必要的。这将有助于提高能源系统的安全性和稳定性，促进可再生能源产业的发展以及经济、社会和环境的高质量发展。

除此之外，东北地区还可以发展可再生能源综合供热模式，促进能源消费结构调整，将可再生能源在供热领域的应用推向新高度。利用可再生能源项目建设可以带动当地相关产业链的发展，从而促进地区经济的增长。与传统能源相比，可再生能源项目不仅不会排放污染物和温室气体，还能够减少化石能源的消耗和降低煤炭开采的生态破坏和水资源消耗。农林生物质和生物质发电等可再生能源项目还能通过减少二氧化碳和污染物的排放来改善空气质量和环境。此外，推动农村能源现代化和环境保护可以提高环境质量和居民生活条件，实现社会发展与环境保护的和谐统一。

第五章
东北地区黑土地发展战略

　　黑土地是指一种具有黑色或深黑色腐殖质表土的土地，它是一种高质量土壤，具有良好的特性和高肥力，非常适合进行农业生产。黑土地主要分布在我国东北、内蒙古、华北平原和长江中下游地区，其中以东北黑土地最为有名。黑土地的母质主要包括松散沉积物，如黄土、淤泥、冰川和卵石等。这些母质在经过漫长的时间沉积和形成之后，逐渐转化为了黑土层。根据研究，黑土层的形成历经了1万多年的更新世全新世时期，其形成过程十分复杂和漫长。黑土地是一个非常宝贵的资源，具有重要的经济价值和战略意义。它不仅可以支撑我国巨大的农业生产需求，还可以用于生产高品质的农产品，如优质粮食、蔬菜、水果等。此外，黑土还可以被开采和利用，制成各种建筑材料、陶瓷等工业原料，被广泛地应用于我国的农业、工业和生态建设等领域。

　　黑土地是一种非常特殊、分布广泛的土壤类型，它主要分布在中高纬度地区。然而，全球黑土地面积却相对有限，仅占全球陆地面积不足7%。这也就代表着，黑土地并不是一种普遍存在的土壤类型，而是一种十分珍贵的资源。在全球范围内，主要的黑土地分布区域包括中高纬度的北美洲中南部、南美的潘帕斯草原、中国东北、俄罗斯和乌克兰等地。值得注意的是，除了前两者之外，其他黑土地面积较大的地区都位于欧亚大陆上。其中，北美黑土地区域面积较为广阔，构成了该地区极为独特的自然景观；

中国东北的黑土地区域则因其优良的农业生产条件而备受瞩目。在四个主要的黑土地区域中，乌克兰大平原黑土地面积最大。与之相比，南美的潘帕斯草原黑土地区面积最小。此外，我国东北黑土地面积也比较有限，占地面积103万平方公里，约占世界黑土地的12%。主要分布在呼伦贝尔草原、大小兴安岭地区、三江平原、松嫩平原部分地区和长白山地区，跨越黑龙江、吉林、辽宁三省和内蒙古自治区。该地区东部与俄罗斯接壤，东南部与朝鲜接壤，西部与蒙古国接壤，在南部则延伸至辽河流域。其土壤类型主要有黑土、黑钙土、暗棕壤、棕壤、白浆土、草甸土等6种。其中，暗棕壤的分布面积最大，其次为草甸土，再次为黑钙土、黑土、白浆土，棕壤分布面积最小。

第一节　东北地区黑土地现状

近年来，在东北地区黑土地中耕作的农业经历了快速发展和显著提高。2000年以来，东北地区的粮食生产能力迅速提高，党的十八大以后，在党的正确领导下，黑土地的粮食安全保障能力稳步提升，农业现代化程度不断提高。其中，科技创新成为支撑农业现代化发展的重要因素。国家有关部门也实施了系列黑土地保护规划和行动计划项目，但如何"用好养好"黑土地仍然是较大的挑战。东北地区黑土地总面积约109万平方公里，是中国主要的商品粮基地。[①] 东北平原是我国重要的商业粮食生产基地，主要种植水稻、小麦、大豆等作物，并实行一年一熟的耕作方式。

东北黑土地可耕地土壤质量普遍较高。2020年，黑土地可耕地土壤质量等级调查评价面积为1843.85万公顷，平均可耕地土壤质量等级为3.13。其中，1—3等级的可耕地面积为1738.31万公顷，占该地总可耕地面积的

---

① 人民资讯. 白皮书：《我国东北黑土地总面积109万平方千米》，https://baijiahao.baidu.com/s?id=1704958688901448676&wfr=spider&for=pc。

62.85%，主要分布在松嫩平原、松辽平原、三江平原、大兴安岭两侧高原和长白山盆地。土壤没有明显的障碍物，是黑土分布的重要区域，也是保护和改善可耕地质量的重要区域。中等等级的土地，即4—6等级的可耕地面积为9202.33万公顷，占该地总可耕地面积的33.27%，主要由分布在松嫩平原、松辽平原和三江平原两侧的大兴安岭、小兴安岭和辽东山地转化而来。这部分可耕地具有良好的地理位置条件，基础土壤肥力中等，灌排能力基本满足。一些耕地存在淹没、障碍等问题。随着黑土保护工程的不断发展和深化，一些障碍得到改善，可耕地质量整体上有所提高。总的来说，该地区可耕地主要分布在松嫩平原西部、三江平原下游地势低洼处、长白山中坡、辽西低山丘陵和辽东山地中坡等地。由于条件差、基础能力低、土壤结构差、缺乏农田基础设施和灌溉条件不足，存在各种障碍物，如盐碱地、荒地、淹没、障碍级别、酸化等。东北黑土区大部分区域采用了垄作耕种方式。由于长期的垄作、浅犁层和长期在同一深度耕作，导致形成了一个厚度为5—10厘米的坚硬耕作层。这个犁底非常硬实，使得犁层的土壤试验重量在1.4—1.5克/立方米之间，形成的"三角形"犁底层十分坚硬且影响通风和透水性，导致玉米等农作物在深处缺水。在这种传统耕作方式下，有机物质很少能够循环回田，这导致土壤中缺乏有机质。为了解决这个问题，大部分农田通过增加秸秆还田和覆盖来增加土壤有机质，并减少风蚀和施肥问题。同时，各地政府都在研究如何降低资源和动力消耗，发展经济高效的保护性耕作模式。

农业部门加强北方旱田的保护性耕作工作。为了进一步推广和应用这一技术，国家有关部门提出了补贴支持政策，对技术成熟的保护性耕作机具等绿色高效设备敞开补贴的大门。截至2017年，全国保护性耕作技术的推广应用面积已经超过了667万公顷。特别是东北地区的农业机械化水平稳步提升。据统计，2023年，东北三省（辽宁、黑龙江、吉林）的农业机械总动力约占全国农业机械总动力的13.47%。其中，黑龙江省2023年农业机械总动力比全国平均水平高 131.5%。①②③④ 这表明东北地区在农业机械化方面取得了显著进展。在黑龙江省，主粮生产已基本实现全程机械化，大型拖拉机数量、配套农机具、农业机械化服务组织分别占全国总量的 24.69%、15.70% 和 20.07%，这些数据都位居全国前列。这代表着黑龙江省已经成为中国农业机械化领域的重要中心。吉林省长春市在玉米机械免耕播种方面是全国范围内最具代表性的地区之一，该市已经成功发展了 20 多万公顷的保护性耕作面积。同时，东北玉米秸全量覆盖和耙混还田模式也取得了突破性的发展，这一模式对保护性耕作技术的推广起到了非常重要的作用。值得一提的是，目前多家企业和科研机构都在不断研发保护性耕作相关的机具产品，填补了我国保护性耕作农业机械中的空白。随着智能化、无人驾驶农机销量的快速增长，建成了千亩级现代农业数字化农田，实现了定时定位、定量、定配方的精准农业生产管理。这些技术的引入使得农业生产更加高效、智能化，并且能够更好地满足市场需求。由此可以看出，保护性耕作技术应用模式正在逐步形成，不同地区的保护性耕作技术模式系统正在逐步完善。

东北地区水稻、玉米、大豆等主要粮食作物的播种面积均呈扩大趋势。同时，政策支持起到了重要的推动作用，例如 2019 年大豆种植面积比 2015 年增加了 243.20 万公顷。近年来，东北地区的粮食产量也呈现出快速增长的趋势。据统计数据显示，自 2005 年至 2019 年，东北地区的粮食总产量从约 6300 万吨增加至约 8200 万吨，其中稻谷、玉米和大豆的产量分别约为 1900 万吨、4000 万吨和 1700 万吨。特别值得一提的是，这些作物的产量相较于

---

① 经济日报：《跑出农业机械化的加速度》，https：//www.moa.gov.cn/ztzl/ymksn/jjrbbd/202407/t20240704_6458374.htm。

② 辽宁日报：《"三化"并进，辽宁玉米、水稻耕种收机械化率居全国前列》，https：//epaper.lnd.com.cn/lnrbepaper/pc/con/202411/15/content_261494.html。

③ 黑龙江日报：《黑龙江：从弯钩犁到智能农机 做农业机械化排头兵》，https：//www.hlj.gov.cn/hlj/c107856/202408/c00_31761388.shtml。

④ 《关于对省政协十三届一次会议第 W54 号委员提案的答复（吉农议字〔2023〕27 号）》，http：//agri.jl.gov.cn/zwgk/zfxxgkzl/jyta/202306/t20230616_8725457.htm。

2005 年也分别增长了很多倍。例如，稻谷产量增长了 1.3 倍，玉米产量增长了 2 倍，大豆产量增长了 4 倍以上。2005—2019 年平均每公顷粮食产量增加 1276 千克，增幅达 28%。主要粮食作物水稻、玉米、大豆的每公顷产量也分别有所增长。具体来说，2019 年水稻、玉米、大豆的每公顷产量分别为 7316 千克、7029 千克、1867 千克，比 2005 年分别增长了 4.35%、18.71%、2.16%。[①] 可以说，在政策的良好指导、先进农具的辅助与黑土地的滋养之下，东北地区的粮食产量每年都有着较大程度的提高。

由于全球气候变化，黑土地在人类干预和全球气候变暖影响下发生了一定的改变。东北地区黑土地出现了与世界其他黑土地相似的变化特征，如土地利用情况、土壤侵蚀程度、有机质和养分元素含量、土壤结构以及蓄水能力等方面。同时，东北黑土地也存在一些与其他地区黑土地不同的变化特点。此外，有关东北黑土地被盗采事件层出不穷。这些变化和问题给生态系统和农业生产带来了深远的影响，需要引起重视并采取有效措施进行保护。

第二节　黑土地风险问题与分析

一、东北地区黑土地退化问题

由于多年来的自然因素和人类活动影响，黑土资源面临着严重的退化问题。其中，最为严重的表现就是黑土总量减少和高质量黑土逐年减少。黑土层逐渐恶化、变薄、消失，这不仅会直接影响农业生产，还会对生态环境造成巨大的破坏。工业化和城市化是导致黑土退化的主要原因之一。随着经济的快速发展和城市化进程的加速，大量农业黑土资源被非农业建设所占用，这一问题是当前东北黑土地的严峻挑战之一。随着城市化和工业化的快速推

---

① 中国科学院：《东北黑土地白皮书（2020）》，2021 年第 3 期。

进，大量农田被转为非农用地，尤其是城市周边的高质量黑土更是被开发建设所使用，使得黑土地资源的流失加剧。即便统计数据显示黑土面积并未减少，但实际上存在大量未登记的已被挪用的黑土，这些被挪用黑土很可能已经被非法出售或者遭到破坏。而补充土壤只能弥补黑土的数量不足，却无法平衡其质量。

具有破坏性的耕种方式以及不合理的农药排放也是东北黑土地退化的一个主要原因。根据研究，不同的土地利用方法和管理措施对土壤质量影响不同，包括土壤损失、有机碳含量、土壤密实度和酸化程度等方面的变化。此外，这些方法还可能对农药残留和土壤生物群落产生间接影响。对土地进行裸露处理是对土壤质量影响最大的因素之一。这是因为裸露的土壤非常容易受到风蚀和水蚀的侵蚀，导致有价值的表层土壤流失。相比之下，草地、无翻耕覆盖和横向浅沟等土地利用方式对土壤流失的影响较小，因为植被有助于把土壤固定在原位。过度的化肥使用降低了土壤肥力和有机质含量，秸秆还田和水资源管理不足也是当前农业发展中面临的问题。使用化学肥料和将秸秆还田都可以显著提高土壤有机碳含量。这是因为有机物的添加可以刺激微生物活动，有助于分解有机物并释放出植物可利用的养分。然而，过多使用化学肥料会导致土壤酸化，对植物生长和土壤健康产生负面影响。

同时，大规模机械化农业也可能对土壤质量产生负面影响，因为它会压实土壤并降低土壤中的水分可利用性。土壤密实度是指土壤颗粒密集，孔隙空间减少，这样就更难让根系生长和水渗透到土壤中。这会导致农作物产量降低、径流增加。此外，工业化废物污染和不合理的化肥和农药应用也在破坏农业环境，影响国家粮食安全。过多的农药使用会增加农民的生产成本，并导致残留农药的问题。农药残留可以直接影响生态系统的健康。农药可以在环境中持久存在并积累在土壤和水体中，对人类健康和野生动物生命健康构成风险。此外，农药还可能对土壤生物群落产生意外影响，如减少有益昆虫和微生物的种群，进而影响土壤中养分的循环。

全球气候变化也是令东北黑土地退化的重要因素。气候变化对于土壤健康和肥力产生了不同的影响。其中最为重要的是，它会降低土壤肥力，通过增加微生物活动和促进有机质分解的方式，使农作物难以在受影响的地区茁壮成长。此外，气候变化也加剧了黑土水资源与土壤资源失衡的问题，导致干旱灾害频繁发生和干旱地区面积扩大。

同时，气候变化还会导致降雨模式的波动。一些年份可能会出现暴雨，导致洪涝灾害，而另一些年份则可能出现长时间的干旱。这些变化对土壤健康和农作物生产潜力都会产生重大影响。

气候变化还会对多年冻土的融化和湿地土壤的变化产生影响。随着气温持续升高，多年冻土的南界正在向北移动，这导致受影响地区的湿地和生态系统发生变化。这将导致沼泽和其他类型的湿地土壤中储存的碳被释放出来。在农作物生产潜力方面，气候变化会带来正面和负面两种影响。一方面，升高的温度可能会暂时提升黑土地玉米和大豆等作物的生产潜力。然而，如果干旱条件变得更为普遍时，这种增长可能会被降雨波动所抵消甚至降低。此外，气候变化还会影响大气中的温室气体水平，包括二氧化碳和甲烷，这些都是全球变暖的主要因素。随着这些水平继续上升，将进一步加剧气候变暖的过程，形成一个恶性循环，对黑土地土壤健康和生命力可能产生严重影响。

东北黑土地也面临着一系列土地质量与肥力退化问题，这些问题同样会影响耕地的质量和产量。包括酸化的土壤、盐碱土壤、障碍性、薄度和淹没潜力。就无障碍土壤而言，辽宁省和内蒙古自治区占有相对较大的份额，超过50%，而黑龙江和吉林两省则不到20%。东北三省每个省份都有不同类型和比例的土地扰动。例如，黑龙江省面临着更突出的耕地淹没问题，吉林耕地盐碱化和障碍化问题更为突出，辽宁省有更加严重的土壤酸化问题。黑土地肥力退化的主要原因是有机质质量降低。研究表明，吉林省的土壤在38年内已经下降了6.4%至1.88克/千克。这种下降是由小型机械翻耕引起的，这会导致黑土地剖面组成恶化，根据统计，一部分地区的犁底变厚变硬，厚度转换为 4—6 厘米、8—10 厘米，并变得坚硬。土壤容重也从 13 克/厘米增加到 15 克/厘米，渗透性降低了 25% 至 30%。黑土酸化是低肥力的另一个环境特征。研究表明，吉林省中部玉米种植区的 pH 为 5.59—6.36 占 47.06%，而吉林省东部玉米种植区的 pH 为 5.30—5.78 占 64.71%。一项比较东北地区黑土地 30 年自然水分利用效率差异的研究发现，降雨转换成土壤水分的效率已经下降了超过 10%，生长季土壤水分平均下降了 3—5 个百分点。所有这些因素导致降水利用效率显著下降，并增加了黑土地区的土壤流失。①

黑土地退化会给当地农民、地方政府，甚至全国造成巨大的经济损失。黑土地是中国东北部重要的耕地类型之一，但由于长期不合理的开发和过度使用，黑龙江、吉林、辽宁等地区的黑土地面积减少，退化现象加剧，严重影响当地的农业生产和农民的收入。其中一个危害是会对土壤造成不可逆转的损伤，降低土地肥力和支持作物生长的能力。其中，农村不科学不合理的粗放耕种是导致黑土地退化的一个重要因素。我国农业有两个主要任务：一是满足不断增长的人口粮食需求，二是发展经济。但多年以来，东北地区的农业一直依靠粗放式的经营方法进行发展，优先考虑短期和微观利益，而牺牲了资源和环境。这种耕作方式不利用先进的生产方法或科学技术。相反，它过分依赖扩大可耕地面积，通过广泛种植多种作物以增加总产量，导致生产率低下。多年来粗放式的农业种植已经开始导致大规模的资源消耗和严重的生态环境退化。这已成为东北地区耕地快速减少、荒漠化深化趋势、森林资源储量下降和土壤流失加剧的重要原因。黑土地的退化亦是这种种植管理模式最为明显的恶性结果。

多年以来，东北地区的农业从业者长期依靠以低端劳动力、低资本投入和低质量原材料等要素为主要盈利方式，最终实现经济增长的落后的农业经营模式。在粗放式的农业经营方法下，传统农业向来有轻投入、重产出、轻维护、重发展、不使用先进机械设备和环保型农业科技的特点。粗放型农业

---

① 李荣：《黑土地保护与耕地质量提升》，《腐植酸》2023 年第 1 期。

经营手段最优先考虑的即如何能够快速获得经济收入增长而非长期的可持续性的农业经营，这种经营模式常常忽略了有限的资源和对黑土地质量的破坏性。因此，黑土地的退化常常会导致耕地急剧减少、荒漠化深化趋势、森林资源储量下降和土壤流失增加。

黑土地的退化自然而然的会导致农民可能会出现减产，使他们维持自身及其家庭生计更加困难。为了解决农村居民的经济收入问题，许多农民会更加倾向于采用掠夺性管理模式。他们会更加倾向于减少对土地的投资，以获取最大的回报。这种追求短期利润的做法加剧了黑土地的急速退化，这是一个非常严重的问题。当黑土地退化时，肥力逐渐降低，农作物生长速度变慢，并导致产量下降，反而又直接影响了当地农民的收入，最终使"贫困—黑土地退化—贫困"进入恶性循环。但维持生计的挑战又迫使农民不得不对黑土地采取掠夺性管理，关注眼前的利润，忽视长期保护土地的重要性。这些问题在没有有效政策干预和农民自我教育的情况下难以得到解决。黑土地退化带来的另一个后果，就是人们被迫放弃耕种质量下降的土地，不得不离开其赖以为生的家乡。这导致农民远离其长久以来的农村居住地进入城市谋求发展，大规模的农民迁移会加剧地方的粮食安全、资源短缺和破坏环境等相关问题。甚至由于土地退化问题，环境难民现象变得越来越普遍。

此外，黑土地的退化对农业以外的领域也产生了深远的影响。黑色土壤在减轻洪水等自然灾害方面起着重要作用，但当它被退化时，其作用能力会严重削弱。河流和湖泊水库的淤积和沉积减少了灌溉设施的储存容量，威胁到防洪安全并增加自然灾害发生的频率。

黑土地保护是今天东北地区各级政府面临的关键问题，需要短期和长期机制来确保其成功。为应对这些问题，需要采取有效措施来管理黑土地的退化。这可能包括实施可持续农业实践、向农民提供有关土地管理技术的教育和培训，投资于研究和开发，以找到解决这个复杂问题的新方法。在短期内，减少使用农药和化肥等措施可以帮助保护土壤不受进一步退化的影响。

长期而言，实施促进土壤健康和防止侵蚀的可持续农业实践至关重要。在黑土地保护工作中，当地农民的参与至关重要。但到目前为止，农民的积极性还没有得到充分调动。有必要积极地让他们参与到黑土地保护计划的规划和实施中。这可以通过开展意识宣传活动和教育项目，强调黑土地保护和可持续农业的重要性来实现。

各级政府在支持黑土地保护工作方面发挥着重要作用。然而，由于财务约束，他们投资这些项目的能力可能受到限制。政府有必要将黑土地保护纳入优先资金范围，并探索公私合作等替代融资模式。当然任何项目的成功都取决于可靠的保障机制，以确保其正确运营、管理和维护。黑土地保护项目应设计有明确的后续计划，详细说明利益攸关方的角色和责任。应定期进行监测和评估，及时发现问题并予以解决。特别是各政府部门和地区之间的协调对于有效的黑土地保护至关重要。然而，由于进程和社会意识的差异，导致进展不一致。政府有必要建立一个协调一致的方法，涉及相关利益攸关方，并促进信息共享和协作。这可以通过制定共同目标和指标、制定共同策略，并将民间组织纳入其中来实现。

二、黑土地盗采盗挖问题

东北黑土被称为"耕地中的大熊猫"，是大自然赐予人类种植粮食作物的最佳资源，是所有土壤种类中形状最好、肥力最高的土壤。农民之中流传着一句俗话："土地肥到家，捏把泥土冒油花，一两黑土二两油，插根筷子也发芽。"我国东北地区的黑土自新中国成立初期开垦以来，其厚度已经从原来的60多厘米减少到现在30厘米左右。这代表着短短70年左右的时间内，我国的黑土厚度就萎缩了30多厘米。

除了人们对黑土的过度利用和不合理耕种逐渐降低了黑土的有机质含量之外，不法分子针对东北地区黑土地的破坏和盗采也是导致黑土质量降低的极大的问题。黑龙江省五常市沙河子镇福太村发生过多起盗挖黑土的事件。一部分黑土资源被承包土地的人用大型机械挖取，有些被当作晾晒储存场，有些则直接被打包带走。每年每亩租金千元左右或 6000 元至 7000 元不等。这种黑土采挖出来后需要经过晾干、粉碎、过筛等处理，然后再进行打包外销。实际上，这种黑土属于矿产资源，其市场价格约为一立方米 20.85 元，而这起案件涉及金额高达 36 万元。现场往往会发现众多采挖留下的大坑，形如"疮疤"，触目惊心。东北地区黑土盗采盗卖俨然已经成为一种买卖，一些人非法盗挖土壤以获取利益并形成黑色产业链，在电商平台、社交平台等往往能够找到众多售卖黑土的商家。盗土不法分子通常从黑龙江五常、大兴安岭地区和吉林长白山等地收购黑土，售卖价格普遍在 4—20 元之间，批发价格更低以吸引买家。

多年来，为了保护珍贵的黑土地资源，各地先后出台了地方性法规。这些法规提供了法治保障，以确保黑土地得到有效保护和管理。值得一提的是，2022 年《中华人民共和国黑土地保护法》正式施行，为黑土地保护提供了更为严格和全面的法律依据。根据《中华人民共和国黑土地保护法》的规定，盗挖、滥挖和非法买卖黑土都被明确禁止。同时，黑土犯罪的打击力度也得到了持续加大。这些措施使得黑土犯罪活动呈现出下降趋势，案件数量逐渐减少。

虽然黑土盗采盗挖情况有所下降，但案件仍有发生。近期发生的一起村民涉嫌贩卖黑土案引起了社会各界的关注。吉林省敦化市公安局侦破了这起盗挖黑土案，抓获了 11 名犯罪嫌疑人，并扣押了 3 万立方米的黑土。这些涉案黑土销往全国 8 个省市，盗采泥炭 7.3 万立方米，金额超过 500 万元。此外，辽宁省检察院发布《辽宁省农村土地资源（黑土地）保护检察公益诉讼白皮书》指出违法分子占用农用耕地建设厂房、办公楼和晾晒场地，破坏了耕作层达 20 厘米以上的土地，导致土地种植条件受到损坏无法耕种。①

近年来，涉黑土犯罪活动也呈现出新的变化，买卖、盗采行为更趋于隐

---

① 新华网：《严厉打击之下，谁还在打黑土的主意？》，http://www.news.cn/2023-06/14/c_1129693313.htm。

蔽。卖土商贩通常只和熟人打交道，场所隐匿在村屯，存放时尽量平铺在地面。公安机关为了打击这些违法行为，加大了执法力度，深入田间地头、村头屯尾、市场商铺、集市摊点等全方位摸排线索。犯罪分子以河道水库清淤、土地治理、生态修复等名义实施盗采，有的以承包林地为名，将开采地点圈围后盗采黑土。此外，犯罪嫌疑人在偏僻山区内盗采黑土，且都是在半夜活动，给侦破工作增加了不少难度。

事实上，黑土盗挖现象屡禁不止与过去法律法规缺少量刑标准有着一定的关系。许多案例都涉及盗挖黑土的行为，但在司法实践中存在着判定罪名不一致的情况。2018 年，姚某盗窃了 238 立方米的国有黑土，被法院认定为犯盗窃罪。法院认为姚某以非法占有为目的，并且数额较大，判处罚金3000 元。2014 年，董某在承包的土地上挖掘黏土并出售，其价值达到 30 万元以上。检察院以非法采矿罪提起公诉，但法院认为其行为不符合非法采矿罪构成要件。最终法院判处董某盗窃罪，因为黏土具有经济价值，能够被移动和成为盗窃罪的犯罪对象，判处有期徒刑 2 年 2 个月，并处罚金 1 万元。2012—2015 年之间，李某、吴某等人在未办理林地占用手续和未取得采矿许可证的情况下，在林地上开采并出售"黑土"，涉案总额 30 余万元。法院以非法采矿罪判处李某、吴某等有期徒刑 1 年到 2 年不等，适用缓刑，并处罚金。在这个案例中，由于他们未经许可证开采黑土并出售，涉案金额较大，所以被告人的行为被认定为非法采矿罪。陈某在租赁大量耕地后，未经相关部门审批，私自指使他人从耕地内取黑土，往耕地内堆积建筑垃圾，破坏的耕地面积 30 余亩。法院以非法占用农用地罪判处陈某有期徒刑 1 年 6 个月，并处罚金人民币 6 万元。根据法院认定，陈某占用耕地，私自指使他人盗挖黑土，且对耕地做出了严重破坏，因此被认定为非法占用农用地罪。由以上不同的案例可知，检察机关和法院对于盗采行为的认定有所不同，导致同样的行为被认定为盗窃罪、非法占用农用地罪或非法采矿罪，这种差异对于我国司法权威产生了一定的负面影响。

三、黑土地保护法律条例

2020 年 12 月，习近平总书记在中央农村工作会议上强调，要把黑土地保护作为一件大事来抓，把黑土地用好养好。[①]2022 年 6 月，第十三届全国人民代表大会常务委员会第三十五次会议通过了《中华人民共和国黑土地保护法》，自 2022 年 8 月 1 日起实施。《中华人民共和国黑土地保护法》第二十条规定：任何组织和个人不得破坏黑土地资源和生态环境。禁止盗挖、滥挖和非法买卖黑土。国务院自然资源主管部门会同农业农村、水行政、公安、交通运输、市场监督管理等部门应当建立健全保护黑土地资源监督管理制度，提高对盗挖、滥挖、非法买卖黑土和其他破坏黑土地资源、生态环境行为的综合治理能力。第三十二条规定：违反本法第二十条规定，盗挖、滥挖黑土的，依照土地管理等有关法律法规的规定从重处罚。非法出售黑土的，由县级以上地方人民政府市场监督管理、农业农村、自然资源等部门按照职责分工没收非法出售的黑土和违法所得，并处每立方米五百元以上五千元以下罚款；明知是非法出售的黑土而购买的，没收非法购买的黑土，并处货值金额一倍以上三倍以下罚款。第三十六条规定：违反本法规定，构成犯罪的，依法追究刑事责任。

在黑土地保护中，辽宁省检察机关一直秉承政治自觉、法治自觉和检察自觉的原则，致力于保护农村土地资源。在实践中，充分发挥公益诉讼职能作用，加强与相关部门之间的协作机制，提高司法保障能力，全方位保护土地生态环境。特别是在强调农村土地功能保护和生态恢复方面，检察机关深入贯彻落实国家和省委关于生态文明建设的要求，以维护农村土地的可持续利用为导向，切实推进农村土地资源治理体系建设，落实辽宁农村发展战略和粮食安全战略，为促进区域经济社会发展和人民幸福生活做出贡献。

自 2017 年 7 月以来，辽宁省检察机关共立案黑土地保护公益诉讼案件

---

① 《中国经济这十年（2012—2022）》编写组：《中国经济这十年（2012—2022）》，经济科学出版社，2022 年版。

569 件，占农村土地资源保护类公益诉讼案件比重为 40.01%。这些案件涉及黑土耕地、黑土林地和其他黑土地类，分别占黑土地保护公益诉讼案件的 53.25%、39.54% 和 7.21%。通过办案，共保护或恢复了 9113.14 亩的黑土地，占农村土地资源公益诉讼案件保护和恢复总量的 18.19%。此外，通过办案追偿修复费用 741.76 万元，占受损农村土地资源赔偿或补偿总额的 53.32%。这些数据表明，检察机关在黑土地保护方面取得了显著的成效。2020 年至 2021 年之间，辽宁省检察机关为了加强耕地保护，开展了为期一年的"保护黑土地守护大粮仓"公益诉讼专项活动。在此次活动中，检察机关共立案 380 件，包括民事和行政公益诉讼。通过办案，成功保护和恢复农用地 10570.73 亩，其中耕地 7972.29 亩、林地 2562.21 亩、其他地类 36.23 亩，保护黑土地 6593.81 亩。通过公益诉讼追偿、补偿损失 272.61 万元，为保护黑土地等农村土地资源提供了司法保障。①

吉林省依据《东北黑土地保护规划纲要（2017—2030 年）》《国家黑土地保护工程实施方案（2021—2025 年）》《吉林省黑土地保护条例》《中共吉林省委 吉林省人民政府关于全面加强黑土地保护的实施意见》《吉林省国民经济和社会发展第十四个五年规划和 2035 年远景目标纲要》制定《吉林省黑土地保护总体规划（2021—2025 年）》，规划期为 2021—2025 年。

吉林省明确了组织领导在保护黑土地方面的重要职责。坚决落实耕地保护和节约集约用地制度，守住耕地红线。维护保护黑土地的重要基础，严格管理好耕地，保障黑土地的质量和数量。全面推行"田长制"，统筹推动黑土地保护政策的实施。田长制是指由一名专门负责某片耕地的管理员来管理该片耕地，从而保证该片耕地的有效利用和持续发展。田长制的推行将会大大提升黑土地的管理水平，进一步保障黑土地资源的保护和利用。同时，各部门需要加强协同配合，及时研究解决黑土地保护过程中出现的问题。只有加强各部门之间的沟通和协作，才能够更好地推进黑土地保护工作，并及时解

---

① 人民网：《保护黑土地，有了白皮书》，http://ln.people.com.cn/n2/2022/0625/c378489-40010514.html。

决遇到的困难和问题。此外，加大资金筹措力度，组织实施各项重大工程也是非常关键的。只有加强对黑土地保护的资金投入，才能保障黑土地资源的有效保护和利用。同时，通过组织实施一系列重大工程，如退耕还林、草原恢复等，来促进黑土地保护和可持续利用。

此外，吉林省加强了针对管理责任的监督考核。在保护黑土地资源过程中，各级政府正认真履行责任，严格贯彻党委和政府属地主体责任，明确目标任务，制定考核办法。建立评价指标体系，每年进行一次评估，每三年逐县全面考核。有效推进和监督黑土地保护工作。黑土地保护成为政府班子和主要负责人绩效考核内容之一。在乡村振兴和粮食安全省长责任制考核中，黑土地保护的权重也相应增加。为探索新机制、总结好经验和做法，开展对黑土地保护的督查。及时发现和解决问题，确保黑土地保护工作顺利推进。通过颁发表彰奖励，激励更多人参与黑土地保护。只有从各个方面入手，加强黑土地保护工作，才能有效保护中国宝贵的黑土地资源。

同时，为了保护黑土地资源，工程建设项目也需要按照相应规定进行管理。具体来说，实行工程项目法人责任制、招投标制和工程监理制等措施。在项目前期，需要充分论证和评估，包括环境影响评价和资质审查等工作。不同类型的工程项目需要制定相应的规章制度和管理制度，明确工程所有权和经营处置权，并保障相应方的合法权益。最终目的是确保黑土地保护工程项目正常运营发挥最大效益。除此之外，各地还需要切实加大资金保障力度，严禁挤占或挪用黑土地保护项目资金。

最后，加强黑土地保护宣传教育和科学普及也十分重要。为了提高公众对黑土地保护的意识和认识，广泛宣传黑土地保护对于农业高质量发展具有十分重要的必要性。同时，也需要形成共同保护好黑土地的广泛共识，在全社会形成推动黑土地保护的共同力量。为了更好地宣传黑土地保护工作，还需要做好影像记录、资料搜集等工作，并将其纳入宣传教育计划中。此外，充分利用各类宣传媒体，包括电视、报纸、网络等，宣传相关政策法规、保护模式和知识，让更多人了解黑土地保护的重要性和方法。在重大活动和时间节点，如《吉林省黑土地保护条例》的宣传、"黑土粮仓"科技会战成果、成功经验和典型案例等，也是非常重要的宣传机会。通过各类媒体报道黑土地保护的进展情况，让更多人了解黑土地保护工作的成果，同时也将责任传递给更多人，推动黑土地保护事业的发展。

为了保护和利用好黑土地资源，防止黑土地数量减少、质量下降、生态功能退化的情况发生，促进黑土地的可持续利用，维护国家资源安全、生态安全和粮食安全，黑龙江省于2021年12月制定了《黑龙江省黑土地保护利用条例》。

《黑龙江省黑土地保护利用条例》是根据有关法律和行政法规，并结合黑龙江省的实际情况针对黑土地进行制定的。其目的在于明确黑龙江省黑土地保护和利用的政策措施，推进黑土地的保护与利用工作的深入开展，促进黑土地资源的可持续利用，为实现黑龙江省经济社会高质量发展提供重要支撑。

该条例主要承担了以下几点任务：加强黑土地的保护工作，防止黑土地的质量下降、生态功能退化和数量减少；促进黑土地的可持续利用，保障黑土地的生态效益、资源效益和经济效益；建立健全黑土地保护和管理体系，完善黑土地保护的政策法规，强化黑土地保护的宣传和教育，营造全社会积极参与、共同保护黑土地的氛围。按照本条例的规定，各级政府和有关部门需要加强监督和管理，对违反保护黑土地的行为进行严厉打击和处罚，对黑土地保护工作开展专项检查。

为了加强对黑土地保护利用状况的监督和管理，促进黑土地资源的可持续利用，提高黑土地保护的效果和成效，《黑龙江省黑土地保护利用条例》规定了一系列监管措施。县级以上人民政府部门应当对黑土地保护利用状况进行监督检查，并定期开展专项执法行动。如果发现违法行为，必须立即制止并纠正。这一规定意图强化监督管理，防范黑土地遭到破坏和损害。黑土地保护实行督察制度，上级政府对下级政府的黑土地保护情况进行定期督察。这一规定意图推动各级政府履行黑土地保护的职责，发挥监管作用，确保黑土地得到有效保护和合理利用。省政府或其确定的管理部门可以约谈黑土地保护不力的当地政府负责人，同时约谈情况应向社会公开，接受监督。这一规定意图强化领导责任，推动地方政府和相关部门切实履行黑土地保护的职责，提高工作效率和质量。县级以上人民政府需定期向本级人大常委会报告黑土地保护情况，并接受监督。这一规定意图加强信息公开和民主监督，推动政府主动公开黑土地保护的情况和进展。行政机关与司法机关应加强协调，建立案件移送制度，完善信息通报机制，尤其是对涉嫌犯罪的违法行为应及时移送司法机关。这一规定意图加强行政机关和司法机关之间的协作，推动黑土地保护工作的高效推进，同时也有助于维护社会公共利益和国家利益。如果行政机关不作为或违法行使职权导致国家利益或社会公共利益受到侵害，人民检察院可以向其提出检察建议，并在必要时进行公益诉讼。对于损害社会公共利益的行为，相关机关和人民检察院也可以依法提起诉讼。这一规定意图强化行政机关的责任和监管，促进行政机关积极履行职责，有效保护国土安全和国家利益。

东北地区制定各类黑土地保护法律法规是保护生态环境、维护生态系统平衡、促进自然资源可持续利用的重要措施。黑土地是我国重要的农业生产基地和生态屏障，而长期以来，黑土地资源遭受人类活动的破坏，严重威胁到了国家的粮食安全和生态安全。制定相应法律法规有助于有效保护黑土地资源和生态环境，促进其可持续利用。同时，还有助于保护黑土地的农业产出功能，为实现国家粮食安全提供坚实保障。黑土地是我国农业发展的重要基础和支撑，其肥沃的土壤和适宜的气候条件为农作物生长提供了良好的环境。通过政府监督与法律法规制约，可以加强对黑土地资源的保护，维护其农业产出功能，确保国家的粮食安全。建立多方参与黑土地保护的工作机制，有利于调动全社会的力量参与其中，形成黑土地保护的全民行动。黑土地保护是全社会的共同责任，加强监督管理可以为各方提供更加明确和具体的实践指导，调动各方积极性参与其中。通过建立多方参与保护的工作机制，可以充分发挥政府、企业、社会组织和广大民众的主体作用，形成黑土地保护的全民行动，为促进东北地区经济社会生态文明建设和高质量发展做出贡献。

第三节　黑土地保护战略措施

2020 年 2 月 25 日，农业农村部、财政部印发了《东北黑土地保护性耕作行动计划（2020—2025 年）》，制定了黑土地保护性耕作 5 年计划。东北地区是我国重要的粮食生产基地之一，其中玉米、大豆和小麦等作物是当地的主要农产品。为了保障这些农产品的质量和产量，政府将保护性耕作作为推广的重点技术之一。保护性耕作是一种环境友好型的耕作方式，通过降低土地的侵蚀和退化，有效地保护了土壤资源。在东北地区，保护性耕作的应用范围已经得到了不断的扩大和深化，目前已经成为当地耕作技术的主流之一。到 2025 年，政府制定了较为明确的目标：计划将保护性耕作在东北地区适宜区域的实施面积扩大到 1.4 亿亩，占当地适宜区域耕地总面积的 70% 左右。同时，政府还将建立完善的支持体系和技术装备体系，以提高保护性耕作技术的推广和应用能力。这样的推广计划意图提升东北地区的耕地质量和农业生产能力，增强生态、经济和社会效益。通过保护性耕作技术的应用，可以有效地减少农业生产对东北黑土地环境的影响，同时提高农产品的品质和产量。

一、大力推动保护性耕作

保护性耕作是指采用现代化的农业耕作技术，其中包括覆盖秸秆和免（少）耕播种等内容。这种耕作方式可以有效减轻土壤风蚀水蚀的影响，同时增加土壤肥力和保墒抗旱能力，有利于提高农业生态和经济效益。在东北地区，保护性耕作得到了广泛应用并取得了明显进展，已经具备了全面推广应用的基础。具体来说，覆盖秸秆是指将作物残留物覆盖在土壤表面以减少水分蒸发和土壤侵蚀，并逐渐降解成有机质，增加土壤肥力；免（少）耕播种则是通过不或少翻耕、避免暴露土壤表面、保持土壤结构及其它措施，达到减少土壤侵蚀、改善土壤质量、提高粮食产量、降低生产成本等目的。

东北黑土地战略需要加强对黑土地资源的保护、改善和治理，以及一系列保护措施。其中之一就是加快保护性耕作在东北地区的推广应用。为了贯彻习近平总书记的有关指示精神，确保东北地区黑土地及其农业生态的长期稳定。将着重于加快保护性耕作技术的普及和推广，包括通过宣传教育、培训和示范等方式，提高广大农民的意识和能力，并针对不同地区、不同农作物的特点，制定相应的实施方案。同时，在落实党中央、国务院决策部署的基础上，将启动相关资金支持和政策保障措施，加大财政投入和信贷支持力度，以鼓励广大农民积极参与保护性耕作的实施。

在行动安排方面，逐步扩大保护性耕作的实施范围，并优先选择已经有良好应用基础的县（市、区）进行推广。分批次对整个县（市、区）进行推进，利用3年左右时间确保在县域内建立起稳定、可持续的管理机制。让保护性耕作的面积占到50%以上，而在其他类型土地上循序渐进、逐步扩大保护性耕作的实施面积。以整个县（市、区）为单位来推进保护性耕作，建设高标准的保护性耕作应用基地，并打造长期应用样板和新技术集成优化展示基地。持续支持保护性耕作的发展，以科研和推广单位为支撑，来促进新型农业经营主体的发展。

组建专家指导组来提供决策服务和技术支撑。这个专家团队将为保护性耕作的推广和应用提供专业的知识和技能支持。设立长期监测点来促进技术模式的优化和机具装备的升级。通过对保护性耕作的实施过程进行长期监测，可以及时发现技术难题和问题，并进行相应的改进和升级，以便更好地推广和应用保护性耕作。加强对保护性耕作的基础研究，以建立健全的理论体系。通过深入研究保护性耕作的原理、特点和实施方法等方面的知识，可以更好地了解保护性耕作的本质和应用范畴。同时，推进装备能力范围内的研发创新、完善标准、提高供给，优化保护性耕作装备整体配置方案。

为了促进保护性耕作技术的发展，政府支持服务主体发展，并鼓励农机合作社等组织承担保护性耕作补贴作业任务，要培育保护性耕作专业服务队伍，还需要推进服务机制的创新，支持农业社会化服务组织与农户之间建立稳固的合作关系，实现机具共享、互利共赢，带动规模化经营和标准化作业。另外，加强培训指导也是非常重要的一项措施，当前需要培养一批熟练掌握保护性耕作技术的生产经营能手和农机作业能手，开展"田间日"等体验式、参与式培训活动，提高科普效果，促进技术进村入户。这些保障措施都将有助于推动保护性耕作技术在农业中的广泛应用，提高农业生产水平，推动黑土地农业高质量发展。

二、辽宁省提升土壤质量的具体举措

辽宁省、吉林省在生态文明建设"十四五"规划中虽然未明确针对"黑土地保护"提出特别方案，但在其土壤保护规划中已经要求提升全省的土壤环境质量。

在辽宁省"十四五"生态环境保护规划中提出，为了有效防治土壤污染，需要在土地用途规划方面根据土壤污染状况和风险进行合理规划。此外，对于永久基本农田集中区域以及居住区、学校、医院、疗养院、养老院等单位周边，将禁止规划新建可能造成土壤污染的建设项目。同时，对于新建、改建或扩建涉及有毒有害物质可能造成土壤污染的建设项目，必须提出并落实土壤和地下水污染防治要求。

辽宁省将积极推进污染源头控制，包括对重金属污染进行严格的防控以及排查整治涉重金属行业企业。同时，还将动态更新污染源排查整治清单，并要求涉重金属行业企业在 2025 年年底前实现水、大气污染物排放自动监测。此外，还将分阶段对重有色金属矿区历史遗留环境污染进行排查整治，防范新增污染，并完善土壤污染重点监管单位名录。辽宁省还将探索建立地下水重点污染源清单，并在排污许可证中载明土壤和地下水污染防治要求。定期对土壤污染重点监管单位和地下水重点污染源周边土壤、地下水开展监督性监测，督促企业定期开展土壤及地下水环境自行监测、污染隐患排查等工作。

在土壤安全利用方面，为了加强农用地的分类管理和安全利用，辽宁省将持续推进相关工作。在此过程中，各级政府将严格保护优先保护类农用地，对安全利用类耕地集中的县（市、区）开展污染溯源工作，并制定实施安全利用方案，加大对严格管控类耕地的监管力度。为保障土地的环境质量，各级政府将动态调整耕地土壤环境质量类别，并依法划定特定农产品禁止生产区域，同时鼓励采取种植结构调整、退耕还林还草等措施，以提高农业生产质量和效益。为了进一步推进农用地的安全利用，将在沈阳、大连、锦州、葫芦岛等区域开展一批农用地安全利用示范工程，通过探索和实践，在普及农用地安全利用理念的同时，提高农用地资源的综合效益，为人民群众提供更多优质的农产品。

此外，还要实施建设用地风险管控和治理修复，并加强信息共享和污染地块管理机制。针对危险化学品生产企业搬迁改造工作中的腾退土地污染风险管控和治理修复，也要严格落实相关措施，以防止二次污染。在矿山企业方面，依法编制保护与复垦方案，并落实土壤污染防治和管控措施。在大连、鞍山、丹东、阜新、葫芦岛等区域开展建设用地土壤污染风险管控和修复工程。除此之外，辽宁省正在探索土壤安全智慧模式，结合污染调查和监测结果进行评估，为污染地块安全利用和有序修复提供智能支撑。

三、吉林省提升土壤质量的具体举措

吉林省同样将风险防控和加强污染源头管控放在重要的位置。在"十四五"生态环境保护规划中，吉林省将实施水土环境风险协同防控，把土壤及地下水环境要求纳入国土空间规划之中。为了确保农业生产的稳

定和强化对环境污染的控制，吉林省永久基本农田集中区域不得新建可能造成土壤污染的建设项目，严格限制城市扩张和工业园区建设。针对现有污染地块，将合理规划土地用途，纳入国土空间规划管理，并在治理修复符合要求后再进行开发利用。吉林省还将加强土壤污染源头控制，落实防治要求，排查解决突出污染问题。同时，吉林省将建立土壤生态环境长期观测基地，识别和排查耕地污染成因，定期发布相关数据和信息，以便及时采取应对措施。此外，还将严格重金属污染防控，开展重点企业周边土壤监测，督促企业排查整治污染隐患，确保环境保护和生态建设的有效推进。

在土壤分类管控过程中，吉林省将实施农用地土壤铜等重金属污染源头防治行动，推行分类管理制度并因地制宜制定实施安全利用方案，持续推进受污染农用地安全利用和管控修复。具体目标是到 2025 年，受污染耕地安全利用率达到 95% 以上，从而保障粮食质量安全和生态环境健康。为了严格落实粮食质量安全检验制度和追溯制度，有效管控建设用地土壤污染风险，吉林省将建立建设用地土壤污染风险管控和修复名录，未完成土壤污染状况调查和风险评估的地块不得建设与风险管控和修复无关的项目。此外，吉林省每年还将更新土壤污染重点监管企业名单，从严管控农药、化工等重度污染地块规划用途，并鼓励用于拓展生态空间。针对危险化学品生产企业对土壤环境造成的污染问题，吉林省还将完成重点地区危险化学品生产企业搬迁改造，推进腾退地块风险管控和修复工作，确保环境保护和生态建设的有效推进。

四、黑龙江省提升土壤质量的具体举措

黑龙江省"十四五"生态环境保护规划中特别提出要针对土壤进行保护，黑龙江省是粮食生产和黑土地资源大省，但农业生产结构、废弃物增加等因素给环境保护带来严重压力。特别是在工业化进程中，大量的污染物和废弃物排放导致空气、水和土壤质量受到影响，严重威胁当地人民

的健康和生态环境的稳定。由于黑龙江省位于中国最北部，燃煤取暖是当地居民的主要能源，这导致冬季面临严重的污染问题。此外，由于工业和城市化的快速发展，污水处理的不足也给环境保护带来了挑战。黑龙江省政府将采取一系列措施，如提升基础设施建设、节能减排、加强环保监管等，以从根本上解决这些问题。另外，黑龙江省与俄罗斯接壤，边境地区环境风险高。为了应对这种情况，黑龙江省政府将密切关注边境地区的环境状况，并采取必要的措施预防和控制环境污染。比如，加强监测和预警，及时发现和处理边境地区的环境问题；加强与俄罗斯合作，共同推进跨国污染治理等。

黑龙江省高度重视土壤污染防治工作。在国土空间规划中，黑龙江省明确禁止在永久基本农田集中区建设污染项目，保障了农田的生态安全和农产品的质量安全。此外，黑龙江省还加强了土壤污染重点监管单位的建设，实行排污许可管理，并对存在污染隐患的企业进行提标改造、定期监测和污染隐患排查治理，不断提高污染防治水平。同时，黑龙江省也非常注重矿产资源开发对土壤的影响。在尾矿库安全管理方面，黑龙江省采取了一系列措施，包括严格的尾矿库建设审批制度、尾矿库环境影响评价制度以及尾矿库建设运营过程中的安全监管等，确保尾矿库的安全运营。而对于矿产资源开发所带来的土壤污染问题，黑龙江省也通过加强监管、控制矿产资源开发规模和强化环保要求等措施，避免了矿产资源开发对土壤造成的污染。

黑龙江省始终将黑土地保护和耕地质量保护工作作为一项核心任务。为了建立多元化保护长效机制，黑龙江省采取了一系列措施来保障国家粮食安全。在农用地分类管理方面，优先保护类耕地、永久基本农田和安全利用类耕地，并严格管控类耕地的风险管控，动态调整土壤环境质量类别，确保耕地得到科学合理的规划和利用。同时，黑龙江省还坚持走生态优先、绿色发展的道路，积极开展黑土地保护和治理，加强长期监测和评估，提高耕地资源利用率和土地生产力，不断提升耕地质量。为了全面提升土地资源的保护和管理水平，还对土地管理制度进行了改革，完善了农用地转用审批程序，加强了农业用地占补平衡管理，实现了土地资源的高效利用和保护。为保障黑龙江省土地资源的可持续利用和保护，黑龙江省采取了一系列措施进行土壤污染防治工作。其中，建设地块准入管理、土壤污染风险管控和修复名录制度、污染状况调查和风险评估、信息共享和联动监管等措施成为该省土壤污染防治的重要手段，能够提升土壤污染的防控能力，加强对土地资源的保护。

在土壤治理与修复方面，黑龙江省不仅注重绿色修复和风险管控，而且强调集约化修复和后期管理机制的建立。该省积极推进土壤污染综合防控，特别是在重点区域开展针对性的综合防治措施，并将建设省级土壤污染综合防治先行区作为一个长期目标，加强对土壤污染治理技术的研发和应用，推广先进经验和技术，提高土壤污染防治水平。为了实现上述目标，黑龙江省还建立了完善的管理制度和工作机制，明确了各级政府部门的职责和任务。同时，黑土地省正在积极推动信息共享和联动监管，加强与相关部门的协调配合，形成合力，推进保护与土壤污染防治工作。

第六章
东北地区绿色经济发展战略

　　绿色发展是一种为实现经济、社会和环境高质量发展的经济发展理念，它强调以人为本，在实现经济效益、社会公平和生态保护方面取得平衡。绿色发展的概念逐步丰富，当前已经发展为"人类协同的理论阐释和框架构建"，包括生态、环保、低碳、循环、节约、健康和人与自然和谐等方面。绿色发展强调人与人、人与自然、人与社会之间的和谐关系，实现良性循环和包容、和谐、高质量发展。此外，绿色发展有着"绿色经济""绿色增长""生态经济"等其他不同的具体表述。绿色发展的出发点是以人为本，其目的是满足人类需求，强调人类及其发展的重要性。总之，绿色发展强调经济、自然和社会系统的共生，超越了传统发展概念中的"物质基础"。

　　绿色发展最早可以追溯到 20 世纪 60 年代美国学者鲍尔丁的宇宙飞船经济理论，这一理论主张将地球视为一个有限的太空舱，必须进行资源节约和环境保护才能持续发展。21 世纪初，在可持续发展研究背景下，绿色发展被重新发掘并得到了迅速发展，成为国际可持续发展实践的重要领域之一。多个权威机构如联合国环境规划署、经合组织、世界银行等都曾给出绿色发展的定义和特征：低碳、绿色、节能、环保、资源高效利用型、社会包容型、能促进经济增长和经济发展等。此外，国外的学者们也在研究中对绿色发展的内涵进行了广泛的探讨，并提出了各自的见解和观点。例如，有学者认为绿色发展需要以环境保护和资源节约技术为支撑，同时要保持适当的经济规模；一部分学者则认为绿色发展是包含在可持续发展范畴框架下的经济领域的绿色和可持续发展；还有部分学者则提出绿色发展分为"弱绿色发展"和"强绿色发展"两种类型，类似于可持续发展的"弱可持续发展"和"强可持续发展"。总的来说，绿色发展是一种以环保和资源节约为基础的可持续发展方式，目的是实现社会、经济和环境的共同发展。

绿色发展是一个涵盖节约、低碳、循环、生态和环保等多个方面的概念，可以分为广义和狭义两种。广义的定义包括了多种因素，而狭义则专指一种新的发展模式和生态发展理念。不同学者从不同角度描述绿色发展，但共同强调经济、环境和社会的协调和平衡，并促进人与自然的和谐共处。这代表着，绿色发展需要全球治理，将其视为社会发展的内在因素，以经济、社会和环境的综合、和谐和高质量发展为根本目标。具体来说，绿色发展具有多样化的发展目标和特点，其中最重要的是强调地方治理的重要性，才能实现地方绿色发展目标。例如，在城市化过程中，城市规划需要考虑到节能减排的要求，建设环保型产业园区和公共绿地，以及鼓励居民采用低碳出行方式等。此外，推广可再生能源、提高资源利用效率、加强环保意识教育等也是绿色发展的重要发展目标。绿色发展意图促进经济、社会和环境的协调与平衡。同时，地方治理也是关键因素之一，只有地方政府能够贯彻执行相关政策，才能真正实现绿色发展的目标。

大自然是人类赖以生存发展的基本条件。尊重自然、顺应自然、保护自然，是全面建设社会主义现代化国家的内在要求。必须牢固树立和践行"绿水青山就是金山银山"的理念，站在人与自然和谐共生的高度谋划发展。新时代东北振兴是中国的重要战略之一，需要提升东北地区的经济、社会和促进环境的高质量发展。为了实现这一目标，新时代东北地区的振兴必须走绿色发展之路，在使用最少资源和最低的环境成本的情况下推动经济发展。这不仅是党的二十大报告中"牢固树立和践行绿水青山就是金山银山的理念"的具体实践，也是新时代东北振兴的必然选择。

第一节　经济与资源环境协调性分析

东北地区拥有悠久的自然资源和工业发展历史，在早期新中国的经济建设中发挥了重要作用。然而，由于许多资源和产品被廉价地运往其他地区，难以满足改革开放的转型需求。这导致东北地区缺乏资本积累和技术研发方面的投入，也是东北当前需要克服的困难之一。国有企业体系和经济运行模式深受计划经济影响，这在东北地区尤其明显。体制约束和结构性矛盾使得该地区慢性病问题集中显现。东北地区需要采取切实有效的措施来解决这些严重问题，提高经济发展水平。除此之外，技术、设备和技术更新缓慢，轻工业发展滞后，战略性新兴产业、现代服务业和文化创意产业等发展步伐也很难跟上时代潮流。这代表着，东北地区需要加强科技创新，发展更具竞争力的产业，在全球化的市场环境中占据更大的份额。国有经济的比例较高，民营经济仍有很大的发展空间。东北地区应积极推动民营经济的发展，鼓励民营企业在经济建设中发挥更大的作用。良好的生态环境是东北地区经济社会发展的宝贵资源，也是振兴东北的一个优势，要把保护生态环境摆在优先位置，坚持绿色发展。粗放型、传统的经济增长模式使东北老工业区的生态和环境恶化，污染更加严重。因此，东北地区需要采取措施来改变污染加重的情况，推动绿色发展保护当地的生态环境。

一、绿色经济发展的战略目标

经济发展是任何国家都必须面对的问题，然而，为了实现全面协调高质量的发展，生态环境保护也是至关重要的条件。在推动经济发展的同时，必须时刻牢记保护环境和资源的重要性，不能只考虑眼前利益而忽视长远利益。为了取得更好的经济效益，各地需要合理开发和利用资源，但这并不代表着我们可以急功近利、竭泽而渔。相反，需要以长远的眼光来看待问题，统筹当前利益与长远利益，并充分考虑资源消耗、环境污染等因素。同时，探索科技含量高、经济效益好、资源消耗低、环境污染少、人力资源优势得到充分发挥的新型工业化道路，以实现可持续的发展，确保资源的合理利用，保护环境实现全面高质量发展。

生态环境是不可分割的生态系统，一旦有局部被破坏，就会对整个地区甚至全国的生态安全造成影响。为了解决这个问题，党中央实施了不同地区功能区划分的政策，要求按照资源环境承载能力和发展潜力进行优化开发、重点开发、限制开发和禁止开发。这样可以优化生产力布局、促进区域协调发展、贯彻可持续发展战略并确保国家和地方重大项目的顺利实施，做到局部利益服从全局利益，并建立健全保障有力、运作规范的利益补偿机制，制定切实有效的政策措施。同时，政策的实施应当考虑社会、经济和环境的整体利益，以及各方面利益之间的平衡和协调。此外，还需要做好风险评估工作，避免因为过度开发而造成不可逆转的损失。

正确处理好经济效益、社会效益和生态效益之间的关系，是推动经济发展与环境协调统一的重要前提。在这一过程中，经济效益是实现三者有机统一和相互促进的重要基础。如果经济不能够稳定健康地发展，那么就无法保证社会和生态的健康发展。所以，在追求经济效益的同时，也必须考虑社会效益和生态效益。社会效益体现了一个社会公正、平等的发展方向，而生态效益则是赖以生存的环境和资源的基本保证。因此，在实现经济效益的同时，也需要更加注重社会和生态效益的平衡发展，使得三者能够相互促进、协调发展，才能最终实现高质量发展的重要目标。

二、东北地区绿色经济转型

东北地区已经开始转向绿色发展模式，注重生态环境和人的生存、生活状态。绿色发展的核心理念是不仅关注经济层面的发展，同时也关切自然生态环境本身的保护。这种发展模式将对生态文明的建设与发展视为优先项，摒弃了以环境换发展的陈旧观念。在绿色发展中，要兼顾经济增长和生态环境保护，并将环境保护作为与经济增长相并列的目标。这就代表着，当二者冲突时，环境保护应该优先于经济发展。"绿水青山就是金山银山"代表着绿色发展要兼顾经济和环境，使其在高质量发展的基础上实现双赢。

绿色发展是一个综合性的概念，它不仅仅指环境保护，还包括了转变绿色生产方式、解决突出的环境问题、加大生态系统保护力度以及改革生态环境监管体制等内容。然而，需要明确的是，绿色发展是发展的一种形式，没有发展就没有绿色发展的前提条件。在东北振兴的过程中应该始终坚持"发展是第一要务"和"创新是第一动力"的理念，大力推行绿色制造，强化节能减排降碳，并构建循环链接的产业和产品体系，以此来实现高质量的发展格局。

此外，需要摒弃传统的粗放发展模式，努力使天更蓝、水更清、地更绿，打造更美好的生态环境。采取有效措施，积极推进技术和管理创新，注重资源的合理利用和环境保护，从而走出一条生产发展、生活富裕、生态良好的文明发展之路。

事实上，东北地区拥有大量自然资源，这些宝贵的财富是绿色经济发展的重要基础。东北地区一直以来都非常注重保护森林资源，在这个前提下，探索出了独有的绿色发展之路。通过利用森林的自然养殖、食用菌、蓝莓等资源，大力发展林下经济，不仅实现了对森林资源的合理开发和利用，也为当地居民创造了更多的就业机会和增收渠道。此外，东北地区还积极发展绿色食品产业，如森林猪、大米、大豆等，在确保食品安全的同时，也为消费者提供了更加健康、有机的食品选择。这不仅促进了当地旅游业的发展，也提升了区域经济的整体竞争力。通过以上措施的努力，东北地区在一手抓粮食安全、一手抓生态环境保护的同时，也通过发展绿色产业富民惠民，走出了一条高质量发展之路。

三、东北地区推动绿色经济的举措

为了将地区资源和生态优势转化为发展优势，吉林省提出了一系列的绿色发展措施。在贯彻绿色发展理念的前提下，大力发展绿色经济与以养老为主的"银发经济"相结合，促进产业生态化，培育健康养生、硅藻土等产业。同时，实施生态建设、保育和修复工程，建设生态廊带和生态乡村城镇体系，为当地居民创造更加宜居的生活环境。利用虚拟现实技术、智慧旅游等手段创新农家乐运营模式，开发特色经济林果、蔬菜、药材和畜牧业，让当地农民通过绿色产业发展实现增收致富。此外，还可以因地制宜发展有机食品，利用新能源与可再生能源，实现绿水青山与金山银山的和谐共生。

吉林省长白山地区十分注重生态保护与经济协调，当地积极依托长白山自然资源推动绿色产业发展。在绿色农业方面，大力发展生态种植，例如，人参、林下参等中药材种植已成为当地支柱产业之一。生态旅游同时也是长白山地区绿色发展的重要支柱。该区域依托其独特的自然景观和生物多样性，打造了集观光、休闲、疗养于一体的完整旅游产业链。尤其在冬季，冰雪资源已成为当地旅游经济的一大亮点，得益于吉林省的大力宣传，长白山地区已经成为中国冰雪旅游的热门目的地。此外，长白山地区还在积极推动清洁能源的开发，以抽水蓄能和太阳能为代表的新能源，有效减少了对传统能源的依赖，有力推动区域向低碳经济转型。

为确保绿色项目的顺利推进，长白山地区积极推进多项体制创新，着重探索生态文明建设中的制度改革新模式。例如，通过政策鼓励企业和居民参与环保项目，逐步构建起人与自然和谐共生的生态经济体系。长白山地区通过多层次、多领域的绿色发展战略，有力推动了区域经济的绿色转型，逐步实现可持续的生态文明建设目标。这不仅有助于提升当地居民的生活质量，也为中国其他地区的绿色发展提供了宝贵的经验和示范。

辽宁省凤城市旅游资源丰富，拥有众多自然景区和温泉资源，水资源丰富，漂流和康养旅游成为新亮点。凤凰山是国家 AAAA 级旅游景区和辽宁省四大名山之一，有历史文化遗址 675 处，其中 73 处被列为各级重点保护单位。凤城市先后获得国家全域旅游示范区创建单位、省旅游产业发展示范县、省乡村旅游贡献奖等荣誉称号及奖项。凤城市有得天独厚的资源禀赋和历史积淀，应该抓住建设绿色经济区的机遇，实现经济社会的可持续绿色发展。辽宁省提出的"建设辽东绿色经济区"规划为凤城市提供了新机遇。凤城市正科学划定生态、生产和发展空间，努力建设人与自然和谐共生的美丽家园和宜居城市。旅游业对凤城市绿色经济区建设的意义重大，可以短期内见到明显经济效益，而乡村旅游更能带动农民增收致富。凤城市政府已经采取行动打破凤凰山旅游"一家独大"局面，强调以"山水资源、人文资源"为基础，"低碳绿色"和"旅游方式的创新"为导向，打造养生福地产品，并与辽宁旅游全面对接。凤城市在旅游基础设施、公共服务配套设施等方面进行了7个方面的工作，包括道路提质改造、景区无障碍连接、建设游客集散中心和停车场等公共服务设施、设置旅游交通指示标牌、旅游厕所革命、智慧旅游等。其中投资12亿元推进凤凰山北入口管理服务区项目，建设游客集散中心、停车场等公共服务设施、商贸区以及休闲区。除此之外，凤城市更加着眼于突出和发展独特的旅游资源。这可以通过推广著名的景区如凤凰山和大梨树景区，以及开发其他景点如温泉小镇、宜居示范村和冒险运动区域来实现。这样，游客就会被吸引到这些地区，从而促进当地经济发展。加强人才培训和应急响应能力，提高旅游业服务质量和安全性是至关重要的。这将有助于确保游客在旅行期间享受愉快的体验并感到安全。增加政府投资并吸引私人资金支持重点项目，包括修建医疗旅游中心和工业园区。这些举措不仅能吸引更多的游客，还能创造就业机会和为该地区带来收入。通过现代农业旅游和文化遗产旅游等举措促进旅游与其他行业的融合，不仅可以丰富旅游产品，还可以促进其他行业的经济增长。

　　凤城市优秀的绿色经济发展事实上正是辽东绿色经济区发展的重要体现。当前，辽宁省正着力加快辽东绿色经济区高质量发展。辽宁省政府非常重视生态农林业和林业产业的发展，并把它作为绿色低碳产业集群建设的重要组成部分。为此，省政府发布了一系列措施，促进产业的快速发展。其中，支持农产品加工集群和乡村产业一体化示范县的建设、积极发展智慧农业和乡村电子商务、打造有特色的农产品品牌等是重要措施之一。同时，推动产业技术创新和产业化应用、支持数字产业发展、推广智能技术应用，促进技术引导、教育和绩效转化也非常重要。目前，辽宁省政府积极推进大健康产业发展，实施中医药发展行动计划，承担中药材种植基地建设工作，保护和监管中药资源。这为大健康产业的发展奠定了基础。为了更好地促进大健康产业的发展，辽宁省政府计划建设国家森林健康管理基地并推进相关工作。

辽宁省政府一直致力于生态旅游产业的发展，推进全域旅游示范区建设，加快特色旅游发展，提高基础设施保障能力，并加强农村生活污水治理工作，改善农村生态环境。为了打造更具特色的旅游品牌，省政府还积极支持辽东绿色经济区旅游公共设施建设和旅游品牌营销，开展宣传推介活动，推出经典线路，进行辽宁旅游整体形象宣传推广，并推进智慧旅游体系建设，提供旅游咨询和服务。同时，辽宁省政府也非常注重林业碳汇经济的发展。为此，省政府推进重点生态功能区建设，支持发展林业碳汇经济；推动丹东建设国家林产品交易中心东北分中心，逐步提高森林生态效益补偿补助标准；在宽甸县开展森林碳汇工作试点，探索碳汇发展模式；并提供信贷担保服务，积极鼓励建立绿色金融市场机制，为生态发展提供资金保障和支持。

黑龙江省拥有丰富的生态环境资源，包括森林、草原、水城、湿地等生态系统，其森林覆盖率为 47.07%，森林储蓄为 19.94 亿立方米，草原面积为 3106 万亩，湿地面积达到了 434 万公顷，湿地面积占全国湿地面积的 17.4%。[①] 此外，黑龙江省还拥有独一无二的黑土带资源和冰雪旅游产业。据统计，截至 2019 年，全省共有 2 家国家全域旅游示范区和 411 家 A 级旅游景区，其中 6 家属于 AAAAA 级别，104 家为 AAAA 级别。此外，全省还拥有 27 家 S 级旅游滑雪场，其中 4 家为 SSSSS 级别，4 家为 SSSS 级别。黑龙江省以"凉爽夏季"和"冰爽冬季"两大品牌旅游产品为主打，包括五大连池、镜泊湖、伊春森林、哈尔滨冰雪大世界、亚布力滑雪旅游度假区、中国

---

① 黑龙江省人民政府：《黑龙江省人民政府关于印发黑龙江省全域旅游发展总体规划（2020—2030年）的通知》，https：//www.hlj.gov.cn/hlj/c107940/202009/c00_30631246.shtml。

雪乡、北极村等。全省的旅游景区、公路沿线、自驾游沿线、城市综合区、餐馆、娱乐场所内厕所基本达到 A 级标准。60% 以上的 AAA 级标准的旅游厕所位于 AAAA 级以上的景区、度假区和全域旅游示范区内。此外，黑龙江省还建立了旅游产业运行监测与应急指挥平台和智慧旅游平台。

尽管黑龙江省的旅游产业发展存在以下弊端，比如：景点分散，游客花费时间过多在往返上，需要缩短游客在各景点之间的往返时间；部分景区存在的"宰客"现象；一小部分旅游景点公共设施较为缺乏，游客旅游体验较差等问题，但黑龙江省仍在积极发展旅游业，促进绿色经济发展。当前，黑龙江正推动旅游发展战略，实施全域旅游产品战略。优先发展冰雪旅游、生态旅游和户外运动三大全谱系旅游产品。其中，冰雪旅游将创新发展各类冰雪旅游产品，打造中国首个全谱系冰雪旅游目的地；生态旅游将以促进生物多样性和生态系统保护为基础，发展全谱系的生态旅游产品体系，促进社区居民与游客的交流互动；户外运动将重点发展国际水平的陆地、水域和空中三大空间、四大类型、60 个子类的全谱系户外运动体验旅游产品。

重点培育自驾旅游和康养旅游两大新兴旅游产品。自驾旅游将充分挖掘黑龙江省旅游资源的特点，打造中国最佳全域自驾旅游目的地；康养旅游则将丰富和多样化康养旅游体验产品，提升服务水平，将黑龙江省打造成为中国北方中医药养生、矿泉疗养、森林康养旅游目的地，并吸引市场化投资主体，增强竞争力。

优化提升乡村旅游、文化遗产旅游和边境旅游。其中，乡村旅游将挖掘黑龙江省乡村旅游资源潜力，丰富产品和服务，鼓励社区居民参与，提高市场意识和创新筹资机制；文化遗产旅游将强调黑龙江省文化遗产特色保护，创新展示方式，加强节庆活动和美食旅游吸引力，打造主题文化旅游产品；边境旅游则以黑龙江和乌苏里江为轴线，发展界江游轮、边贸旅游、特色餐饮等产业，形成边境旅游和经济贸易一体化发展格局。

黑龙江省将全面实施旅游强省战略，推进旅游发展国际化进程，实现旅游业发展目标，即：2030 年，全省旅游经济总量、市场规模、消费水平全面提升，形成旅游产业可持续发展新局面。将基本建成产品多样化、业态多元、品牌知名、基础完善、服务优质的国际冰雪旅游度假胜地、中国生态康养旅游目的地、中国自驾和户外运动旅游目的地。

第二节　产业布局优化与低碳节能战略

东北地区是中国重要的工业基地和农业基地。在"十四五"时期，东北地区正积极培育新兴产业，形成了多支撑、多项目并行、多学科发展的产业发展格局。在"十三五"时期，东北地区经济增长缓慢，经济下行压力较大。东北地区出现了过度依赖资源密集型产业，缺乏传统重工业转型升级的动力，经济发展与资源生态环境保护矛盾突出，产业结构单一、营商环境欠佳等负面现象。具体来说，东北地区的产业发展存在资源依赖性和生态环境保护的矛盾。虽然该地区拥有丰富的矿产资源和石油资源，能源开采和加工产业市场占有率排名前五，但传统重工业发展会造成生态环境污染，与绿色发展理念相悖。产业发展面临着环境保护挑战和资源约束困境。除此之外，东北地区的产业结构相对单一，总体经济水平也落后于其他发达地区。其传统重工业比重较大，而新兴产业占比不足，导致了这一地区的发展受到了很大的限制。东北地区过度依赖能源和矿产资源，缺乏技术创新，无法提升产业附加值。同时，由于创新氛围不足，人才流失严重，营商环境下滑，严重影响了该地区的经济发展。近年来，随着全国经济增长压力日益增大，东北地区的经济增速逐渐放缓，产业结构调整和转型升级的动力也逐渐不足。

为解决存在的问题，辽吉黑三省在"十四五"规划中制定了多种政策，意图抓住机遇，推动传统产业转型升级，培育新兴产业，调整产业结构，推进东北地区经济一体化进程，实现东北地区在新时代的全面振兴。

一、制造业的智能转型升级

制造业一直是东北地区的传统和优势产业，具有较强的装备产品研发和制造能力，也是我国重要的装备制造基地。促进工业制造业的转型升级是推动新型工业化进程、实现东北经济振兴的重心所在。从绿色经济的角度来看，工业互联网的发展将为转型升级提供新机遇和挑战，并为东北地区工业制造业的转型升级提供强有力的支持。通过新技术与传统工业制造业的融合，将加速智能制造的部署和发展，提高工业发展的质量和效率。同时，它还能够加速工业制造业的绿色、低碳、高效、智能和集约化发展。为了推动制造业转型升级，建设现代化经济体系，并实现从规模扩张向质量提高的转型升级，需要采取一些措施。其中之一是利用先进技术改造传统产业，以做强装备制造业为核心，同时培育战略性新兴产业，如人工智能、芯片等领域，发展生产性服务业。此外，还需要大力发展民营经济，激发市场主体活力和竞争力。全球新一轮科技革命将为我国的转型升级带来机遇，依托国内的巨大市场潜力，发展成为全球新经济的引领者。

为了实现产业结构优化，东北地区采取了多种策略。东北地区正致力于推进传统重工业的绿色转型升级，引入绿色发展理念，最大程度减少能源、采矿、汽车等产业对环境造成的负面影响和成本。同时，东北地区还要延长产业链，推进高附加值环节的发展，提高自主创新能力，促进技术和制度创新，加速传统产业升级，推动经济高质量发展。其中，辽宁省的高端装备制造业正在经历快速发展，特别是在数字化、智能化制造方面取得了长足进展。沈阳新松机器人公司是全球机器人产品线最全的厂商之一，通过数字化和智能化制造实现"用机器人生产机器人"，这一技术创新对于提升生产效率和缩短生产周期具有重要意义。此外，华晨宝马公司建成第七代新五系智能工厂项目并获得科尔尼"最佳工厂奖"，充分展示了数字化和智能化制造的优势，同时也为中国汽车制造业的未来发展指明了方向。同时，沈阳鼓风机集团和沈阳远大集团等公司的绿色设计平台项目被列入国家绿色制造系统集成项目，这一行动体现了企业在环保方面的责任感和积极性。高端制造业的发展不仅促进了产业增加值和利润的提升，还带动了相关产业链的升级和优化，推动了整个地区经济的快速发展。

为了适应经济发展的新趋势，东北地区致力于培育新兴产业，改善和升级其产业结构。重点关注医药、汽车等交通装备制造等市场份额较高的新兴产业。通过调整和升级产业结构，扩大和发展新兴产业，创建先进装备制造基地等新的名片。必须加强国内外经济合作，为此，需要完善东北地区的产业发展环境，提升软实力，拓展新兴产业的范围，将其发展成为互联网等战略性高科技产业。当前，新基建已经成为东北创新的重要抓手。新基建是指以信息技术为核心，以大数据、云计算、人工智能、物联网等技术为支撑，以数字经济和新产业为主导，以创新为动力，加快推进传统基础设施和新兴产业深度融合的重大项目。在东北地区，新基建的布局和发展将激活其巨大的经济潜力，为数字经济等新产业提供支持。

辽宁省到 2022 年初步建成工业互联网基础设施和产业体系，培育 15 家省级工业互联网平台和 3 家国家级双跨平台，建设约 5 万家上云企业，建设 100 家 "5G+ 工业互联网" 示范工厂。同时，拥有完整的半导体装备产业链，包括上游的零部件、材料和控制单元。该省的精密零部件领域完成了精密切削、精密表面处理、特种焊接技术研发，特种表面处理生产线国际一流、亚洲第一，真空获得与应用等关键技术达到国际先进水平。同时，其核心技术打破了国外对中国半导体产业的技术封锁。此外，真空密封技术攻克了技术难关，达到国内领先水平。

吉林省计划实施 389 个智能信息网项目，投资 839 亿元，加快 5G 网络建设和数据资源平台建设，有望成为东北地区新基建的重要节点之一。此外，2022 年以来，吉林省汽车产业迎来了多个重大项目的建成投产。其中，红旗新能源繁荣工厂和吉林玲珑轮胎等项目已经开始运营，这些重大项目总共投资了 128.9 亿元。此外，一汽奥迪新能源汽车、比亚迪动力电池、中车电驱等项目也顺利实现暖封闭，总投资达到了 511.8 亿元。重大项目的落地不仅推动了当地的经济发展，也在提升吉林省在国内汽车产业中的地位。同时，吉林省还成功落实了汽车产业集群总部基地、吉林省工业发展研究院、新能源汽车国检中心等研发平台。

黑龙江省积极参与新基建的建设，意图全面建成具有黑龙江特色的数字经济强省。2020—2022 年总投资 165 亿元，新建 4.7 万个 5G 基站，发展 1477 万个用户，为东北地区的数字经济和新制造业发展提供支持。[①] 截至 2022 年 6 月，黑龙江省的交通运输仓储和邮政业、信息传输软件和信息技术服务业、批发和零售业、住宿和餐饮业等 8 个行业用电量同比均实现了增长，增长面达 72.73%。其中，信息传输软件和信息技术服务行业用电量增长幅度最大，同比增长 17.7%，互联网数据服务业用电量甚至增长了 422%。这表明黑龙江省数字经济发展势头迅猛，得益于制造业数字化转型专项行动、"5G+ 工业互联网"发展行动、中小企业数字化赋能等举措的积极成效。

《黑龙江省"十四五"数字经济发展规划》制定了发展目标，预计在 2025 年建成一批国家级数字化转型服务平台，培育知名的数字经济品牌和产业集群，数字经济核心产业增加值占地区生产总值比重达到 10%，成为东北地区数字经济发展新龙头。并预计在 2035 年建成具有国内影响力的数字经济核心产业体系，力求数字经济增速居全国前列，数字经济总量居全国中游，数字经济核心产业增加值占地区生产总值比重居全国中上游。

新型基础设施建设将为东北产业绿色发展转型升级提供支持，推进绿色、低碳、智慧、高效发展，同时提升产业发展容量和体量，为产业发展模式转变、提高质量和效益提供条件支撑。显而易见的是，推动东北地区产业结构升级是一个复杂而长期的过程，必须从创新和改革开放两个方面入手。同时要加强科技成果转化，促进新旧动能转换，推动制造业与互联网融合发展，实现从制造业向"制造 + 服务"转型升级，促进制造业和服务业的协调发展，支持老工业基地产业转型升级示范区、示范园，先行先试推动集聚

---

① 中国建材报：《 3 年投资 165 亿元　黑龙江加快推广 5G 技术应用》，https：//m.thepaper.cn/baijiahao_7439152。

化、集群化、集约化发展，升级向园区化、智能化，形成可复制、可推广的实践模式。

二、制造业绿色低碳技术应用

中国的绿色低碳转型面临着机遇和挑战。在这一转型过程中，推广和应用绿色低碳技术是至关重要的。必须采取措施来建立一个清洁、低碳、安全和高效的能源系统，包括增加可再生能源的使用量。此外，应充分利用碳交易市场来促进产业的绿色低碳转型。同时，需要建立低碳产品标准、标识和认证体系，以帮助消费者做出更环保的选择。还需增加绿色金融产品和服务的供给，如绿色债券和绿色贷款，以支持低碳项目和倡议的投资。

中国的绿色低碳转型将为东北地区产业转型和升级创造机遇。为了实现这一目标，必须广泛推广和应用绿色低碳技术。在能源方面，东北地区需要采取措施建立一个清洁、低碳、安全和高效的系统，其中包括增加可再生能源的使用率。碳交易市场可以激励企业减少排放并转向低碳实践。此外，建立低碳产品标准、标识和认证体系可以帮助消费者做出更环保的选择。通过增加绿色金融产品和服务的供给，如绿色债券和绿色贷款，可以支持低碳项目和倡议的投资。

当前，我国正处于转型升级的关键时期，加快制造业向智能、绿色、高端、服务方向升级是当前和未来一个时期经济发展的必然趋势。深入优化调整产业结构，以更好地适应国内外市场需求变化，推动制造业提质增效。辽宁省在支持推进工业化进程的同时面临着能源消耗和碳排放等问题。为了解决以上问题，辽宁省倡导优先考虑生态、绿色和低碳发展，并认为需要改变理念、调整产业结构、控制污染指标以及完成绿色和低碳转型。近年来，辽宁省一直在致力于推进绿色发展，计划建立绿色制造系统，以碳减排、污染减少、绿色扩张和增长为整体发展的重点，促进生产方式向"绿色"转型，并在国家和省级范围内培育绿色生产设施。同时，在建筑行业中，也推动了绿色发展，新建绿色环保材料建筑物的比重增加，提高能源节约的标准执行率。为了推动城乡建设的绿色低碳转型，需要进行科学规划城乡建设发展，推广绿色设计和绿色建造，并禁止"大拆大建"。同时，在提升建筑能效水平方面，需要完善节能标准、加快推进既有建筑节能改造、提高运行管理智能化水平等。此外，还需要优化建筑用能结构，推广太阳能光伏设施建设，清洁供暖，集光伏发电、储能、直流配电于一体的"光储直柔"建筑等。在推进农村建设和低碳用能转型方面，应重点推进农房节能改造、清洁取暖补贴政策、农村电力基础设施建设等。以上措施将有助于促进城乡绿色低碳转型，实现高质量发展的目标。

《辽宁省"十四五"生态环境保护规划》提出了加快绿色低碳转型升级的要求，具体而言，需要改造升级"老字号"，利用新一代信息技术如人工智能、大数据、物联网等为装备制造业等优势产业赋能增效；同时，深度开发"原字号"，补链、延链、强链，推进产业链价值链向中高端发展。此外，还要培育壮大"新字号"，加快发展节能环保产业，以及数字产业集群等，推动战略性新兴产业、高技术制造业和高技术服务业发展。另外，为了严格控制产能过剩问题，将持续压减淘汰落后和过剩产能，并严格落实钢铁、水泥熟料、烧结砖瓦、电解铝、炼化等行业产能置换要求。这些产业升级措施不仅有助于促进产业升级和优化，还有利于实现经济结构转型。相关政策的迅速落实已经成为辽宁省绿色发展产业转型的关键所在，有助于确保发展更加稳健。

在"十四五"规划中，吉林省大力推动节能降碳增效行动。通过减少能源消耗和碳排放来提高效率。优先考虑节能问题，实施能源消耗强度和总量双控制度。加强对能源消耗强度的限制，并采取措施有效管理能源消耗总量。把节能减排融入经济社会发展的各个方面。全面加强能源管理，包括增强对节能投资项目的审查，并与能源消耗强度和总量双控制度相连接。重点能耗单位将配备在线能耗监测系统，并改进能源计量体系。进行能源消耗强度分析和预测，以改善能源管理。加强电力节能执法，包括建立三级节能巡查制度，利用行政处罚、信用监管、差别电价等手段，提高节能检查的有效性。

政府将采取一系列措施来推进节能减排工作。重点将实施节能减排项目，包括城市和公园的节能升级和优化能源供应消费系统。探索多种互补的能源供应方式，如余热供暖、可再生能源供暖和电加热，以提高城市综合能效。此外，还将严格执行高能耗行业的能效基准，推动重要行业的节能减排改革，提高能源和资源利用效率，并支持新能源技术和低碳技术的应用和推广。改善通用设备的能效，并建立基于能效的激励和约束机制；推广先进高效设备，淘汰老旧低效设备，并对关键能耗设备进行全链条严格监管，确保能效标准和节能要求的全面实施，推广新型节能减排基础设施，包括优化新基础设施的空间布局，调整能源消费结构，探索多样化能源供应模式。同时，政府将提高通信、计算、存储、传输等设备的能效，淘汰老旧设备和技术，推进现有设施的绿色升级，并增强新基础设施的能源管理，将年度综合能耗超过 1 万吨标准煤的所有数据中心纳入重点能耗单位在线监测系统。

黑龙江省立足于健全绿色低碳生产体系。当前，黑龙江省大力推广项目源头碳控制、生产过程减排和生态系统碳封存，坚决遏制高耗能、高排放项目的盲目发展，继续深化供给侧结构性改革，按法规要求淘汰落后产能。增强关键行业的绿色转型，推广绿色产品设计、使用绿色低碳原材料和建设绿色施工体系。此外，将实施绿色制造，培育一批绿色工厂和园区。

构建东北地区独有的绿色服务业平台，完善服务业体系也是至关重要的。积极构建服务业绿色发展平台，加强示范基地和园区建设，提高服务业绿色发展质量能够促进资源整合。建立绿色服务业支撑平台，整合东北地区服务业数据流、信息流等资源，可以为东北地区绿色服务业发展提供决策支持和服务，加快东北地区产业绿色转型升级，提高产业发展质量。推进东北地区绿色生产性服务业和生活性服务业发展，重点推进绿色金融、绿色物流等行业部门发展，大力促进现代服务业发展。东北地区各级政府需要加快低碳环保产业发展，通过技术进步和创新升级，降低环境污染和资源能源利用效率，提高产业绿色发展质量。

第三节　清洁生产与循环经济发展战略

清洁生产是指在生产过程中，尽可能地减少对环境的影响和危害。为了实现这一目标，需要采取一系列措施，包括改进设计、使用清洁能源和原料、采用先进工艺技术与设备、改善管理、综合利用等关键路径。通过改进设计，可以减少生产过程中的废弃物和污染物生成。使用清洁能源和原料还可以降低碳排放和能源消耗，同时减少有毒有害物质的使用。采用先进工艺技术和设备也能够有效地降低污染物排放，提高资源利用效率。改善管理也是非常重要的一环。增强监管和培训，推广环保意识，使企业自觉地履行社会责任，从源头上控制污染物的产生和排放。同时，综合利用废弃物和能源，实现资源的最大化利用。

一、清洁生产的基本理念

清洁生产是一种全面考虑环境、经济和社会效益的生产方式，主要包括节能、降耗、减污、增效。在实践中，重点是在污染发生之前进行削减，有效避免末端治理的弊端，并且通过系统工程的方式来实现以上目标。清洁生产不仅可以降低企业的生产成本，提高企业的综合效益，还可以提升企业管理水平和员工素质。通过优化生产流程和技术，企业可以减少原材料、能源和水资源的使用量，从而达到降耗与节能的目的；同时，在清洁生产的理念下，企业也可以降低各种污染物的排放，实现减污的目标。此外，清洁生产还能够提高生产效率，使企业更具有市场竞争力。除了经济效益之外，清洁生产还可以改善操作工人的劳动环境，减轻对员工健康的影响。采用清洁生产的技术和流程可以降低噪声、振动等对工人身心健康的危害，使得生产过程更加安全和健康。

清洁生产作为处理经济发展与环境保护两者之间关系的基本理念，符合可持续发展的要求。在全球范围内，越来越多的国家开始重视清洁生产，并采取一系列措施来推广其应用。经合组织国家政府现已开始推行产品生命周期分析，通过对产品从制造到回收利用的所有阶段进行评估，以确定削减原材料投入和消除污染物的最有效阶段。同时，一些发达国家如美国、澳大利亚、荷兰、丹麦等，也在清洁生产立法、组织机构建设、科学研究、信息交换、示范项目和推广领域取得了明显成就。特别是在发达国家，清洁生产的政策着眼点逐渐转向了整个产品生命周期，更加注重降低产品从生产到使用、处理的环境风险。此外，发达国家还更加注重扶持中小企业进行清洁生产，以促进经济可持续发展。这种政策调整不仅有助于改善环境质量，而且可以提高企业的竞争力。总之，清洁生产是一种基于可持续发展理念的新型工业生产方式，已经成为各国政府和企业关注的焦点。

清洁生产是预防污染的一种高效途径，相比传统污染控制技术更为重要。长期以来，东北地区的经济主要依赖于重工业、资源型产业，导致环境问题日益严重。为了振兴这一地区，绿色转型已成为当务之急。实现经济的绿色转型和发展，必须从污染防治和生态保护两个方面入手。一方面，要增强污染物排放控制，建立健全环境监管体系，有序推进清洁能源、低碳、安全、高效的发展。在能源发展上，应以能源结构调整为契机，促进东北绿色转型发展。同时，在资源开发和环境保护上平衡发展，解决东北地区面临的环境问题，实现经济和社会高质量发展。

我国从立足新发展阶段、贯彻新发展理念、构建新发展格局、实现高质量发展四个角度推行清洁生产。清洁生产是落实节约资源和保护环境基本国策的重要举措，是实现减污降碳协同增效、加快形成绿色生产方式、促进经济社会全面绿色转型的有效途径。实施清洁生产需要强制性与自愿性结合，依靠系统优化、技术进步、管理水平提升等措施，改善环境质量，提升资源能源利用效率。清洁生产是实施基本国家政策以节约资源、保护环境的有效途径。西方国家的工业化经历了"先污染后治理""末端治理"的过程，而清洁生产则是源头预防、过程控制和末端处置相结合，可从根本上解决环境污染问题。清洁生产通过审查发现和改进污染物排放、资源能源浪费等生产环节，具有转废为宝、化危为机的效果。通过清洁生产，能提高资源能源利用效率，促使形成资源节约、环境质量良好且气候友好的生产和生活方式，使每一个行动都能够取得效益。清洁生产是应对气候变化的重要举措。2021 年 1 月 25 日，国家主席习近平出席世界经济论坛"达沃斯议程"对话会并在特别致辞中强调，中国将继续促进可持续发展。加强生态文明建设，确保实现 2030 年前二氧化碳排放达到峰值、2060 年前实现碳中和的目标。通过清洁生产技术改造、区域联动的推进模式和清洁生产产业的培育，实现碳达峰、碳中和目标，助力美丽中国建设，具有重大意义。根据《"十四五"全国清洁生产推行方案》中制定的目标，到 2025 年，我国将基本建立清洁生产推行制度体系，全面推行工业领域清洁生产，进一步深化农业、服务业、建筑业、交通运输业等领域清洁生产，清洁生产整体水平大幅提升，能源资源利用效率显著提高，重点行业主要污染物和二氧化碳排放强度明显降低，清洁生产产业不断壮大。到 2025 年，工业能效、水效较 2020 年大幅提升，新增高效节水灌溉面积 6000 万亩。化学需氧量、氨氮、氮氧化物、挥发性有机物排放总量比 2020 年分别下降 8%、8%、10%、10% 以上。

二、东北地区大力推进清洁生产

在东北地区，实施清洁生产能够最大程度上降低所有环境介质的污染。与传统的污染控制技术相比，清洁生产具有更多的优势，不仅可以有效减少废弃物和污染物的产生，还可以提高资源利用效率，减少能源消耗。东北地区由于历史遗留问题和工业化进程中存在的一系列问题，环境质量一直以来都备受关注。清洁生产可以提高资源使用效率，是新时代振兴东北地区的一个重要支撑。清洁生产可以最大限度地利用现有资源，并在资源转化产品时提高经济效益。与传统生产方式相比，清洁生产可全方位节能降低生产成本，还可以为企业营造良好的环境氛围，增强产品销售契机和市场竞争力，为企业带来更多的经济效益。实施清洁生产不仅可以保护环境，还可以促进当地经济的发展和转型升级，为当地居民提供更加宜居、健康的生活环境。

为了推动清洁生产工作，当前，辽宁省正依法确定清洁生产审核重点企业名单，并以 14 个行业为重点进行全面排查。同时，核验强制性清洁生产审核重点行业企业名单，并明确实施计划。这些被重点审核的企业将上报至省生态环境厅、省发展改革委，纳入全省清洁生产审核重点企业名单。为了动态地更新清洁生产管理情况，辽宁省的清洁生产审核管理部门需要建立清洁生产管理台账。逐年发布全省清洁生产审核重点企业名单，全面推进重点行业的清洁生产审核。已经纳入全省清洁生产审核重点企业应切实落实清洁生产审核主体责任，按照分年度实施的计划要求，在规定时限内公布清洁生产审核相关信息，并启动清洁生产审核工作。同时，企业需要完成清洁生产审核评估及验收等步骤，鼓励其他重点行业企业签订协议，开展自愿性清洁生产审核。为了确保企业严格执行清洁生产审核工作，清洁生产审核管理部门将对企业实施强制性清洁生产审核情况进行监督，督促企业按进度要求开展清洁生产审核，并按权限对企业清洁生产审核情况进行评估、验收。

此外，清洁生产审核管理部门应按期调度清洁生产审核工作情况，并每年报送工作情况。此外，对于完成评估或验收的企业，应开展复核，每年不低于 10%。对于不实施强制性清洁生产审核或在清洁生产审核中弄虚作假的企业，将进行查处。同时，企业开展清洁生产审核情况将被纳入企业环境信用评价体系和环境信息强制性披露范围。为了提高清洁生产审核工作质量和效率，也将强化第三方监督管理。

当前，辽宁省试点城市已经开始推行清洁生产审查制度。沈阳市组织开展差别化清洁生产审核试点，推进常规审核、快速审核和专项对标审核相结合的差别化清洁生产审核模式。大连市、本溪市则开展简化清洁生产审核评估验收程序试点，试行评估主导权限下放企业。此外，还将探索行业、工业园区整体审核模式，鼓励有条件的省级以上产业园区积极申请试点。除此之外，还将引导规模以上工业企业带动其供应链企业积极实施清洁生产审核，实现清洁生产的规模效应。

黑龙江省在推进清洁生产方面，也将清洁生产审核制度摆在首位，为加强清洁生产审核工作，各级政府负责清洁生产审核工作的部门强化监督管理，强化调度总结，按期对辖区清洁生产审核工作情况进行调度，省政府要求在每年 3 月 1 日前报送上年度清洁生产实施方案落实及绩效情况，从而确保清洁生产审核工作有序开展。强化监督检查，对未按规定公布能源消耗或者重点污染物产生、排放情况的企业或在清洁生产审核中弄虚作假的企业，将依法予以处罚，并计入其信用记录，从而形成强有力的监管和惩戒机制。此外，根据企业的生产工艺情况、技术装备水平、能源资源消耗状况和环境影响程度的不同，探索实施差别化清洁生产审核，以及工业园区和企业集群整体审核模式，提升工业园区和企业集群整体清洁生产水平。这样可以更好地适应企业发展的实际情况，推动企业实现清洁生产转型升级。同时，黑龙江省鼓励有条件的地区可开展政府购买第三方清洁生产审核服务试点，通过引入专业机构和人才，提升清洁生产审核的科学性和专业性，促进清洁生产工作的深入推进。

除了对企业进行审核审查制度之外，为推进清洁生产，黑龙江省还采取一系列措施。比如，建立清洁生产信息系统，通过数字赋能实现企业清洁生产审核情况、评估与验收情况、清洁生产方案实施情况及绩效统计等基本信息的动态管理，并向省级主管部门报送，促进信息化管理系统构建。强化宣传教育活动，引导公众树立清洁生产意识，广泛宣传清洁生产法律法规、政策规范、管理制度和典型案例，提升政府管理人员、企业经营管理者和社会公众的清洁生产意识。

三、循环经济的实现方式

高质量发展已经成为中国踏上第二个百年奋斗目标新征程，全面建设社会主义现代化国家的首要任务。而推进绿色低碳经济社会发展则是实现高质量发展的一个重要环节。为此，我们需要加快建立和完善绿色低碳循环发展经济体系，以打开新的经济发展局面，为高质量发展提供新动力。数字化转型和绿色转型作为世界面临的重大趋势，相互促进和融合，包含着创新和发展的战略机遇。

为参与国际合作竞争，我国从过去的低成本优势转变为更依靠技术、质量、服务和品牌等知识密集型增值连接。特别是，加快建立和完善绿色低碳循环发展经济体系将能够推动我国在参与国际竞争中创造新优势。这将促进企业基于资源有效利用、生态环境严格保护和温室气体排放有效控制的发展，实现高质量发展和高水平保护的有机融合。

此外，循环经济是"双碳"目标的重要路径。实现碳达峰和碳中和目标是党中央统筹国内国际两个大局作出的重大战略决策。我国将力争在2030年前实现碳达峰，2060年前实现碳中和。为了实现这一目标，需要从核心产业入手，建立和完善绿色低碳循环发展经济体系是当务之急。然而，目前我国约有3/4的电力仍是化石能源，绿色和脱碳化的任务非常艰巨。为了在短时间内实现碳中和目标，我国比发达国家付出更大的努力，推进产业结构、能源结构、交通运输结构的调整和优化，推进节能降碳技术的研发、推广和应用。此外，还需要利用绿色低碳技术彻底创新传统产业，实现能源低碳、产业低碳、城市低碳和低碳生活方式。同时，全面实施节约战略也非常重要，促进各种资源的节约和集约利用，加快建立废弃物回收利用体系。

到2025年，产业结构、能源结构、运输结构显著优化，绿色产业比重显著提升，基础设施绿色化水平持续提高，清洁生产水平持续提升，生产生活方式绿色转型成效显著，能源资源配置更趋合理，利用效率大幅提高，主要污染物排放总量持续减少，碳排放强度显著降低，生态环境持续改善，市场导向的绿色技术创新体系更加完善，法律法规政策体系更加有效，绿色低碳循环发展的生产、流通、消费体系初步形成。到2035年，绿色发展内生动力显著增强，绿色产业规模迈上新台阶，重点行业和重点产品能源资源利用效率达到国际先进水平，绿色生产生活方式广泛形成，碳排放达峰后稳中有降，生态环境根本好转，美丽中国建设目标基本实现。①

---

① 国发〔2021〕4号：《国务院关于加快建立健全绿色低碳循环发展经济体系的指导意见》，https：//www.gov.cn/zhengce/content/2021-02/22/content_5588274.htm?5xyFrom=site-NT。

《意见》从健全绿色低碳循环发展的生产体系、健全绿色低碳循环发展的流通体系、健全绿色低碳循环发展的消费体系等三个方面出发，突出建设绿色低碳循环发展经济体系是实现碳达峰和碳中和目标的重要途径，其实施路径包括：推进工业绿色升级，加快农业绿色发展，提高服务业绿色发展水平，壮大绿色环保产业，提升产业园区和产业集群循环化水平，构建绿色供应链，打造绿色物流，加强再生资源回收利用，建立绿色贸易体系，促进绿色产品消费，倡导绿色低碳生活方式。以上政策意图从多个方面实现环境保护和高质量发展，实现绿色、低碳、可循环的发展模式，为实现碳达峰和碳中和目标，实现高质量发展打下坚实基础。同时，需要国家各级政府、企业和社会各界共同努力，发挥各自优势，携手促进绿色低碳循环发展经济体系建设。

四、东北地区着力发展循环经济

辽宁省正重点推动循环经济助力降碳。为了促进资源的可持续利用，降低碳排放并保护环境，当前，辽宁省正大力发展循环经济。这将包括科学配置、全面节约和循环利用资源，以提高资源利用效率。着力推进园区循环化发展，通过推动企业循环式生产和产业循环式组合来优化产业布局，并延伸产业链条。促进基础设施的共建和共享。为了实现这些目标，需要实施清洁生产改造，并推进废物综合利用、能量梯级利用和水资源的循环使用。推广集中供气供热，以及资源化利用工业余压、余热、废气、废液和废渣。此外，增强企业园区环境治理，深入开展园区环境污染第三方治理，并积极推进国家试点建设。预计到2025年，所有省级以上产业园区都将完成循环化改造。

除此之外，辽宁正加快推进废旧物资循环利用体系的建设，包括推动建立完善的废旧物资回收网络、加强再生资源回收利用行业规范管理等措施。同时，充分发挥辽宁装备制造业优势，有序开展保税再制造业，延伸制造产业链条。推动自贸试验区内企业按照综合保税区维修产品目录开展"两头在外"的保税维修业务。此外，布局建设废动力电池、退役光伏组件、风电装置等新兴产业固废循环利用项目也是重要的一步。按照计划到2025年，废钢铁、废塑料等主要再生资源循环利用量达到2000万吨。到2030年，这一数字预计将扩大到2200万吨。

吉林省为促进循环经济发展，在优化空间布局、调整产业结构、推行清洁生产、建设公共基础设施、保护环境、管理创新等方面采取了一系列措施。组织企业实施清洁生产改造，采用环保技术和工艺，推动能源梯级利用，在降低污染物排放的同时提高资源利用效率。增强工业园区物质流管理，建设污水处理和回用设施，促进循环经济模式的发展。严格考核评价，将二氧化碳排放量增长率等指标纳入考核评价体系，以确保各项措施的有效执行和监督。目标是到2030年，省级及以上重点产业园区全部实施循环化改造。

在增强固体废弃物综合利用和完善废旧资源回收利用体系方面，采取一系列措施。研发推广大宗固体废弃物综合利用技术和高附加值产品，建设大宗固体废弃物综合利用基地，推动应用煤矸石、粉煤灰等废弃物，实现从废弃物中获取新能源、新材料、新产品的目标。将完善废旧资源回收利用体系，构建城市再生资源回收利用体系，落实生产者责任延伸制度，促进逆向物流回收体系建设，以最大限度地减少资源浪费。推进新兴产业废弃物循环利用和汽车零部件等再制造产业发展，加强再制造产品推广应用，同时积极推进长春循环经济产业园区建设，打造集产、学、研、用于一体的现代化园区。目标是到2025年，秸秆综合利用率达到86%，实现对农业废弃物的高效利用和资源化。

在居民生活垃圾循环方面，吉林省为推进生活垃圾减量化资源化，大力推进生活垃圾分类，完善生活垃圾分类投放、收集、运输、处理体系，建立覆盖城乡的生活垃圾分类网络，通过分类减量达到垃圾资源化利用的目的。加强塑料污染治理，推行无纸化办公，减少塑料袋、一次性餐具等一次性使用物品的使用，推广可降解材料的应用。此科学合理布局生活垃圾焚烧处理设施，加快项目建设，实现垃圾减量、资源化利用的最终目标。到 2025 年，城镇生活垃圾分类体系基本健全，生活垃圾资源化利用比例提升至 60% 左右，实现对资源的高效利用，减少环境污染。到 2030 年，城镇生活垃圾分类实现全覆盖，生活垃圾资源化利用比例提升至 65%，进一步提高垃圾资源化利用水平，实现城市垃圾减量化和零废弃的目标。

作为工业与农业大省，黑龙江正着力在加工业和农业废弃物绿色无害化方面推进循环发展。在加工业方面，为了推进建材、化工、铸造、印染、电镀、加工制造等产业集群的升级改造，黑龙江省推动城市化工产业集群向精细化、规模化、绿色化方向转型，通过技术创新和管理创新提高产业效益，促进城市化工产业发展。提高行业园区集聚水平，深入推进园区循环化改造，优化资源配置，实现资源共享，形成绿色低碳的生产模式，推动产业集群发展。全力推进企业能耗降低，以实现全省规模以上工业企业增加值能耗累计下降 10% 左右的目标，促进工业领域的环保、节能、减排工作，推动产业结构调整和绿色发展。

在农业废弃物绿色无害化循环发展方面，黑龙江省已经实现投入品减量化、生产清洁化、废弃物资源化、产业模式生态化，成功引导农民转型升级，发展绿色农业，推广有机肥料、生物农药等新技术和新产品，实现农业生产的可持续发展。建立农村有机废弃物收集、转化、利用网络体系，推进农林产品加工剩余物资源化利用，促进农业废弃物的高效利用，减少对环境的污染。同时，发展节水型农业，推广抗旱节水、高产稳产品种，治理农田退水，实现农业生产的智能化、科学化，增强农民的自我保护能力和防灾减灾能力。

第七章
东北地区农业绿色发展战略

农业绿色发展是农业发展观的一次重大变革。党中央高度重视生态文明建设和农业绿色发展，并取得了积极成果。近年来，绿色农业发展取得了大量积极成果，如加强农业生态环境保护、推动农业高质量发展以及提高农产品质量和安全水平等。然而，在现实中仍然存在着农业面源污染和生态环境治理问题，需要进一步加大力度推进农业绿色发展。为了贯彻党中央、国务院的决策部署，推进农业绿色发展已被确定为一项重要任务。绿色发展不仅代表着改变农业生产方式，还涉及对农业产业链的全面升级和优化。农业生态环境保护是推进农业绿色发展的核心。包括合理利用土地资源、促进农田水利建设、防止滥用农药和化肥，以及加强农业面源污染治理等。通过科技创新和政策支持，可以实现农业生产与生态环境的良性循环。推动农业高质量发展是实现农业绿色发展的重要途径。这包括优化农业结构、促进农业产业链的协调发展，推广农业节水、节能、减排等技术，提高资源利用效率，降低对环境的影响。同时，需要加强农业科技创新和人才培养，推动农业技术的升级和转型。此外，提高农产品质量和安全水平也是农业绿色发展的重要内容。加强农产品质量监管体系建设，完善农产品质量安全标准，加强农产品溯源管理，打击农产品假冒伪劣行为，提升消费者对农产品的信任度和认可度。

为促进农业绿色发展，当前更加需要依靠科技创新和提升劳动者素质，以达到资源节约和效益提升的目标。通过提高土地产出率、资源利用率和劳动生产率，实现农业节本增效和节约增收。农业绿色发展具有环境友好的内在属性。在推进农业绿色发展过程中，广泛推广绿色生产技术，解决农业环境问题，保持农业的绿色特性。此外，注重生态保育是农业绿色发展的基本要求。山水林田湖草沙组成了一个共同的生态体系，然而长期以来，我国农业生产方式较为粗放，导致农业生态系统结构失衡和功能退化。加快生态农业建设，培育高质量、可循环的发展模式，使农业成为美丽中国的生态支柱。

农业绿色发展还需注重提升产品质量。目前，农产品供应过多以低价批量销售为主，与城乡居民对优质、品牌农产品需求的增加不相适应。推进农业绿色发展需要增加优质、安全、特色农产品的供应，促进农产品供应向更注重质量而非数量的转变。通过采取重要措施，能够实现农业资源的节约利用和效益的提升。同时，保持农业的环境友好性，加强生态保育工作，并提升农产品的质量，以满足人们对优质农产品的需求。这将推动农业向着更绿色、更高质量的方向发展。

农业绿色发展对于国家的食物安全、资源安全和生态安全至关重要。同时，它与乡村振兴、美丽中国建设以及人民福祉和子孙后代的永续发展密切相关。党中央和国务院高度重视保护东北黑土地和推动农牧业绿色生产，推动绿色发展的可持续性，以及北大荒土壤质量的优化以及生态保护与生态旅游的协同发展。通过推动绿色发展，能够确保食物供应的稳定性，保护土壤质量和生态环境，促进农村经济的振兴，实现美丽中国建设目标，并为人民福祉和子孙后代的永续发展做出贡献。

东北地区是中国土壤最肥沃的地区之一，其拥有全球四大黑土之一的东北平原，总面积约为 103 万平方公里。其中，辽宁省、吉林省和黑龙江省均享有得天独厚的自然条件和良好的土地资源。东北三省气候适宜，属于温带季风气候，同时水资源丰富，森林覆盖广泛，这为农业发展提供了独特的优势。东北地区是我国重要的粮食生产基地和输出基地，2023 年，东北三省粮食总产量达 14538 万吨，占全国粮食总产量 20.9%。作为国家粮食安全的战略支撑，东北三省在我国粮食的生产和供给方面承担着重要角色。为维护粮食安全，东北地区的农业发展目前正在逐步转型为绿色生态发展方式，十分注重生态环保，大力推进现代化农业建设。自 2017 年起，国家在东北地区启动了农业可持续发展试验示范区建设。至 2023 年，已经设立了共 210 个农业绿色发展先行区，分为 4 批次。其中，东北地区有 23 个县（市）获得批准，占全国比例的 10.95%。其中，包括黑龙江省的肇源县、兰西县、铁力市、讷河市桦川县、通河县、黑河市爱辉区、宝清县；吉林省的梨树县、抚松县、舒兰市、和龙市、通化县、公主岭市、辉南县、永吉县；辽宁省的喀喇沁左翼蒙古族自治县、凌海市、西丰县、岫岩满族自治县、康平县、新民市、彰武县。为了促进和优化东北地区农业绿色发展，提升商品粮食生产和肉蛋奶供应基地的保障作用，增加农牧产品的品质和营养安全，改善农业生态环境并推动乡村振兴，国家和各级地方政府近年来密集制定和出台了一系列指导政策、发展规划和项目行动。各级政府提出的政策、规划和项目特别关注保护黑土地、促进绿色农产品产业、推广绿色投入品使用以及实现畜禽类污资源化利用等方面，并设立了专门的项目来提供支持。政策、规划和项目的走深走实为东北地区农业绿色发展提供了发展机遇，明确了目标定位并指引了前进方向，注入了发展动力。

第一节　东北地区绿色农业现状分析

一、农业绿色发展的具体目标

根据国际经验显示，农业高速发展达到一定程度后，转向绿色发展已成为不可避免的趋势。在党中央的坚强领导下，中国成功实现了第一个百年奋斗目标，并开启了全面建设社会主义现代化国家的新征程。中国借鉴了先行现代化国家的成功经验，走出了一条具有中国特色的现代化之路。中国式现代化注重人与自然的和谐共生，代表着在经济发展的同时，保护和改善环境质量，推动生态文明建设。党的二十大报告明确提出了加快绿色转型发展方式的要求，这代表着中国必须加快建立健全绿色低碳循环发展经济体系。这一体系将以绿色技术创新为驱动，推动产业结构优化升级，促进资源高效利用和循环利用，实现经济发展与生态环境保护的良性互动。通过积极应对气候变化、减少污染排放、推动可再生能源的开发利用等措施，中国致力于实现高质量发展，为构建人类命运共同体做出积极贡献。农业绿色发展被确定为中国和世界农业未来的方向，其核心前提是资源承载力，并具备环境友好的特性。驱动农业绿色发展的因素包括机械水平、生产水平和人力资本，而技术进步也扮演着重要的角色。然而，限制农业绿色发展的因素有多种，重要的因素涵盖了农村劳动力的现代化转移和农业经验的不足。

在构建农业绿色水平指标体系时，需要考虑社会、经济和生态等多个方面的评价指标。绿色经济发展的动力源于农业绿色生产，其目标在于协调"绿色"与"发展"的关系。为促进农业绿色发展，应实现绿色经济的快速增长、资源的高效利用、粮食安全保障以及农业的高度集约化。

人类活动已经成为地区环境变化的主要因素。尤其是农业用地的扩展，导致温室气体排放增加、生物多样性丧失，更是给东北地区社会和环境带来了巨大挑战。为了应对这些挑战，实现农业的高质量和绿色发展成为当务之急。然而，过度使用农药、化肥和杀虫剂等农业生产手段，更是严重损坏了生态系统，阻碍了现代农业的进步和发展。生态资源的承载能力是有限的，不会随着人类需求的增长而同步增加。这是因为排放工业废物、过度开垦、乱砍滥伐以及过量使用化肥等行为导致了土壤酸化和次生盐渍化等污染问题的出现。由于存在以上问题，生态系统的资源禀赋问题逐渐显现，生态产出能力也在降低，可能导致生态系统迅速退化。在东北地区，草地载畜量过大已经引发了草地退化和盐渍化问题，形成了大面积的盐碱化草地。此外，东北地区还面临土地沙漠化和盐碱化问题，每年以1.4%—2.5%的速度在扩展。这些问题对东北地区的产业稳定性和服务功能造成了下降，同时也对生态环境与生态农业发展构成了威胁。为了解决这些严重的生态问题，转变农业发展方式并大力发展生态农业成为东北地区农业高质量发展的紧迫需求。

东北地区制定了一系列政策并组织专家学者成立了多个农业绿色发展专业研究机构，意图探索和创建农业发展的新模式，遵循中国环境发展目标。优化农业生态环境有助于改善整个农业系统和自然生态系统，也是实现农业高质量发展的重要途径。可以通过减少农业对环境的侵占、减轻温室气体排放、保护和恢复生物多样性，以及推广高质量农业生产方式来实现农业发展，并为社会和环境带来更多益处。东北各地共同合作农业绿色发展，采取各项措施行动来保护环境以确保粮食安全，将为我国未来绿色农业发展做出示范。

二、辽吉黑三省农业绿色发展的具体举措

农业发展不仅要杜绝生态环境欠新账，而且要逐步还旧账，要打好农业面源污染治理攻坚战。辽宁省农业在国民经济发展中扮演着重要角色。截至2018年，辽宁省农业产值达到了1749.4亿元。为了推动绿色农业的发展，全省建立了现代农业科技示范基地，并积极推广应用农业科技。为此，省政府增加了对绿色农业项目的投资。农业部门实施了循环农业和现代农业产业园项目，畜牧部门进行了畜禽粪便资源化利用工程和养殖场建设。水利部门致力于治理水土流失和水生态污染问题，海洋渔业部门修复受污染的海洋生态环境，并开展数字渔业试点项目。同时，林业部门积极实施植树造林项目，并管理维护林业资源，提升了辽宁省绿色农业发展能力，目前全省已建有19个全国绿色农业食品原料标准化生产基地。为确保农产品质量安全，相关部门还加大了质量监管力度，并颁布了农产品质量安全条例。

辽吉黑三省正在逐步采取绿色农业发展模式，并引进了国内外先进的绿

色农业模式，在这方面取得了一定的成就。根据 2024 年数据，辽吉黑三省的粮食总产量约占全国总产量的 20.90%。东北地区拥有广阔的耕地面积，占据全国耕地总面积的 20.3%。东北地区具备丰富的土壤资源，包括黑土、黑钙土、白浆土、潮土和棕壤。其中，黑龙江省位于松嫩平原，是世界著名的"三大黑土"之一。在东北三省中，黑龙江省是全国粮食产量最高的省份，其耕地面积居全国首位，约为 1475.4 万公顷。此外，吉林省的耕地面积约为 585.38 万公顷，辽宁省为 357.75 万公顷。[①] 这些广阔的耕地面积为发展生态农业和高效农业提供了优质的条件。东北三省的绿色转型代表着更加注重保护生态环境和实现高质量发展。通过引进先进的生态农业模式，东北三省在保护土壤质量、改善农作物品质以及推动农产品高质量生产方面取得了一定的成绩。

党中央将东北地区定位为"一带五基地"，即指到 2030 年前后，东北地区成为全国重要的经济支撑带，具有国际竞争力的先进装备制造业基地和重大技术装备战略基地，国家新型原材料基地、现代农业生产基地和重要技术创新与研发基地。为了积极响应国家的"一带一路"倡议，东北三省利用地理优势和资源，展开了对重点战略和关键项目的环境评估工作。吉林省以保护自然资源为目标，专注于发展有机食品产业链，并致力于保护黑土地。其中，中德东辽河源头现代生态农业示范区是一个具体示范区，以生态农业、规模种养和循环农业等多方面并进的模式为特色。辽宁省培育了一系列具有明显产业优势的现代农业产业园，其中盘锦市大洼区和丹东东港市的国家级现代农业产业园处于领先地位。而黑龙江省则成立了专业化农业工程公司，依托规模化种养基地，推动生态农业园区的建设。

在过去的 40 多年里，东北地区的畜禽养殖业蓬勃发展。根据牲畜单位计算，养殖数量从 1979 年的 1030 万头迅速增长至 2018 年的 4284 万头，增幅超过了 3 倍。尤其是禽类养殖数量的增长更为显著，由 113 万只增加到 1484

---

① 国家统计局：《国家统计局关于 2024 年粮食产量数据的公告》，https：//www.gov.cn/lianbo/bumen/202412/content_6992479.htm。

万只，增长了 12.1 倍。禽类养殖数量占总养殖数量的比例也从 10.9% 上升至 34.7%。次之为猪养殖数量，从 409 万头增至 1687 万头，增长了 3.1 倍。动物性食品总产量的变化趋势与养殖数量接近，但增幅更加显著。在这 40 多年中，总产量从 153 万吨增加至 2031 万吨，增长了 12.2 倍。其中，禽肉、牛肉和牛奶的增幅非常显著，分别达到了 62.7 倍、45 倍和 30 倍。此外，牛奶和禽肉的产量占比也大幅提高，分别从 2.8% 和 13.4% 增长至 13.5% 和 31.5%。[①] 可以说，东北地区的畜禽养殖业在过去 40 多年取得了巨大的发展，为动物性食品的生产与供应做出了巨大贡献。

近年来，东北三省正积极推动生态农业的发展与服务模式，重点是实施种养结合。在辽宁省盘锦市大洼区的生态农业基地，通过深入研究水葫芦的生长习性，成功开发了适宜的生态养殖系统。该系统利用有机联系的原则，将畜禽粪便净化利用作为有机肥料，促进水葫芦的生长，并将其加工成牲畜饲料，实现资源的循环利用。此外，水葫芦的生长环境也有利于水中鱼虾等生物的繁殖和生长。这种种养结合模式在实践中相互促进、补充和循环利用，为农业生产带来巨大效益。

另一方面，作为我国生态建设试点地区之一，吉林省形成了多种种养结合的模式。其中备受关注的有"鸭稻共生"和"蟹稻共生"模式。在"共生"模式中，鸭子或螃蟹与稻田共生，相互协同促进生长。鸭子在稻田中捕食害虫，同时提供粪便作为有机肥料，促进稻谷的生长；而螃蟹通过翻动土壤、清理杂草和树叶等方式，维持水稻田的生态平衡。这种种养结合模式不仅提高了农作物的产量和质量，还减少了农药的使用，对农业高质量发展具有积极意义。

黑龙江省以农、牧、渔相结合的方式发展生态农业，致力于实现生产无污染的农、牧、渔产品，并对自然资源和环境保护起到重要作用。通过优化农牧渔布局和生态循环利用，黑龙江省形成了一系列生态农业示范区和基地。

---

① 王寅、李晓宇、王缘怡，等：《东北黑土区农业绿色发展现状与优化策略》，《吉林农业大学学报》2022 年第 44 期。

在以上地区，农业、畜牧业和渔业相互配合，充分利用农田、草原和水域资源，实现了资源的高效利用和生态环境的良好保护。该模式不仅提高了农、牧、渔产品的质量和安全性，还有效推动了当地经济的发展。

三、东北地区生态农业存在的问题

目前东北地区生态农业存在着几点问题。

第一，各方针对生态农业发展的投资不足。由于传统农户缺乏生态保护意识和相关知识，导致他们对生态农业的投入意愿不高。由于资金投入难以得到保障，很多农民也很难从传统农业向生态农业转型。东北地区的企业多数以传统农产品经营为主，对生态农业发展的投入有限。这使得生态农业在该地区的发展遇到了困难，很难形成规模效应。政府对于生态农业发展的重视程度仍然不够，缺乏全面系统的支持政策，导致涉农资金大部分用于非生产性部门，而对生态农业的扶持力度相对较小。这些问题影响了生态农业可持续性发展和农户、企业的积极性，阻碍了当地农业的现代化。因此，需要采取有效措施增强生态农业发展，在政策、技术、资金等方面给予更加全面的支持。

第二，尽管东北绿色农业发展迅速，但仍存在农业生产基础条件相对薄弱的问题。这代表着需要进一步加强和改善东北绿色农业生产所需的基础设施、技术支持和资源配置。东北绿色农业的规模化发展目前仍然具有一定困难。与传统农业相比，东北绿色农业的发展规模较小，并且还未得到广泛认可和接受。这可能是因为传统农业占据主导地位，并且人们对东北绿色农业的认知和理解还不够深入。同时，绿色农业技术尚未成熟或推广存在困难。许多从事东北绿色农业的人面临技术不成熟和高成本的问题，这使得他们不愿或无法全面采用高水平绿色农业技术。同样，东北绿色农业企业也面临类似的挑战，阻碍了它们的发展和规模扩大。此外，东北绿色农业产品还需应对市场竞争的压力。由于知名品牌缺乏并且市场占有率较低，东北绿色农业产品在市场上相对竞争力较弱，鲜有知名的东北绿色农业品牌能够在消费者心中建立良好声誉和认可度。同时，由于优质东北绿色农产品展示面临困难，消费者在购买时可能会面临选择的困惑。

第三，世界公认的最肥沃土壤之一是东北黑土地，它的形成是一个缓慢的过程，需要200—400年才能积累出1厘米厚的黑土层。然而，目前这片宝贵的农业生态资源正面临着退化问题，对绿色可持续发展产生了不利影响。20世纪50年代以来，东北黑土区逐渐从原本的自然生态系统转变为人工农田生态系统。长期以来，高强度、粗放的耕作方式以及水蚀、风蚀和冻融侵蚀等因素导致黑土地的数量减少。此外，黑土地的质量也在下降，其理化性状和生态功能严重退化，有机质含量下降约1/3，部分地区甚至超过50%。在辽河平原的大部分地区，土壤有机质已经降至20克/厘米以下。黑土地的退化不仅会影响城乡居民的居住环境和生活质量，还限制了农牧产品数量和品质的提升，对国家粮食安全和国民营养健康造成了影响。因此，保护和恢复黑土地的农业和生态服务功能显得十分迫切，以确保农业生态平衡的实现。

第四，绿色农业发展既缺乏专业技术人才亦缺乏专业监管人员。东北地区的农业生产和管理人员的教育水平主要是小学和初中，只有7%的人具有高中及以上学历，比全国平均水平低了1.3%。特别是水产养殖、经济作物种植、园艺等方面的专业技术型劳动者比例非常低。以黑龙江省为例，全省种植和畜牧业技术人员仅占分配农业从业编制数的36%，而农业机械、经济管理分别占11%和13%，水产、经济作物、园艺等专业技术人员的比例不超过4%。与传统农业相比，生态农业需要高质量的生产者和熟练的经营从业人员，并需要获得相应的生态农业知识和技能。

东北地区的农村人力资源发展现状与生态农业发展需求之间存在很大差距。绿色农产品生产的监管必须严格遵守规定的要求，并进行实施。对于设施农业而言，较小的棚室环境可以实现全程监管绿色农产品，但大田绿色农产品生产则缺乏必要的监管手段。目前，绿色农产品生产的监管主要集中在产品流通环节，通过检测来判断是否符合绿色农产品生产的标准。然而，源头监管对绿色农产品生产至关重要，却难以实现。监管部门当前无法有效监管绿色农产品生产的全产业链，这是一个问题。尽管信息化监测系统可以实现监管目标，但成本高昂，推广应用还需要时间。

为了确保绿色农产品的质量和安全，监管部门需要加强对绿色农产品生产全过程的监管能力，并积极探索适合的监管方法和技术手段。东北地区生态农业的整体发展受到了农业工人素质低下、技术人才匮乏和生态农业发展经验不足的限制。

此外，东北地区是重要的农业产区之一，其绿色食品种植面积超过全国总面积的一半。然而，该地区目前的绿色食品生产和加工企业普遍薄弱，大多处于起步发展阶段。这些企业面临着产品同质化、精深加工不足以及销售渠道不畅等困难和挑战。此外，东北三省的年地区生产总值总量仅占全国总量的7%，人均地区生产总值也低于全国平均水平。这种经济状况限制了绿色农牧产品的生产、加工和消费。另外，东北地区还存在食品消费结构不合理、膳食营养摄入不均衡等问题。尽管东北地区的城市化率较高，居民食品消费量大，但废弃物集中积累导致生态污染问题。综上所述，众多负面因素共同制约了绿色农牧产品的发展，不利于实现绿色发展和资源循环。

最后，东北地区一直采用"小规模、分散化"经营模式来进行绿色农业。这种经营模式有助于农民合理利用农业资源并创造就业机会。然而，随着市场竞争的加剧，这种经营模式存在一些问题。具体来说，它可能导致品牌影响力不足、产业链短、产品辐射范围有限以及市场份额较小等问题。这些问题不利于规模经济效益的产生和农业经济的整体发展水平。作为全国最大的商品粮生产基地，东北地区的农业发展前景较好。然而，纯粹经营生态农业的企业数量较少且规模不大。这使得龙头企业难以发挥其辐射带动作用来改变生态农业分散化经营的现状。这既不利于提高生态农产品的市场竞争力，也不利于实现规模经济效益的目标。东北各省绿色农业发展存在不同程度差异的情况，是由多种因素所影响。绿色农业在自然条件和栽培技术方面有较高的要求，通常位于离城市较远的地区，但这些偏远农村往往面临经济相对落后的问题。尽管政府高度重视农产品质量安全，并积极鼓励绿色农业的发展，但缺乏政策和资金支持可能会对其可持续性产生影响。许多企业对参与绿色农业表示出兴趣，但也存在一些风险。例如，技术不成熟可能导致产量下降，同时病虫草害的防控也可能带来困难，这些问题可能使企业放弃生产绿色农产品的计划。所以，当前需要采取措施来推动东北地区生态农业的发展，促进规模化生产和市场化运作，从而提高绿色农产品的竞争力和农业经济的整体发展水平。

东北地区素有粮食生产基地之称，然而农业发展对环境产生的负面影响已引起人们的关注。为了振兴东北地区的农业并减少其对环境的负面影响，绿色农业已成为一种符合高质量发展战略的重要选择。绿色农业不仅有助于土壤的利用和保护，还能有效处理农业生产废物并实现资源的有效利用。绿色农业的发展既提高了农民的收益和生活质量，又满足了东北地区农业发展的需求。实际上，绿色农业在全国范围内都扮演着重要角色，人与自然实现和谐相处。在推动现代农业替代传统农业的过程中，科学方法对于保护耕作土地至关重要。因此，作为中国粮食种植基地的东北地区需要积极发展绿色农业，并保护好种植环境，而东北地区农业绿色发展研究对全国农业绿色发展的规划亦具有重要意义。

第二节　绿色生态农产品品牌建设

绿色农产品是指符合绿色食品标准的安全、优质食用农产品及相关产品。这些农产品在生产过程中严格遵循环境友好、无公害、无污染的原则，不使用化学农药、化肥和转基因技术。绿色农产品产业链涵盖了从种植、养殖、加工到销售的各个环节，致力于提供健康、安全的食品选择。东北地区作为我国的粮食主产区，其生产的绿色农产品备受人们青睐。这一地区拥有广阔的耕地和适宜的气候条件，为种植高质量的绿色农产品提供了得天独厚的优势。

　　绿色农业的发展成为推动东北地区振兴的重要动力。地方政府、农业企业和农民的思维正在转变，从追求产量转向发展绿色农业，提高绿色农产品的供给。在绿色发展理念的影响下，东北地区的农民开始采用科学的种植技术和管理方法，注重土壤保护和生态平衡，确保农产品的质量和安全性。因此，东北地区生产的绿色农产品深受消费者的信赖和喜爱。

一、辽吉黑三省绿色农产品现状

　　绿色农产品不仅在国内市场具有广阔的发展前景，而且在国际市场上也拥有巨大的开发潜力。随着人们对健康和环境保护意识的提高，越来越多的消费者开始关注食品的质量和安全性。绿色农产品作为一种可靠的选择，受到了国内外消费者的追捧。同时，中国政府也积极推动绿色农产品产业的发展，增强标准制定和监管体系建设，为绿色农产品的出口创造了良好的条件。绿色农产品作为符合绿色食品标准的安全、优质食用农产品及相关产品，在国内外市场都具备巨大的发展潜力。辽吉黑三省作为粮食主产区，其生产的绿色农产品备受人们青睐。随着消费者对食品质量和安全性的关注增加，绿色农产品产业将迎来更广阔的市场机遇。同时，政府的支持和推动也将进一步促进绿色农产品产业的发展，为人们提供更多健康、安全的食品选择。在黑龙江省，绿色食品认证面积约占全国 1/4，绿色食品的省外销售额超过千亿元，产品远销 40 多个国家和地区。吉林省的绿色食品、有机食品、无公害农产品和农产品地理标志的种养面积达到 1036 万亩。辽宁省的无公害农产品数量达到 2400 多个，绿色食品数量超过 1000 个，绿色食品认证的数量和生产面积均创下历史新高。

　　辽吉黑三省在发展绿色农业方面取得了重要的成就。为了推进农业供给侧结构性改革，东北地区政府和企业都投入了大量资金支持绿色生态农产品产业的发展，并制定了相关的法规来保障绿色生态农产品的质量安全。此外，东北各省市还建立了严格的环境评价制度，以确保绿色生态农产品基地的环境达标。这些努力不仅提高了绿色农产品的认证数量和生产面积，也使得绿色农业成为东北地区农业发展的重要方向。通过绿色农业的发展，不仅能够促进农业高质量发展，还有助于提升农民的收入水平。为了支持绿色食品产业的发展，黑龙江省每年投入专项扶持资金，投资已达到 500 多亿元。辽宁省通过农产品质量安全条例对农药、化肥等的使用作出规定和限制。黑龙江省实行严格的环境评价制度，定期对绿色食品生产基地的土壤、水和空气进行检测和评价。吉林省松原市投入资金培育新型农业经营主体，建设绿色有机农产品示范基地，带动面积达到 300 万亩。可以说，东北地区在绿色农业方面所做出的努力和取得的成就，正逐渐成为推动东北振兴的重要力量。通过改变思维方式，扩充政府支持和投入，以及农民和企业的努力，东北地区的绿色农产品供给不断提高。在黑龙江、吉林和辽宁等省份，绿色食品认证面积不断扩大，绿色农产品品牌的影响力不断增强，为全国其他地区提供了宝贵的经验和借鉴，为东北地区的农业发展注入了新的活力。

为了大力扶持推广绿色生态农产品，东北各地相继出台了各种扶持政策。辽宁省在农业绿色发展领域取得了一系列成就。为了进一步推进绿色食品品牌宣传，提高品牌知名度和声誉，扩大绿色食品在市场上的影响力，辽宁省举办了名为"春风万里、绿食有你"的绿色食品宣传月活动。这一系列努力的目标是确保辽宁省绿色食品产品的质量稳定可靠，多年来产品质量抽检合格率一直保持在 99% 以上。辽宁省高度重视农业绿色发展，积极传播绿色食品理念，增强产业监管，完善体系建设，并扩大宣传推介，以推动绿色食品工作的发展。在铁岭市举行的绿色食品宣传月活动启动仪式及相关活动中，进一步强调了绿色食品的重要性。此外，辽宁省还致力于打造农业品牌形象，推广和监管农产品质量。在不断扩大特色优势产业生产规模的同时，辽宁省注重培育一批规模大、实力雄厚的龙头企业，发展一批品质高、品牌声誉良好的优质产品。同时，辽宁省将推进"辽字号"品牌创建，以满足人民对绿色化、优质化、特色化、品牌化农产品的需求。辽宁省通过积极推广绿色食品理念，加强宣传推介，提供稳定可靠的绿色食品产品，满足人们对绿色、优质、特色和品牌化农产品的需求。

　　吉林省积极推进农业发展，致力于质量兴农、绿色兴农和品牌强农，全面促进农业高质量发展。农产品质量安全在吉林省保持平稳向好的趋势，主要农产品的监测合格率达到99.2%。为了培育农产品品牌，吉林省建立了市级以上的农产品区域公用品牌、农业企业品牌和农产品品牌。为了加强农产品质量安全监管，吉林省建立了四级农业质检机构，推广农业标准化生产，并创建了绿色食品原料标准化生产基地和农产品质量安全示范基地。此外，吉林省还注重优质特色产品的推介工作，与其他省市开展战略合作，举办品牌推介活动，做好农产品的产销对接工作。吉林省全面防范农业面源污染，开展了秸秆综合利用试点工作，并实施化肥农药减量行动。吉林省培育了一系列农产品品牌，如吉林大米、吉林玉米、吉林杂粮杂豆、长白山人参、长白山黑木耳、吉林优质畜产品、吉林梅花鹿等，并将其纳入全国农业区域公用品牌名录中。同时，吉林省建立了63个部、省、市、县四级农业质检机构和34个"双认证"检测机构。此外，还创建了19个全国绿色食品原料标准化生产基地，1个全国绿色食品一、二、三产业融合发展园区，以及27个省级以上农产品质量安全县、50个省级安全绿色优质农产品生产示范基地和218个县级以上特色农产品优势区。为促进绿色生态农产品发展，吉林省共开具了180万张合格证，上市农产品达到52万吨。吉林省为推进农业发展采取了一系列措施，包括加强农产品质量安全监管、培育农产品品牌、推介特色产品以及防范农业面源污染等工作。这些努力使吉林省的绿色生态农产品发展取得了显著的成果。

　　黑龙江省致力于打造绿色有机农产品的优势品牌，全面开创龙江农产品的质量时代。同时，黑龙江省积极推进绿色有机农业发展，种植面积达到了8046万亩。作为中国农业大省，黑龙江省连续14年的粮食总产量稳居全国第一。该省实施农业供给侧结构性改革，执行农产品品牌战略，16个县（市）被评为中国绿色高质高效创建示范县，种植面积达1098.4万亩。此外，通过互联网建设了1600个"互联网＋农业"高标准示范基地，种植面积达424.6

万亩。为确保农产品的质量和安全，黑龙江省实行绿色农产品全程可追溯，推进农产品质量追溯平台建设，农产品国检总体合格率达到98.78%。同时，该省积极推进农产品品牌建设，开展农产品品牌评选活动，形成了绿色农产品品牌建设机制。其中，五常大米品牌价值达到677.93亿元，覆盖了200多个城市，力争打造成中国大米的顶级品牌。在政策扶持方面，黑龙江省鼓励出口企业建立农产品原料基地，支持国际产品认证和国际市场开拓。全省共有2700个有效使用绿色食品标识的产品，还有600个有效使用有机食品标识的产品。[①]通过推动农业供给侧结构性改革、加强农产品质量追溯和品牌评选等举措，黑龙江省的农产品已经开始逐步迈向国际市场。

二、绿色农产品产业发展难点

当前，东北地区的绿色生态农产品生产企业面临着一系列难题，第一，东北三省的绿色食品产业在财政支持方面没有固定预算，每年只能通过申请专项资金来获取支持。这种情况限制了绿色食品产业的发展空间，使得企业和农民专业合作社在发展过程中面临一定的困难。各省对绿色食品产业发展的支持力度存在差异，导致东北三省绿色食品产业的发展不平衡。黑龙江省在支持绿色食品产业方面表现积极，投入了大量资源和资金，取得了显著成效。辽宁省次之，也有一定的支持政策和资金投入。而吉林省在这方面的支持力度较小，导致绿色食品产业的发展相对滞后。各省在农产品地理标志登记产品数量方面也存在差异。黑龙江省在这方面表现突出，占东北三省总量的54.3%，拥有较多的农产品地理标志登记产品。辽宁省次之，占36.8%。而吉林省在农产品地理标志登记产品数量方面最少，只占8.9%。这说明吉林省在绿色食品产业的发展中还存在一定的不足，需要加大力度来提升产业的竞争力和影响力。

除此之外，绿色生态农产品企业前期投资大、产量低，导致企业的生存

---

① 黑龙江日报：《黑龙江省绿色食品标识产品达2700个》，https：//www.gov.cn/xinwen/2019-08/26/content_5424498.htm。

难度较大。在面临风险时，一些企业为规避风险，选择转做普通食品或者以降低成本为代价，这又进一步阻碍了绿色生态农产品产业的发展。此外，东北地区的绿色农产品国际竞争力相对较低，特别是部分蔬菜、瓜果和肉类在某些国家和地区无法得到认可。这代表着，东北地区的绿色生态农产品生产企业需要解决前期投资大、产量低等问题。绿色食品生产企业也面临困难。生产绿色食品需要较高前期投入，受生产加工工艺限制，导致产量较低。这给企业生存带来困难，部分企业可能转行或降低绿色食品生产成本。近年来，参与有机绿色农产品认证的新型农业经营主体逐年增加，但规模偏小。无论是参与绿色食品产业发展还是产品认证，新型农业经营主体的数量相对较少。此外，绿色食品产业的龙头企业也较为稀少，对整个行业发展的带动力不强。参与绿色食品认证的龙头企业规模小，产品技术含量低，抵御风险能力弱。同时，东北三省市场上普通的绿色食品产品较多，而高科技含量、高附加价值的特色绿色产品相对较少，缺乏具有产品优势和市场竞争力较强的知名品牌。大多数绿色食品企业规模小，技术效率低，品牌杂乱无章，培育和宣传力度不够，导致品牌知名度低，产品影响力不足。然而，也有一些优势企业和品牌已逐渐被市场认可，如完达山乳业、北大荒集团等。虽然有机绿色农产品领域仍存在问题和挑战，但也展现出了一定的发展潜力和前景。

第二，绿色生态农产品的结构存在不合理之处。据 2019 年数据显示，东北三省有机绿色农产品的播种面积仅占农产品总播种面积的 5%。此外，有机绿色农产品的产量仅占农产品总产量的 6.0%。在绿色食品中，有机食品的比例相对较低。东北三省的有机农产品单位仅占绿色农产品生产单位的 9.8%，而有机产品的数量仅占绿色食品总数量的 22.6%。这主要是由于有机食品生产企业在资金投入方面遇到困难，并受到当地生产工艺的限制，导致产量较低，存储难度较大。此外，一些有机食品生产企业为了降低有机食品的生产成本，转而生产普通食品以规避风险，这严重阻碍了有机绿色食品产业的发展。所以，需要采取措施支持有机绿色农产品生产企业，提供更多的资金和技术支持，以促进有机绿色农产品产业的健康发展。

第三，随着社会现代化的快速发展，人们对食品质量和安全的关注不断提升，对绿色农产品的需求也日益增加。一些绿色农产品企业开始注重品牌打造，逐渐扩大了绿色农产品产业的影响力。然而，目前绿色农产品知名品牌的数量有限，无法满足市场发展和人们多元化的需求。这一现象部分是因为一些企业缺乏对绿色农产品品牌建设重要性的认知，忽视了品牌打造的必要性。企业过于关注生产和销售，而忽略了品牌形象的建设。然而，品牌是企业的重要资产，能够提升产品的竞争力和市场认可度。绿色农产品产业的标识认证制度也不够健全。这导致市场秩序混乱，一些低质量的农产品冒充绿色农产品，给消费者带来了困扰，严重影响了绿色农产品知名品牌的建设和整个产业的发展。

除此之外，普通消费者缺乏对绿色生态农产品的支持，而海外潜在顾客又缺乏进口国产绿色生态农产品的意愿。这其中有主观因素，亦存在客观因素。绿色食品的开发与产业发展受到市场接受度的影响。目前，东北三省的大众对绿色食品的认知程度较低，存在着对绿色食品的误解和购买意愿不足的情况。市场反应不佳导致厂商、科研机构和政府部门在绿色食品的认证、开发与推广方面投入不足。特别是在吉林省，绿色食品的生产面积占全省粮食面积和产量的比例较小，绿色食品产业发展的动力不足。这种情况对绿色食品产业的健康快速发展产生了影响。在缺乏市场需求和认可的情况下，企业和农民专业合作社可能缺乏投入绿色食品生产的动力和信心。

此外，东北地区绿色食品市场存在售价没有统一标准的问题。不同品牌和生产企业对绿色食品定价存在较大差异，导致市场价格混乱，消费者难以判断绿色食品的真实价值。东北地区绿色农产品国际市场竞争力相对较弱。部分国家和地区不接受东北地区生产的某些蔬菜、瓜果和肉类产品，这对东北地区绿色食品出口形成一定限制。因此，东北地区绿色食品产业需增强品牌建设和质量管理，提高产品竞争力和国际市场认可度。

第四，东北地区绿色生态农产品发展仍然缺乏现代化技术的支持和应用。一部分地区的农业生产仍然以原始的耕种方式为主，缺乏引进和应用现代化科技技术，限制了生产效率和质量的提升。农作物病虫害的防治变得更加困难，降低了产业的抗灾能力，可能导致产量和质量下降。此外，绿色食品的研发整体效果也会影响消费者对绿色农产品的信任和认可度。同时研发体系不完善，政府的投资力度不够，制约了绿色农产品产业的创新和发展。2018 年，中华人民共和国农业农村部在无公害产品认证制度改革座谈会上提出停止无公害农产品认证工作，也对东北三省的绿色食品认证产业产生了影响。① 这三个省份的龙头企业和农民专业合作社参与绿色食品认证的数量相对较少，规模也较小。同时，新型农业经营主体在这些省份中的参与比重也很低。特别是在吉林省，缺乏大规模的龙头企业参与绿色食品认证，给绿色食品产业的发展带来了困难。龙头企业在绿色食品产业中起到示范和引领作用，能够推动产业的规模化和集约化发展。然而，由于缺乏这样的企业参与，绿色食品产业的发展受到了限制。缺乏大规模的龙头企业和农民专业合作社的参与，导致绿色食品产业的规模化和标准化水平较低。这不仅影响了绿色食品的产量和供应能力，也限制了绿色食品在市场中的竞争力。此外，由于新型农业经营主体在绿色食品认证中的参与度较低，绿色食品产业的创新和技术进步也受到了一定的制约。

　　第五，东北地区绿色生态农产品的监管较为缺失。在市场中，存在一些不符合绿色农产品标准的过期、变质等产品仍然在销售的情况，严重影响了市场秩序。这种情况不仅损害了消费者的权益，也对绿色农产品产业的稳定发展和国际化进程带来了负面影响。缺乏有效的监管和市场准入控制，使得消费者难以辨别真伪，同时也降低了绿色农产品产业的整体形象和信誉。东北地区目前尚未建立完善的绿色食品质量安全追溯体系，导致相关职能部门和消费者无法有效追溯绿色食品生产和销售环节的质量安全。质量安全追溯体系是食品质量安全监督的重要规范之一，它通过记录和追踪绿色食品的生

---

① 中华人民共和国农业农村部：《农业部办公厅关于调整无公害农产品认证、农产品地理标志审查工作的通知》，http：//www.moa.gov.cn/govpublic/ncpzlaq/201801/t20180110_6134486.htm。

产、加工、运输和销售等环节，确保产品的质量和安全。由于缺乏质量追踪机制，东北地区的绿色食品缺乏统一的管控政策，对食用安全性产生了负面影响。没有追溯体系，无法准确了解绿色食品的来源、生产过程和质量检测等信息，消费者在购买时难以判断产品的真实情况，也无法及时发现和处理质量问题。

三、东北地区绿色农产品品牌建设的实践路径

为了促进东北地区绿色生态农产品品牌建设，需要采取多种方式。第一，东北三省绿色食品产业的发展方向可以建成国家绿色食品产业发展示范基地。通过优化种植结构、推广绿色种植技术和管理模式，提高农产品的质量和安全水平，满足国内市场对绿色食品的需求，建设国家绿色食品供应基地，满足国家对商品粮和绿色粮食的需求。推动绿色食品与餐饮业的深度合作，提供绿色食材的稳定供应，满足人们对健康、安全食品的需求，发展绿色食品加工业，将绿色优质食材变成健康美食。打造具有示范效应的绿色食品产业基地，通过整合资源、优化布局、加强创新和合作，推动绿色食品产业集约化、链条化、规模化发展，实现东北三省的优势互补和错位发展。需要推动绿色食品产业链的整合和发展新业态，提升绿色食品产业的集聚度、质量、效率和效益。增强科研创新、加大政策支持和财政投入，培育壮大绿色食品产业的龙头企业和品牌，提升产业的竞争力和影响力。总的目标是将东北三省的绿色食品产业打造成最具竞争力和发展潜力的现代农业产业，巩固和提升全国绿色食品产业基地的地位，为地方经济增长、农民增收和人民健康提供可持续的支撑。

第二，推动绿色食品产业融合发展的关键在于发展绿色食品加工业。为了实现这一目标，需要推进农村一、二、三产业融合发展，将绿色食品加工业与农业产业化经营相结合，以满足综合发展的迫切要求。通过融合渗透和交叉重组绿色食品产业链，可以延伸产业链、拓展产业范围和转型产业功能。通过整合和优化绿色食品产业的资源、要素、技术和市场需

求，形成新技术、新业态和新商业模式，可以促进绿色食品产业的发展。在推动绿色食品产业融合发展的过程中，需要优化生产要素的配置，促进绿色食品产业各环节的有机融合。通过加强农产品种植、加工、流通和销售环节的协同作用，提高资源利用效率，降低生产成本，提升产品质量和市场竞争力。总的来说，发展绿色食品加工业是推动绿色食品产业融合发展的关键步骤。通过农村一、二、三产业的融合发展，推动绿色食品产业链的整合和发展新业态，优化生产要素配置，促进绿色食品产业各环节的有机融合，可以实现绿色食品产业的融合发展，推动农业现代化和农村经济发展。

第三，东北三省拥有47个国家级现代农业示范区，这些示范区是农业产业化经营最活跃、农产品加工业最发达的地区。在推动绿色食品产业发展方面，应充分发挥国家级现代农业示范区的优势，加快转变农业发展方式，以率先实现农业现代化为目标。绿色食品产业将率先在东北三省实现集群集聚发展，并成为示范区的重要发展方向。示范区通过整合资源、优化布局、创新合作，将成为我国绿色食品产业发展的领军力量和改革的试验田。在示范区的引领下，推动绿色食品产业的发展，探索适合中国特色的绿色食品产业模式，提升产业的竞争力和影响力。通过发展绿色食品产业，示范区不仅可以满足国内市场对绿色食品的需求，还可以拓展国际市场，提升东北三省的农产品竞争力和地位。示范区的成功经验和模式可以为其他地区提供借鉴，推动全国范围内绿色食品产业的发展。东北三省的国家级现代农业示范区具有得天独厚的优势，将成为推动绿色食品产业发展的重要力量。通过充分发挥示范区的优势，加快转变农业发展方式，推动绿色食品产业发展，引领中国特色绿色食品产业的建设。

最后，东北三省具有庞大的绿色食品市场，但缺乏高端绿色食品的消费群体。在"十四五"时期，需要重点培育高端绿色食品品牌，建立完善的营销体系和传播体系，以确保绿色食品品牌价值的传递和传播顺利进行。在打造高端绿色食品品牌的过程中，需要建立适合的定位体系，对市场进行细分、目标化和定位。通过深入了解消费者需求和偏好，针对不同消费群体推出差异化的产品和营销策略，提高品牌的吸引力和市场竞争力。选择准确的营销渠道也是至关重要的。通过多样化的渠道布局，确保不同层次的消费人群都能获得所需的绿色食品。绿色食品生产主体可以自建销售渠道，如直营店、农产品专卖店等，以扩大产品销售规模。

同时，利用互联网营销渠道也是必不可少的。借助互联网和物联网技术，采用线上线下相结合的营销模式，广泛传播绿色食品的信息和优势，提升品牌知名度和美誉度。此外，建立绿色食品的直接消费终端也是一项重要举措。通过与餐饮、酒店等场所合作，让消费者直接品尝和体验绿色食品，满足不同消费者对绿色食品的需求。这种直接消费模式可以增加消费者对绿色食品的信任和认可度，进一步推动市场的发展。东北三省在发展绿色食品市场时，需要注重培育高端绿色食品品牌，建立营销和传播体系。通过定位市场、选择准确渠道、利用互联网营销和建立直接消费终端等方式，可以促进绿色食品市场的发展，满足消费者对绿色食品的需求，推动绿色食品产业的健康发展。

第三节　农业废弃物再利用模式

随着东北地区农业的发展，农业废弃物问题日益凸显。在这种情况下，妥善处理农业废弃物并促进资源再利用就成为当务之急。为此，需要推广将废弃物转变为资源、饲料、工业原料的技术，并借助先进的废弃物转化技术，形成完整的农业产业链，提高资源转化率，降低转化成本。这种发展模式可以促进传统农业经济的优化和健康发展，实现资源的充分重复利用，提升资源整体的利用价值。

一、农业废弃物综合利用的可行路径

作为我国主要的粮食及商品粮生产基地，东北地区拥有丰富的秸秆资源。然而，约有 1/5 的秸秆没有得到有效处理，可能引发环境污染问题。秸秆焚烧不仅会破坏土壤结构、浪费生物质资源，而且由于东北地区冬季寒冷，秸秆不易自然腐解。再加上秸秆分布规划不完善，导致秸秆过剩的现象。另一方面，东北地区畜禽养殖量快速增长，产生大量畜禽粪便，其中一部分未经处理直接排放，导致水污染和面源污染问题。为解决这些问题，可以通过堆肥处理将秸秆和畜禽粪便转化为有机肥料，减少对化肥的使用量，改善土壤质量，促进植物生长，实现农业废弃物的资源化利用。然而，东北黑土区面临农业废弃物资源化利用困难和耕地质量下降等问题。综合利用农业废弃物与保护和提升耕地质量相结合，对东北黑土区的农业可持续发展至关重要。科学合理地利用农业废弃物如秸秆和畜禽粪便，可以减少环境污染，提高土壤肥力，促进农作物生长，实现农业的可持续发展。

东北地区需要加强对农业废弃物资源化利用的研究和推广应用，制定相关政策和措施，鼓励农民采取堆肥等方式处理秸秆和畜禽粪便，促进农业废弃物的资源化利用，保护环境，提升农业可持续发展水平。同时，还需要增强科技支撑，推动农业废弃物资源化利用技术的创新与应用，为东北地区农业的绿色发展提供有力支持。这样可以更好地实现农业废弃物的资源化利用，促进环境保护和农业的可持续发展。

目前，东北地区秸秆和畜禽类废弃物的资源化利用方面面临着问题。首先，存在技术不成熟的情况，缺乏高效、低成本的处理技术和设备。其次，产业发展不适应，缺乏完善的废弃物处理和利用产业链，导致资源化利用规模和效益有限。此外，废弃物处理过程中可能会产生污染问题，如废水和废气的排放，对环境造成负面影响。农民对废弃物资源化利用和环保意识淡薄。传统观念根深蒂固，许多农民习惯于将秸秆和畜禽粪便视为废弃物直接处理或焚烧，而非宝贵的资源。这导致资源利用效率低下，阻碍了农业废弃物资源化利用的发展。最后，东北黑土区农业废弃物的利用面临一些成本问题。废弃物的收集、储运体系不健全，交通不便，储存时间长，需要耗费大量人力和物力成本。农业废弃物的终端产品价格过高，限制了农户和企业参与资源化利用的积极性，使推广过程变得困难。

针对成本问题，当前需要加强技术研发和创新，提高废弃物处理和资源化利用的技术水平，推动技术成熟和设备更新。同时，还需加强宣传教育，提高农民的环保意识，改变传统观念，让农民认识到废弃物是宝贵的资源，应合理利用。此外，还需要改善废弃物的收集、储运体系，提高运输效率和降低成本。政府和相关部门应制定支持政策，降低废弃物资源化利用的成本，鼓励农户和企业参与其中，推动农业废弃物资源化利用的广泛推广和应用。通过综合解决技术、意识、成本等问题，推动东北地区农业废弃物资源化利用的可持续发展。

二、推动农业废弃物综合利用的宣传教育

在媒体宣传方面，东北地区农业废弃物资源化同样面临挑战。

首先，媒体宣传示范不到位，公众对废弃物资源化利用的认知和意识不足，缺乏对其重要性和好处的了解。此外，政府补贴力度较小，技术普及不全面，缺乏有效的政策支持和财政投入，导致农业废弃物资源化利用难以规模化发展。

其次，个别乡镇企业和个体户对废弃物处理技术和方法的重视程度不够，资金限制使得废弃物处理设施建设不能一步到位。缺乏整体规划和有效配合，导致废弃物处理效率低下。需要增强对农民和企业的培训和指导，提高其对废弃物资源化利用的认识和技术水平，同时加大对废弃物处理设施建设的资金投入，推动废弃物处理设施的完善和更新。

最后，相关法规和标准在执法过程中涉及的部门较多，缺乏协调和协同作用，执行力度不够，威慑性不强。需要加强各部门之间的协调和合作，明

确责任分工，加大对违法行为的执法力度，形成有效的监管机制，提高废弃物资源化利用的合规性和规范性。在偏远地区，监管处罚力度较弱，偷排漏排现象难以控制，农业废弃物资源化利用仍面临挑战。需要加大对偏远地区的监管力度，加大对违法行为的处罚力度，建立健全监测和监管体系，确保废弃物资源化利用的合规性和环境友好性。

为推进农业废弃物综合利用的发展，需采取一系列措施。加大宣传力度，普及农民的废弃物综合利用意识，提升农民的技术水平。同时，推广废弃物资源化利用政策，增加农民的收入来源。加强科研和技术推广，推动循环农业产业发展。通过开发新型的具有高附加值的秸秆工业化产品，加快产业化进程和行业转型升级。同时，促进科技成果的转化和应用，推动废弃物资源化利用技术的创新和推广。建立健全农业废弃物综合利用的法规和政策，培育废弃物的全产业链。加大财政支持力度，为农民和企业提供资金支持，降低废弃物资源化利用的成本。建立示范试点，推广先进的废弃物资源化利用技术和模式。增强技术推广和监管政策体系的建设，确保废弃物资源化利用的规范和安全。

第八章

东北地区水生态文明建设理论与实践

长期以来，中国的水污染问题较为突出。中国废水排放量仍然处于较高水平。同时，监测结果显示，57.3% 的地下水质量监测点属于较差和极差，河流污染也非常严重。这种情况不仅对自然环境造成了巨大破坏，更直接威胁到人们的生活安全和健康。虽然中国水资源总量逐年增加，但人均水资源却呈下降趋势，并且分布不均衡。8 个省市的人均水资源量低于中度缺水线，9 个省市则属于极度缺水地区。此外，水资源稀缺和水污染问题已经给我国的经济和环境带来了非常大的损失，同时也对公众身体健康产生威胁。这种情况还导致湖泊和湿地干涸，地下水位逐年下降最终将导致地下水源枯竭，甚至造成许多大城市的地表沉降。

2012 年，党的十八大报告提出了大力推进生态文明建设，将其放在突出地位，努力建设美丽中国，实现中华民族的永续发展。其中，水生态文明作为生态文明的重要组成部分，在加快水生态文明建设方面有利于推进生态文明建设和建设美丽中国。济南市是首个提出水生态文明建设的城市，以"水资源可持续利用、水生态体系完整、水生态环境优美"为主要内容。然而，长期以来，我国经济社会发展付出的水资源和水环境代价过大，一些地方出现了严重的生态问题。如果不尽快加以扭转，水资源难以承载，水环境难以承受，人与自然的关系难以协调，子孙后代发展将受到严重的影响。因此，从生态文明建设的战略高度，大力开展水生态文明建设是促进生态文明建设的重要基础。

生态文明是人类社会发展的一种新型文明形态，强调实现经济、社会和自然环境的可持续发展，注重人与自然的协调发展。在生态文明建设中，水生态文明作为核心组成和重要子系统具有重要意义，对生态保障、经济发展、社会福祉和文化服务等方面起着重要作用。

水生态文明建设的主要内容。建立最严格的水资源管理制度，增强对水资源的监管和保护，确保水资源的合理利用和可持续发展。优化水资源的配置，合理分配水资源，提高水资源利用的效率和效益。同时，加强节约用水管理，推广水资源的节约利用技术和措施，减少浪费，提高水资源利用效率。水资源保护是水生态文明建设的重要方面，需要提升对水源地的保护和管理，维护水体的水质和生态环境，保持水生态系统的健康和稳定。此外，进行水生态系统的保护与修复工作，恢复和改善受损的水生态系统，提升水生态系统的生态功能和服务能力。在水利建设中，注重生态保护，确保水利工程建设过程中的生态环境保护和生态恢复。同时，提升水利工程的保障和支撑能力，确保水资源的供应和水灾的防控能力，为经济社会的可持续发展提供支撑。宣传教育和文化创作也是水生态文明建设的重要内容。大力推动对水资源和水生态文明的宣传教育，提高公众的水资源意识和环保意识，形成全社会共同参与水生态文明建设的良好氛围。同时，通过文化创作，弘扬水文化，传承水文明，增强人们对水资源的尊重和保护意识。

第一节　东北地区水生态文明概述

党的十八大以来，党中央多次强调推进生态文明建设的重要性，并将其放在突出地位，以实现中华民族的永续发展和建设美丽中国的目标。水生态文明作为生态文明的重要组成部分，对于推进生态文明建设和建设美丽中国具有重要意义。水生态文明建设强调水资源的可持续利用、水生态体系的完整性以及水生态环境的优美。过去，我国在经济社会发展过程中对水资源和水环境的代价过大，导致了严重的生态问题。为改变这种状况，加快水生态文明建设势在必行，以确保子孙后代的可持续发展。为推进水生态文明建设，2013年水利部发布了《关于加快推进水生态文明建设工作的意见》和《关于加快开展全国水生态文明城市建设试点工作的通知》。这些政策举措明确要求各流域机构抓好水生态文明建设工作，并提出了水生态文明城市建设试点的名单和实施方案编制大纲。推进水生态文明建设是实现生态文明建设目标的重要举措。通过水资源的管理和保护，促进水生态系统的恢复和修复，实现水资源的可持续利用，保护水生态环境的完整性，打造美丽的水生态景观。这不仅有利于提高人民群众的生活质量，还有助于推动经济社会的可持续发展。在全国范围内，各地应积极响应并贯彻落实水生态文明建设的要求，推动我国的生态文明建设进程，为未来留下一个更加美好的环境。

东北地区是全国第一个开展水生态文明试点城市建设的区域，共涵盖黑龙江省哈尔滨市和鹤岗市、吉林省吉林市以及辽宁省的丹东市和大连市五个城市，此后，辽宁省铁岭市、吉林省长春市和白城市、黑龙江省牡丹江市也于2019年进入全国水生态文明建设试点验收城市名单。以上城市也已通过审查并制定了实施方案，保障区域内水资源的可持续利用和生态平衡，同时加强水环境治理和整合，提升水利设施的管理和维护水平，促进水资源的高效利用和水生态系统的恢复重建。目前，东北地区正加快开展水生态文明建设，推动全社会走上生产发展、生活富裕、生态良好的文明发展道路，建设资源节约型、环境友好型社会，各项水利工程和水生态文明建设内容正在积极有序地推进中，力争将这一试点建设打造成为具有示范意义和引领作用的典范。

一、辽宁省江河流域生态修复

为了实现经济社会发展的"保护环境、保护资源"的理念，辽宁省在生态文明建设中采取了一系列有力的措施，推行了"青山、碧水、蓝天"生态文明建设工程。辽宁省注重治理江河流域，通过进行河道整治、水生态修复等工作，提升水环境质量，保护水资源，改善水生态系统的健康状况。此外，辽宁省还完善了生态补偿机制，鼓励和支持生态保护和恢复工作，确保生态资源的可持续利用。在生态省创建过程中，辽宁省树立了环境是资源、是资本的观念，并提高环境资本的投资比例，以实现环境资源的保值、增值和升值，促进生态的良性发展。在这一理念的指导下，沈阳市蒲河水环境整治成为一个成功的案例，通过改善水环境，提高城市功能和价值，成功实现了城市资产的增值。这种做法实现了环境与经济的良性循环，将环境优势转化为经济优势。

在水生态文明建设方面辽宁省进行了体制机制的创新。为改变传统的分段管理模式，成立了保护区管理局和公安局，实行行政执法和公安执法相结合的体制创新。这一举措形成了新的运行管理机制，有效推动了水生态文明建设的进展。在生态补偿方面，辽宁省进行了试点探索，设定了水质未达标的出市界断面，并收取超标补偿资金，用于水污染综合整治、生态修复和污染减排工程。通过这种方式，辽宁省鼓励和支持水环境保护工作，同时通过补偿资金的使用，推动了水生态环境的改善和修复。

党的十八大以来，党中央把生态文明建设作为统筹推进"五位一体"总体布局和协调推进"四个全面"战略布局的重要内容，作出了一系列重大决策部署。2014年3月14日，习近平总书记在中央财经领导小组第五次会议上，从全局和战略的高度，对我国水安全问题发表了重要讲话，明确提出"节水优先、空间均衡、系统治理、两手发力"的新时代治水思路。[1] 此后，习近平总书记多次就治水、兴水工作作出重要指示批示，为河湖治理保护提供了根本遵循和行动指南。当前，辽宁省结合辽宁振兴发展实际，协同开展创建辽河国家公园，自2020年8月辽宁省成立创建辽河国家公园工作领导小组以

---

[1] 中共中央文献研究室：《习近平关于社会主义生态文明建设论述摘编》，中央文献出版社，2017年版。

来，制定了《创建辽河国家公园实施方案》，编制了《辽河国家公园科学考察报告》等技术文件。2022年4月，根据水利部、国家林草局（国家公园管理局）有关意见，结合辽宁省创建工作实际，在原辽河国家公园范围的基础上，对辽河国家公园范围进行了调整，调整后的辽河国家公园总面积17.06万公顷，具体由现有的辽河口国家级自然保护区等8处自然保护地整合优化后的范围加上毗邻的斑海豹繁殖栖息海域。其中核心保护区8.81万公顷，占总面积的51.64%；一般控制区8.25万公顷，占总面积的48.36%，并将辽河国家公园更名为"辽河口国家公园"。

辽宁省在生态省创建过程中的措施和创新，为生态文明建设提供了有力的支持。通过树立环境是资源、是资本的观念，实现了环境资源的保值、增值和升值，促进了生态的良性发展。此外，辽宁省在水生态文明建设体制机制和生态补偿方面的创新，也为生态文明建设提供了有益的探索和实践。

二、黑龙江省水污染治理与水文化建设

近年来，黑龙江省的水环境污染程度逐年减少，取得了一定的改善。这得益于省级环保部门和水利部门对水环境的整治工作和监管力度的加大，污染物排放量逐渐减少。随着整治工作的推进，污染物种类逐年减少。目前，全省水域内主要超标污染物已从过去的多种减少到只有高锰酸钾指数和生化需氧量。而氨氮和石油类化合物已经基本通过综合治理得到控制，这说明水污染防治取得了一定的成效，水环境综合治理的态势已逐步形成，污染物转移的趋势也得到了基本控制。黑龙江省积极响应国家的号召，不以降低企业污染治理成本为优惠政策条件，逐渐控制了重污染企业的投资建厂。这一举措进一步缓解了高能耗、高排放食品、造纸等企业落户黑龙江省的趋势，污染物转移到省内的趋势已基本得到控制。

在水污染基本被控制的基础上，黑龙江省在水生态文明建设中积极实践创新，将护河节水宣传与水文化融合，开展了"河湖文化"建设，以引导全

民关注和支持水生态文明的发展。为推广河湖文化，黑龙江省采用多种方式，如微信公众平台、征稿交流群等，开展河湖文化交流和宣传活动。这些活动吸引了作家、音乐人和水文化爱好者的参与，推动了河湖文化作品的创作和传播。黑龙江省水务人员积极传播"河湖文化"，通过合唱、朗诵等形式引导群众关爱河湖，展示水利事业发展的成果。同时，黑龙江省联合宣传部、文联等组织了原创歌词征集活动，并举办朗诵会，引导社会团体积极参与河湖文艺作品的创作和宣传，推动"河湖文化"的成长。为加强河湖文化建设和宣传工作，黑龙江省组织各县区开展相关活动，打造水文化展馆和特色水利风景区，引导全民共同保护河湖资源，助力家乡的转型发展。在不懈努力之下，黑龙江省在推动水生态文明建设方面取得了显著成果。他们通过融合护河节水宣传与水文化，引导全民关注和支持水生态文明的发展，同时通过各种形式的交流和宣传活动，推动了河湖文化作品的创作和传播。这些文化不仅增强了公众对水资源保护的意识，也为家乡水文明的建设发展提供了有力支持。

三、吉林省松花江流域保护

吉林省高度重视松花江流域的水生态环境保护工作，积极推进碧水保卫战，致力于构建人水和谐的新景象。为此，省委和省政府建立健全水生态环境保护工作机制，完善制度，增强对水资源的管理和保护。在实际工作中，吉林省采取了扎实有效的措施，推进黑臭水体的整治，加强工业污染防治，改善城镇生活污水处理，坚决打好污染防治攻坚战。同时，吉林省还推进饮用水水源地环境问题的整治工作，开展水生态修复治理，并加强环境风险预防性设施的建设。

松花江流域的行政组织体系建设具有悠久的传统。早在20世纪70年代，吉林省和黑龙江省就成立了松花江水系领导小组，并逐渐扩大为松辽水系保护领导小组。2007年，黑龙江省设立了松花江流域污染防治工作领导小组，并于2016年改名为水污染防治工作领导小组，增加了成员单位，以推进水污染防治工作。为确保松花江流域生态文明建设工作扎实推进，2017 年，黑龙江省实行了"升级版"河长制机制，由党委和政府主要领导共同担任河长，该机制还延伸到村一级，实现了组织的全覆盖。在这种组织架构下，流域各级政府按照分段治理的原则，落实主体责任，颁布和执行各项政策，确保资金的落实，推进生态文明建设工作。通过这样的行政组织体系建设，松花江流域的治理工作得到了有效推进。各级政府积极履行职责，制定并执行相关政策，确保资金投入，推动生态文明建设工作的顺利进行。这种行政组织体系建设为松花江流域的治理提供了有力保障。河长制的实施使各级政府形成合力，共同推动生态文明建设，为保护和改善松花江流域的生态环境做出了积极贡献。这一经验可为其他流域的治理工作提供借鉴和启示。

为了推动水污染防治工作的顺利进行，松花江流域各地政府建立了社会参与政策体系，以营造良好的社会氛围和促进社会参与。为增强宣传和教育，吉林省与黑龙江省利用媒体和环境纪念日等方式组织宣传活动，宣传水污染防治的法律法规，并开展监督和曝光违法行为，引导社会各界积极参与。

松花江流域的政策体系包括行政组织政策体系、行政法规政策体系、监察考核政策体系和社会参与政策体系等。这些政策体系构成了松花江流域生态文明建设的主要内容。行政组织政策体系建立和完善了流域内各级政府的组织机构和工作职责，确保水污染防治工作有序进行。行政法规政策体系制定和实施了针对水污染防治的法律法规，确保水污染防治工作依法进行。监察考核政策体系建立了监督和考核机制，对水污染防治工作进行监督和评估，确保政府和相关部门履行职责，推动工作的落实和改进。社会参与政策体系鼓励和引导社会各界积极参与水污染防治工作，通过宣传教育、监督曝光等方式，营造全社会共同参与的良好氛围。各类措施相互衔接、相互支撑，共同构建了松花江流域生态文明建设的政策体系，为水污染防治工作提供了制度保障和社会支持。通过有效实施以上政策，松花江流域的水环境质量持续改善，为保护和发展流域的生态环境做出积极贡献。

　　由于这些努力，松花江的水质得到了显著提升，水生态环境质量也得到了改善，劣 V 类水体得到了整体消除。吉林省与黑龙江省通过建立健全工作机制和制度，采取扎实有效的措施，成功推进了水生态环境的保护和改善。这不仅为市民提供了更好的生态环境，也为松花江流域的可持续发展做出了重要贡献。

第二节　城市化进程对流域水生态系统的影响

　　水生态文明城市是按照生态学原理建立的、遵循生态平衡法则和要求的城市发展模式。该模式实现了城市良性循环和水资源可持续利用，保持水生态体系的完整性、水生态环境的优美和水文化底蕴的深厚。此外，水生态文明城市呈现传统山水自然观和天人合一的哲学观在城市发展中的具体体现，并以人为本，实现人与自然的和谐相处。在这种城市发展模式中，物理空间与文化空间有机融合，达到城市未来发展的必然趋势，实现城市与自然之间的良性互动，同时满足人民对于自然环境的需求，促进经济、社会和环境的协调发展。

一、城市水生态环境建设

　　水是生命之源。在现代城市的发展过程中，开展水生态文明建设是实现其高质量发展的重要支撑。良好的水生态环境不仅是现代城市文明的重要标志，而且也对城市的经济、社会和环境产生着深远的影响。然而，一些城市存在着水域问题，这已成为制约城市健康发展的突出瓶颈，需要大力开展城市水生态环境治理，为城市经济社会发展提供有力支撑。通过城市水生态文明建设，切实保护和修复城市水生态环境，实现城市与自然之间的和谐共处，促进城市发展和人民过上美好生活。

当前东北地区城市化进程对流域水生态系统有着以下的负面影响。随着城市快速发展，对土地需求不断增加，但也带来了一系列问题。为满足土地需求，城市出现了侵占河道、填埋湿地、围垦河岸等行为，这对河道的过水能力和汛期行洪安全产生了负面影响，并破坏了水环境。在内河治理过程中，改造工程虽提高了防洪能力和景观效果，却破坏了河流生态平衡，河道渠化现象严重，导致河流的生态功能和修复能力下降。沿岸市政基础设施不完善也是一个问题，城镇生活污水处理设施短板仍普遍存在。区域管网混错接、漏接、老旧管网破损问题突出，部分地区仍有生活污水直排。企业（园区）污水偷排问题时有发生。部分工业企业（园区）污水处理设施不健全、运行不稳定，违法偷排偷放。未经处理的污水、工业废水和垃圾直接排入河道，导致水体富营养化，使河水变黑变臭，形成了恶性循环的生态环境问题。

防洪安全也是一个突出的挑战，城区多条支流的防洪堤标准低，断面瘦小，存在决口和护岸坍塌等问题，威胁着居民的生命财产安全。水资源管理方面也存在问题，水资源管理工作与绩效考核未挂钩，对水资源的管理理论论证认识不足，监测和信息管理尚未统一，导致管理不够严格和有效。污染控制方面也面临挑战，市政污水处理厂的处理能力不足，农村地区的化肥、农药、养殖场等造成面源污染，部分水功能区的水质未能达到标准。供水安全备受关注，供水水源单一，存在工程性缺水和保证率低的问题，化工企业的突发事件可能严重影响供水安全。用水效率方面也存在问题，农业灌溉用水利用系数低于要求，工业和城镇用水效率不高，公共供水管网漏损率较高，节水器具的普及率不一致，用水效率问题突出。

二、城市水生态治理工程

当前，城市内流域水生态系统已经得到了东北地区各级政府的重视。各省委、省政府高度重视东北流域水生态综合治理，推动保护水资源和改善水环境。有关部门积极支持项目建设，秉持可持续发展理念，努力推动治理工作的顺利进行。各省水务、发改委、环保等部门组成工作组，深入实地进行综合调研，了解河流的实际情况和存在的问题，并提出了针对性的意见和建议。同时，派遣专家组到现场，对工程规划和建设进行指导，确保工程的科学性和可行性。为保证治理工作的顺利进行，各省水利部门安排了专项资金用于东北流域水生态治理项目，确保工程建设的资金充足，推动工程进展的快速和高效。水生态治理离不开有效的管理机制支持。通过制定严格的水资源管理和水质监测体系，才能确保水生态治理工程的长期效果。通过对水体的监测管理和严控污染来源，构建全方位的水功能区管理模式。

此外，综合运用科学修复手段对城市水生态治理工程也至关重要。以生物处理、人工湿地为核心的水生态修复技术，通过植物、微生物和水生生物的协同作用，能够有效降解水体中的污染物，提升水体自净功能和生物多样性。外源截污通过水生植物吸附和分解污染物，改善水体源头的水质；内源消减则通过生物操控技术，优化浮游生物、水生植物和水生动物之间的相互作用，逐步恢复健康的水生态系统。同时，通过改善水动力条件，尤其在流速较慢的区域，利用水力推流设备和曝气装置增强水体流动性，促进水体循环。通过政策与技术的有机结合，东北地区能够有效应对水生态问题，实现城市水生态治理工程的高质量发展与生态保护目标。

三、城市水生态系统完善

为了有效治理东北地区城市内的河流，各省采取了多项综合措施。针对城镇污水处理，扩容改造污水处理厂，同时建设了污水收集管网和雨污分流管网，改造老旧的污水管网，以提高城镇污水处理能力和水质净化效果。对大型灌区农田退水治理，建设了尾水承泄区、植物隔离带、生态沟渠等设施，有效控制农田退水对水环境的污染。此外，升级改造工业集聚区和企业污水处理设施，完善雨污分流管网，减少工业污水对水体的污染。同时，推动污水资源化利用工程，建设污水收集及资源化利用设施，促进再生水的循环利用，实现水资源的有效利用和节约。通过河湖水系连通工程，建设"大水网"，实现河湖之间的互通，增强水体的自净能力。针对重点干支流河道，进行生态修复工程，修复主要河流，建设生态隔离带和缓冲带，保护河道生态环境的稳定和健康。进行江河源头区涵养林建设工程，通过建设水源涵养林，提升源头区水源的涵养能力，保障水资源的持续供应。针对重要河湖湿地，建设生态保护治理工程，治理污染、恢复湿地，保护重要的自然湿地生态系统。在河口、河滨带和湖口等地建设湿地工程，根据当地情况，进一步增加湿地面积，提升湿地的生态功能。

为了实现东北地区城市内河流的治理和水环境的改善，各地实施了"三水共治"的综合治理策略，通过协调水环境治理、水资源保护和水生态修复等多方面的工作，全面推进水环境的整体改善。在减少污染物排放和增加水资源供给方面，采取了一系列措施。通过污水处理厂的改造和建设，减少城镇污水的排放，同时提高污水处理能力，以减少对水环境的污染。加快再生水利用和雨水回收利用的步伐，通过引入先进的技术和设施，将废水和雨水转化为可供农业灌溉和城市景观用水的资源。这样既减少了对自然水源的依赖，又减少了废水和雨水对环境的负面影响。

在节水型城市建设方面，通过推广节水设备和技术，增强水资源的管理和利用，实现对水资源的有效节约。通过提升对水环境质量的管理，建立了流域空间载体，实施了精准治污措施，建立水污染物排放治理体系。其中包括对污染源的监管和控制，通过建立监测系统和排污许可制度，对污染物排放进行精确监测和管理，以确保水环境质量的改善。加强对区域地表水和地下水的监管，特别是加强对地下水污染源对地表水的管控。通过地下水超采区的综合治理，采取措施控制地下水的开采量，保护地下水资源的可持续利用。

在饮用水安全方面，推进了水源地规范化建设，通过对水源地的保护和管理，确保水源的安全和可靠性。在城市建设中，建设了应急备用水源，以应对突发情况和紧急需求。制定了具体的目标要求，对水环境质量和饮用水质量提出了明确的指标和要求。此外，为了应对紧急情况，加强了城市应急备用水源建设，并组织开展应急演练，以确保在紧急情况下能够及时提供安全可靠的饮用水。

第三节　东北地区水生态文明建设模式探讨

水是人类生存和发展中不可或缺的资源，是农业、工业、能源等各个领域的基础资源。由于水的重要性，许多文化现象也与水密切相关，人们创造了各种形式的水文明，比如水利工程、水上交通、渔耕文化等等。

构建水文明是一项更为系统宏大的任务，能够对一个文明体系起到支撑作用、影响到社会发展进程。水文明的核心思想是实现水资源的合理利用和保护，从而达到人类和自然之间的平衡关系。通过科学技术手段来提高水资源的利用效率，加强对水资源监测和管理，可以有效地解决当前环境危机问题。此外，构建水文明还可以推动经济发展、促进社会进步和文化交流，是实现高质量发展的重要手段之一。尽管水在人类生存和发展中起着至关重要的作用，但在国内学术界对于水文明的研究却相对较少。一些学者认为，水文明是指在人类生活和社会发展中与水相关的一系列文化现象和实践活动，包括水的利用、保护和管理等方面。建立水文明可以提升人们对水资源保护的意识，促进人与自然之间的和谐共生。因此，从理念、制度和社会等多个层面加强水文明建设显得十分必要。

一、水生态文明的概念

水文明有一个与之相关的概念——水生态文明。水生态文明主要服务于水利行业，强调在水利工程建设和水资源管理中重视生态环境保护，并将其作为实现高质量发展的基本原则之一。与水文明相比，水生态文明更加注重生态环境的保护和修复，也更加侧重于科技创新和制度建设等方面的探讨。

虽然水文明和水生态文明在某些方面存在差异，但它们都是构建人类社会和生态环境所必需的重要手段，应该相互促进、协调发展。

水文明是人类社会中的一种互动关系，它形成了人与水的依存关系和社会控制力量。这种关系不仅影响到人们对水资源的利用和开发，还塑造了人们与自然环境之间的相互作用。水文明是人类文明的重要构成部分，是人类历史上一种重要的文化现象。同时，水文明也是一种独立的亚文明形态，具有自己的特点和价值。从历史上来看，许多文明都在水的帮助下得以兴起和发展。比如，长江流域的夏、商、周等朝代就在水文明的支持下迅速崛起，并取得了杰出的成就。此外，世界各地的文化都与水紧密相关，如尼罗河文明、印度河谷文明、黄河文明等，这些文明都在水文明的支撑下实现了辉煌的发展。当前全球水资源日益短缺，随着人类社会的进步和发展，对水资源的需求也越来越大。因此，保护和合理利用水资源已经成为当务之急。水文明建设可以提高人们对水资源的认识和利用效率，同时也能够促进社会的发展和进步。

二、东北地区水资源利用开发

水资源、水环境和水文化是构建水生态文明的重要组成部分。水生态文明要求科学开发和利用水资源，建立健康有序的水生态运行机制和和谐的水生态发展机制，实现全面、协调和可持续的发展目标。地域文化以地域和历史为基础，通过景物和现实表达，发挥人文精神的作用。东北地区拥有广阔的平原、草原和山脉，这种自然环境塑造了东北人豪爽、率直、勇敢、热情等性格特点。东北地区的文化被称为关东文化，具有汉族、游牧民族和满族等多元的特色。这种文化融合了不同民族的传统和风俗，形成了独特的东北文化风貌。滨江城市如吉林市和哈尔滨以其独特的水文化景观而闻名。雾凇、冰雕和雪雕等元素成为这些城市的特色，展示了东北地区城市水文化的独特魅力。水文化作为地域文化的重要组成部分，不仅丰富了东北地区的文化内涵，也成为吸引游客和推动地方经济发展的重要资源。通过保护和传承水文化，东北地区能够更好地展示其独特的魅力和文化底蕴。

当前，沈阳市正夯实辽河治理保护基础，完善功能，持续推进辽河干支流生态修复。借助辽河口国家公园在区域生态保护协同、经济发展战略目标、保障辽河干流生态安全方面，形成协作机制，全面发展社区参与及生态产品价值实现等，进一步提升能力建设、管理体制及功能完善等方面。沈阳段辽河岸线长度 482 公里，5 个区、县（市）沿线有 34 个乡镇 137 个村，辽河口国家公园的创建将为沈阳市县域经济发展和乡村振兴带来新的发展机遇。

下一步，沈阳市将持续开展辽河流域综合治理，稳步提升辽河生态健康水平。按照"一个系统"，将辽河流域治理作为一个系统工程，增强顶层规划设计，坚持系统思维，按照"流域统筹、涉水一体"的总体安排，统筹上下游、左右岸、河道内外，全面开展辽河流域水污染治理；分"二个阶段"，按照综合治理、分期建设原则，按两个阶段实现流域的总体目标，近期为 2025 年，中远期为 2035 年；构建"三大体系"，构建全流域水环境治理、水生态修复、全流域智慧管理等三大体系，通过截污控污、污染治理与生态治理多维水环境治理措施，确保水质达标。通过功能与生态结合，修复流域水生态系统。通过数据与智能结合，实现流域的智慧水环境管理；实施"四类工程"，系统构建全流域水生态文明建设体系，实施流域点源污染控制、面源污染系统治理、内源污染治理及水生态修复等。

加强防洪基础设施建设。实施辽河干流防洪提升工程，做好辽河防汛路网及堤防等基础设施建设，筑牢辽河防洪安全屏障。加强辽河水利工程岁修和运行维护，保障防洪工程及公益性水利设施持续发挥效益。绿色发展工作带动社区参与，实现可持续发展。辽河治理和周边农业农村发展相辅相成，坚持规划先行，做好周边乡村振兴、文化旅游等规划配套衔接，建设一批高品质美丽乡村，引领高品质生态价值转换。理顺辽河与沿岸乡村振兴发展的关系，按照生态导向的发展模式，发展"生态 +"产业链，实施"生态 + 乡村""生态 + 体育""生态 + 大健康""生态 + 文旅"发展战略。

三、东北地区水环境保护修复

辽宁省康平县正着力建设发展湿地公园。2015 年经国家林业和草原局（原国家林业局）评审后，批准同意开展辽宁康平辽河国家湿地公园试点建设。2020 年 10 月通过国家林草局验收，辽宁康平辽河国家湿地公园正式挂牌成立，范围涵盖辽河干流康平全段。

近年来，康平县委、县政府高度重视辽河湿地公园保护和建设工作，湿地管理部门本着"全面优先、科学修复、合理利用、持续发展"的原则，按照《辽宁康平辽河国家湿地公园总体规划》全面推进湿地生态系统的保护和修复工作，湿地植被逐步恢复，野生动植物种群数量明显增加，珍稀鸟类得到有效保护，生物多样性更加完整。东辽河和西辽河两条河流汇聚于此，丰富的水资源条件，使湿地公园得以孕育高度的植物多样性。湿地公园内维管束植物共有 39 科 84 属 160 种，其中，蕨类植物 4 科 4 属 7 种，被子植物 35 科 80 属 153 种，有国家 II 级保护植物野大豆等。

辽河湿地公园位于东亚—澳大利西亚迁飞区，是我国候鸟迁徙路线的东线。良好的湿地生态环境为多种动物提供了适宜的栖息环境，大量的鱼类、底栖动物、浮游生物为湿地动物和鸟类提供了充足的食物，现已成为大量候鸟停歇的重要驿站。公园共记录到鸟类 10 目 28 科 108 种，国家 I 级保护动物 1 种，东方白鹳；国家 II 级保护动物 10 种，黄嘴白鹭、白琵鹭、大天鹅、鸳鸯、雀鹰、白尾鹞、红隼、白枕鹤、灰鹤、蓑羽鹤。 2019 年，全年累计监测到鸟类约 27 万只，单日最高观测记录 9220 只。[①]湿地公园管理中心结合湿地公园独特的鸟类资源丰富及生态保护和生态修复目标，以科学的态度对待发现的问题，积极与中国科学院沈阳应用生态研究所、沈阳农业大学进行合作，组建研究团队，开展"辽河区域综合治理研究"等研究课题。公园内已建

---

① 沈阳晚报：《大美辽河，秋水长天一色》，https://baijiahao.baidu.com/s?id=16791321356317829907&wfr=spider&for=pc。

成面积 100 平方米的湿地宣教中心，户外设置了宣传栏、宣传长廊，建设了湿地体验区、湿地远足、生态休息区等。并设置科普宣教馆、标本展示馆等设施，配备投影仪等展映设备。通过举办学生夏令营、生态文化旅游主题活动、湿地保护有关的宣传，让人们接触湿地、认识湿地、了解湿地，更会大力宣传湿地、热爱湿地、保护湿地。

多年以来，国家、省、市、县各级政府及林业主管部门非常重视辽河湿地生态治理，截至 2020 年年末，国家、省、市对辽河湿地公园累计投入资金 1234.72 万元，重点针对湿地公园采取了退化湿地修复、河道水系整理及封育、疏浚清淤等系列技术工程，从而使湿地公园内的湿地斑块连续性增强，湿地生态系统破碎化程度逐步降低，各项生态监测指标明显提升，为改善区域生态环境质量做出了积极贡献。

为了控制和减少污染源的排放，辽宁省丹东市针对污染源防治体系采取了一系列措施。对生活和部分工业污水进行处理后再排放，对垃圾采取掩埋处理，同时采用洒水降尘来控制扬尘污染。此外，市区设立了限制噪声污染的标志，并在大型设备上安装了消音设备。丹东地区已初步建立了点源污染的防控体系，但仍需注意农村和小城镇的污染防治工作。

四、东北水文化建设宣传

在水文化宣传方面，按照"生态化、景观化、城镇化、产业化"规划要求，沈阳市委、市政府对沈阳境内的蒲河进行了全线改造建设，蒲河生态廊道建设取得丰硕成果，2012 年被水利部命名为国家水利风景区。河道治理坚持"生态第一"的原则，依据原有河道形状，"宜宽则宽，宜弯则弯"，采用自然边坡，无硬性护岸，拓宽后的河道与拦蓄水建筑物的修建，使蒲河形成全线 179.7 公里水景观带，为沿线生物群落的形成及景观化建设奠定了基础。蒲河生态廊道建设沿袭永安桥、大御路的历史古迹，新建了七星湖、锡伯族西迁广场、蒲河文化广场、满族广场等一批文化广场，与蒲草文化、沈阳故宫皇城文化有机结合，拓展了沈阳清前期文化的容量，丰富了蒲河文化内涵，提升了蒲河文化品位。随着蒲河生态廊道建设的推进，城乡统筹发展得到有效落实，使两岸人民的生产环境、生活水平有了质的提升。路通、水清、林茂，新城、新镇的涌现，让沿线居民享受到了社区、物业、卫生等城市居民的高品质公共服务，同时，随着基本养老、基本医疗、最低生活保障等各项制度的实施，使广大村民幸福指数有了大幅度提高。蒲河生态廊道建设，推动了沿线水产养殖、果树栽培、高新农业、温泉旅游、科技商贸等一批新兴产业的发展。香港世茂集团、总部基地（中国）控股集团、中南建设集团、上海绿地集团、辽宁江苏商会、澳门中信行投资有限公司等一大批知名企业与社会团体，都已看到蒲河巨大的投资潜力，纷纷在蒲河两岸"安营扎寨"，谋求更大发展。伴随项目和资金的涌入，沿线地区经济发展和产业提升的步伐进一步加快，沈阳新兴绿色发展产业带已初具规模。

辽宁省丹东市采取了多种方式普及水生态知识。通过多种宣传媒介，以通俗易懂的方式向公众传达水生态知识。同时，利用纪念日和活动的机会，发放宣传资料和制作专题片，提高公众对水生态的认识。此外，还定期举办培训和讲习班，组织参观学习活动，提升干部和群众的水生态意识和素养。通过上述措施和宣传活动，可以增强公众对水生态的关注和认识，提高对水资源保护和水环境治理的重视程度。这将有助于促进水生态文明的发展，实现水资源的可持续利用和水环境的良好保护。

哈尔滨市以"水生态文明城市建设"为目标，以"水清江美"为特色，并将"精建严管"作为重点。在依法治水的基础上，大胆推进改革与创新，开展具有哈尔滨特色的工作。通过实施16项重点示范工程，包括水资源优化配置、河道整治、污水处理等，哈尔滨市成功建设了水生态文明城市。通过采取水污染治理、河道整治、湿地建设和水生态修复等综合措施，哈尔滨市提升了水质，增加了水量，改善了水环境质量，打造了生态长廊。目标是建设一个"城乡一体、水清流畅、岸绿景美、人与自然和谐相处"的生态哈尔滨。

　　东北地区流域水生态文明建设工作已初步取得成效，但仍面临严峻形势。作为东北振兴任务的重要一环，生态文明建设已经是地方治理的关键工作。积极调动人民群众参与积极性，共同参与生态文明建设。在治理生态破坏和污染环境的同时，修复流域生态也是重要任务，以实现阶段性的治本效果。通过采取一系列措施，包括生态修复、环境保护、水资源管理等方面的工作，可以逐步改善流域的生态环境。随着生态文明建设的推进，相关问题和经验将在政策层面得到反映和完善，以更好地指导和支持实际工作。

　　东北地区流域水生态文明建设政策体系的进一步完善代表着各地政府将继续扩大政策的制定实施的影响面，进一步加大投入和支持力度，提高生态文明建设的效果和成效。政府部门将与各界合作，共同推动生态文明建设的进程，为东北地区流域水生态的可持续发展和生态环境保护做出更大贡献，为人民群众创造更美好的生活环境。

第九章

松辽流域生态经济带创建发展和机制创新战略

　　松辽流域地理位置非常重要，该流域涉及我国四个省区，总面积为 124.9 万平方公里，总人口达到了 1.2 亿，是生态安全战略格局的一个重要组成部分。目前，松辽流域的生态环境质量总体上有所改善，但是与新时代人民日益增长的优美生态环境需要和建设美丽中国的要求相比还有一定差距。在实现东北全面振兴、全方位振兴的过程中，守护幸福河湖、建设美丽流域是当前一个重要的实践课题。绿水青山就是金山银山的理念，使得保护环境和发展生态旅游相得益彰，推动了对东辽河流域和呼伦湖生态环境保护工作的持续进行。

　　辽河是我国七大河流之一，位于我国东北地区西南部，流经河北、内蒙古、吉林、辽宁四个省（区）。辽河发源于河北省平泉市，河北省内流域面积约为 0.31 万平方公里，占辽河流域面积的 1.7%；内蒙古境内的西辽河源头流经赤峰，干流流经通辽、双辽，其流域面积约为 13.07 万平方公里，占辽河流域面积的 59.5%；吉林省内的东辽河流经辽源、公主岭、四平，其流域面积约 1.6 万平方公里，占辽河流域面积的 7.3%；东、西辽河在辽宁省昌图汇合后，途经朝阳、沈阳、铁岭、盘锦，最终汇入渤海，辽宁省辽河流域面积约为 6.92 万平方公里，占辽河流域总面积的 31.5%，四省全流域面积共计 21.9 万平方公里。松花江同样是中国七大河流之一。松花江发源于长白山天池，由东南向西北流经东北平原。长度可达 1725 公里，流域面积约 35.2 万平方公里，整个松花江水系流域可横跨辽、吉、黑、蒙四省区。

松辽流域位于中国东北地区，总面积达 124.92 万平方公里，被山脉环绕，南部濒临渤海和黄海。拥有丰富的水资源，总量达 1990 亿立方米，其中包括松花江、辽河和黑龙江等重要河流，为流域内的农业开发提供宝贵的水源。松辽流域拥有 103 万平方公里的黑土区，雨量充沛，光照充足，是中国最大的商品粮生产基地之一。这里的农业条件优越，为粮食和农产品的种植提供良好环境。同时，松辽流域也是北方多民族聚居地区，有着丰富多元的文化。流域内有 43 个民族，如汉族、满族、蒙古族、朝鲜族等，不同民族的文化在这里交融融合，形成了独特的多元文化景观。松辽流域拥有现代化大都市，如沈阳、大连、长春和哈尔滨等。这些城市经济繁荣，城市建设现代化，同时保留了许多历史文化古迹，如昭陵和沈阳故宫等，展示了丰富的历史遗产和文化底蕴。此外，松辽流域还有许多著名的风景名胜区，吸引了众多游客。松花湖、吉林雾凇、呼伦贝尔大草原、长白山天池和五大连池等景点以其壮丽的自然风光而闻名。风景名胜区展示了松辽流域内丰富多样的自然景观和生态系统。为了保护流域内的自然资源，松辽流域还设立了多个动植物自然保护区，如扎龙、向海和莫莫格等。这些自然保护区致力于保护流域内的珍稀物种和生态系统，维护生物多样性的平衡。

松辽流域的水文化是一个重要而复杂的议题，对于这一议题的认识目前仍存在一定的局限，对其价值和意义缺乏全面认知。然而，水文化在松辽流域具有悠久的历史，可以追溯到史前文明时期。旧石器时代以来，人类就在这片土地上繁衍生息，留下了丰富的历史记录。松辽流域的历史文化演变极为多样。这里可以找到旧石器时代的遗址，见证了人类最早的居住和生活痕迹。而新石器时代的居住址则展示了人类社会的发展。此外，红山文化是流域内的一项重要历史文化遗产，代表了中国北方古代农业文明的繁荣和发展。近代以来，松辽流域的水利开发取得了重要进展，地方政府积极推动河道整治和水利工程建设。

新中国成立以来，松辽流域经历了重要的转变，从过去单纯的治水向治水与利水协调发展转变，实现了水利开发的合理性和可持续性。为了推动水文化的发展，相应的流域成立管理机构，为流域内的水利工作提供了有效的组织和管理，为水文化发展奠定了基础。在松辽流域，水文化的发展形式以精神文化为核心，以水利工程为载体，以文化活动为抓手。东北各省坚持在水利工程建设中发展水文化，并在水文化发展中传承和创新。在注重发挥水利工程的功能和效益的同时，也注重保护和传承水文化的精神内涵。通过举办各种文化活动，如水文化节、水利知识讲座等，积极推动水文化的传播和普及，增强了公众对水文化的认同和参与。这种富有松辽流域特色的水文化形式的创造，丰富了流域内的文化内涵，同时推动了流域的可持续发展。水文化的发展不仅仅是为了满足人们对水利工程的需求，更是为了传承和弘扬流域的历史文化，提升人们的文化素养和生活品质。通过水文化的发展，松辽流域正在逐步形成独具特色的水文化景观，为流域内的居民和游客提供了独特的文化体验和旅游资源。

目前，针对松辽流域的经济发展规划存在一些不足。一是区域差异导致省际资源协调合作困难。松辽流域各省经济发展水平差异大，区域协同发展机制不完善，导致跨省资源空间配置效率低下，跨区域产业分工和合作困难。二是高质量发展不充分。松辽流域各省产业低质低效问题突出，产业转型与结构升级困难，缺乏具有竞争力的新兴产业，人才资金外流严重。三是松辽流域文化经济发展水平较低，区域文化交流合作不足，缺少科学高效的区域文化信息交流平台。对于促进国家整体经济协调发展，绿色经济高质量发展，切实履行维护国家"五大安全"使命具有重要的意义。

第一节　松辽流域生态经济带制度建设框架构想与现状分析

东北地区作为我国区域发展的重要板块之一，在经济增长、粮食生产和生态安全方面具有战略地位。党中央和国务院高度重视东北全面振兴问题，提出了保护生态环境、坚持绿色发展的明确要求。为了充分利用东北地区的独特资源和优势，更好地支持生态建设和粮食生产，需要巩固和提升绿色发展的优势。东北地区拥有丰富的森林、湿地和矿产资源，可以通过合理开发和利用生态资源，推动绿色产业的发展，提高资源利用效率，实现经济效益和生态效益的双赢。在生态保护与发展的关系上，保护生态与发展生态旅游相得益彰。东北地区的自然风光和生态环境吸引了大量游客，发展生态旅游不仅可以推动经济增长，还可以增加人们对生态环境的认识和保护意识，促进生态文明建设。针对东北地区存在的问题，党中央对生态文明建设作出了重要批示，要求控制水资源需求，采取措施控制地下水超采，合理调配水资源，保护河道水量，维护流域的生态平衡。同时，要推进生态文明建设，推动绿色发展，实现经济社会发展与生态环境保护的良性互动。

一、松辽流域生态经济带的建设框架

松辽流域位于东北亚核心位置，拥有丰富的自然资源和发达的河流水系，是我国重要的生态安全屏障，具有重要的战略地位。新中国成立以来，松辽流域水利事业在党中央和国务院的正确领导下取得了巨大成就。坚持保护优先、防治结合的原则，构建了较为完备的水资源配置格局，为东北地区的经济社会发展提供了有力的水安全保障。随着我国经济社会发展进入新时代，对水资源、水生态和水环境提出了新的更高要求，松辽流域面临着一系列挑战。受自然条件限制以及不合理的水资源开发利用等因素影响，流域内河湖生态保护问题日益突出，这不仅直接威胁着区域生态安全，也成为制约东北地区经济社会发展的突出瓶颈。

目前，国家对松辽流域地区仍然缺乏统一整体规划。如何在新时期完成东北全面振兴的战略任务，实现维护国家"五大安全"的目标，成为国家重大战略强有力支撑，是当前东北地区各级政府的重要课题。解决松辽流域生态问题是完成东北全面振兴的重要一环，做好流域规划工作至关重要。构建

"松辽绿色经济带",充分发挥松辽全流域治理与生态文明建设成果对振兴东北的向上带动作用,促进国家整体经济协调发展,亦是当前紧迫而重要的课题。

解决这些问题,需要从流域现存的实际问题出发,采取有效措施补强薄弱环节,解决突出问题,提升河湖生态保护治理和生态流量管控能力水平。具体而言,应进一步加强水资源管理,科学合理地调配水资源;推动生态环境保护,严惩破坏环境的行为;强化生态流量管理,保障河湖生态用水需求,从而提高水生态系统的恢复和保护能力。通过科学规划和综合治理,建设造福人民的幸福河湖,实现经济社会发展与生态环境保护的良性互动。此外,松辽流域的地区生产总值、工农业总产值、年总消费等主要经济指标均处于东北前列,其在产业发展、乡村振兴、教育文化等方面的优势较为突出,同时也是东北人口较为集中的地区之一。充分挖掘和利用这些优势,将有助于松辽流域的可持续发展,并为东北全面振兴提供有力支撑。

二、松辽流域生态经济带区域协调机制

构建松辽流域生态经济带跨区域协调机制,形成管理体制。由松辽流域四省区联合向国务院提出成立松辽流域生态经济带发展委员会,便于国家发改委与财政部进行扶持。由辽宁省政府牵头,吉林、内蒙古、黑龙江省政府领导及相关部门负责人共同组建协调办公室,从整体构建多层次、多元化的"松辽流域生态经济带"区域协调机制。对松辽流域四省区发展的区域布局、市场培育、资金分配、产业转移等方面进行全方位协调与规划,形成由协调办公室统筹各级政府配合、各部门推动落实、各基层严格执行的管理体制。同时,强化协调办公室的管理监督职能,赋予其在生态建设、环境保护等方面的管理权限,制定统一政策、统一标准,根据阶段目标制定考评体系,实现权责统一。加强全流域生态环境执法能力,完善跨区域联合执法机制,实现协调办公室对松辽流域干支流全覆盖监管。

松辽流域生态经济带同样面临着城市转型、产业升级和生态文明建设的

重任，实现生态经济带建设与城镇发展和乡村振兴的同步推进。积极推动松辽流域沿岸市县乡的生态环境改善，促进产业转型，淘汰落后产能，引入生物制药、医学科技等新兴产业，依靠创新优化产业结构，促进技术、产品和管理升级，保持经济发展的持续动力，重点发展绿色低碳经济，鼓励绿色技术创新，推动环保产业发展。同时，松辽流域可以吸收国内外先进经验，通过银行创办绿色金融与绿色保险，绿色金融可以为获得认证的环保产业进行投资，绿色保险则在环保产业遭遇风险时为其保驾护航。环保产业与绿色金融可以促进经济发展，也可以与其他产业进行连接，实现资源利用的最大化，从而带动松辽流域生态经济带的高质量发展。

三、松辽流域生态经济带建设资金吸引

松辽流域四省区需要共同设立松辽流域生态经济带生态文明建设专项资金。在安排生态建设、环境保护、种植业、公共服务设施建设、旅游业、文化保护资金和项目时，应当向松辽流域生态经济带周边市县乡倾斜，并鼓励单位和个人对松辽流域生态经济带保护进行投资和捐赠。同时，建立松辽流域生态经济带专项账户以财政转移支付、项目倾斜等为主要方式的生态保护补偿机制，加大投入力度，提高投资比重。此外，松辽流域受益地区应当对四省其他未受益地区予以补偿，积极推进资金补偿、对口协作、产业转移、人才培训、共建园区等补偿方式。建议各地区深入贯彻落实水利部用好地方政府专项债券、开发性金融支持水利基础设施建设、水利基础设施不动产投资信托基金试点等会议精神，积极吸引社会资本、充分利用政府专项债券和银行信贷等资金，进一步拓宽水利投融资渠道，全力加快松辽流域生态经济带基础设施建设。

目前，松辽流域周边已形成了以城镇和乡村构成的社会单元和经济体。近年来又依托松花江和辽河建设了多个经济开发区，例如吉林省四平市的辽河经济开发区、辽宁省营口市的辽河经济开发区、辽宁省盘锦市的松辽口生态经济区以及松花江经济带，这些举措带动松辽流域周边市县乡共同发展绿

色经济，形成了新的经济区。新老经济区沿着松花江、辽河共同构成了松辽流域生态经济带，成为松辽流域各类行政区联手发展的抓手，是上下游联动、两岸互动、合力驱动的载体，更是改善东北四省区生态环境、促进经济发展的重要平台。

松辽流域周边拥有许多旅游景点，如沈阳的七星湖景区、昌图的国家湿地公园、盘锦的辽河湿地等，还有营口的辽河大桥、西炮台等历史文化观光地。除此之外，吉林市的雾凇岛、松花江湿地自然保护区、富锦国际湿地公园等也是松辽流域的著名景点。这些沿河风景可以与松辽流域生态经济带的建设相互联结，形成沿松辽流域的旅游观光带，以环境保护和生态平衡为主题，发展生态旅游。同时，结合旅游观光、乡村民宿和农家乐等形式，推广松辽流域的特色农产品，如大米、河蟹、禽类和淡水鱼等，促进产业发展，实现经济效益，扩大当地就业，推动松辽流域旅游业和生态农业的协调、健康、持续和快速发展。

第二节　松辽流域生态经济带推进新时代东北振兴

一、维护国家生态安全

创建发展松辽流域生态经济带是东北维护国家生态安全的需要。辽河与松花江作为我国重要的河流，具有多重重要性。它们是东北地区经济快速发展的重要枢纽，为当地的交通运输、水资源利用和经济活动提供了重要支撑。这些江河连接了辽宁、吉林、黑龙江和内蒙古四个省区，成为它们之间的咽喉要道，促进了区域间的经济合作和发展。辽河与松花江也是我国东北地区的重要生态屏障。它们承担着重要的生态服务功能，包括水源涵养、水土保持和荒漠化防治等方面。松辽流域的水资源对于维持当地生态系统的平衡和稳定具有重要意义。它们的流域覆盖广泛，涵盖了丰富的生物多样性和生态景观，对于保护和维护生物多样性和生态环境的健康至关重要。通过充分发挥辽河与松花江的重要作用，可以促进东北地区的经济发展和生态保护。

在经济方面，可以利用松辽流域的水资源进行农业灌溉、工业用水和能源开发，推动区域经济的繁荣。在生态方面，加强对松辽流域的保护和管理，保持水质清洁，保护湿地和森林资源，提升生态系统的稳定性和恢复能力。松辽流域生态经济带的建立将以全方位的方式解决松辽流域的生态环境问题。通过综合的治理措施，可以有效修复东北地区的水生态系统，恢复和改善水体的水质和生态功能。有助于建立良性的水循环，确保水资源的优质和稳定，为城乡居民提供健康可靠的生活用水，提升整个区域的生态安全保障能力。

松辽流域生态经济带的建设能够提升水资源管理和保护，通过科学合理的水资源配置和利用，确保水资源的可持续供应。增强水污染治理和水环境保护，采取减排增容、节流利用、精准治污等手段，改善水体的水质状况。可以通过加大监管和执法力度，确保水环境的合规运行和保护。松辽流域生态经济带的构建将为东北地区带来诸多益处。修复水生态系统将促进自然生态的恢复和保护，提高生物多样性，维持生态平衡。良性的水循环将确保水资源的可持续利用，减少水资源的浪费和污染。优质稳定的水质将保障城乡居民健康的生活用水，提升生活质量。同时，增强区域生态安全保障能力将有效应对自然灾害和环境风险，提升区域的可持续发展能力，对于东北维护国家生态安全具有重要的意义。

二、维护国家粮食安全

创建发展松辽流域生态经济带是东北维护国家粮食安全的需要。松辽流域四省区我国重要的农业大省和畜牧大省。这些地区拥有广阔的农田和丰富的农业资源，以水稻、玉米、水果、蔬菜、禽牛羊肉类等农产品的生产而闻名。作为我国的粮食生产重要区域，它们为国家的粮食安全和农产品供应做出了重要贡献。

松辽流域四省区农业产业具有独特的优势和特色。辽宁省以其丰富的蔬菜、水果等特色农产品而著名，吉林省以其高产优质的水稻、玉米和大豆而闻名，黑龙江省则以其丰富的黑土地资源和农业生产潜力而备受瞩目。这些省份的农业生产不仅满足了本地区的需求，还向全国乃至国际市场提供了大量的农产品。在农业发展方面，松辽流域四省区不断推进农业现代化和农业科技创新，通过引进先进技术和设备，提高农业生产的效率和质量。加强农业基础设施建设，改善灌溉和排水系统，提升农田的耕作条件和水资源利用效率。此外，农产品质量监管和品牌建设实力也在不断提高，提升了东北农产品的市场竞争力和附加值。

松辽流域生态经济带的建立将在农业畜牧业方面实现四省区的联通，促进农业资源的合理开发和利用。这一举措将有助于加强松辽流域四省区之间的农业合作与交流，实现资源的互补和优势互补，推动农业产业链的整合和协同发展。通过联通四省区的农业畜牧业，可以更好地利用区域的农田、草原和畜牧资源，提高农产品的产量和质量，满足市场需求，实现农业的高质量发展。

松辽流域生态经济带的建立不仅可以促进农业资源的合理开发，还能够巩固乡村振兴的成果。通过推动农业产业的绿色转型和升级，可以提高农业生产的效率和质量，增加农民的收入，改善农村的发展环境和生活条件。同时，通过发展农村旅游、农产品加工和农业生态观光等产业，能够为农村地区创造更多的就业机会，吸引更多的人才留在乡村，推动乡村经济的繁荣和乡村社会的稳定。

松辽流域生态经济带的建立还将推动松辽流域绿色农业的融合发展。通过引进先进的农业技术和管理模式，可以实现农业生产的绿色化、智能化和可持续发展。例如，推广高效节水灌溉技术、有机农业种植模式和农业废弃物资源化利用等措施，可以减少农业对水资源的需求，降低农药和化肥的使用量，保护土壤和水体的环境质量，实现农业的生态友好型发展。保护东北黑土地、提高耕地质量、建设高标准农田以及共同发展生态农业与绿色养殖业是实现可持续农业发展的重要措施。创建发展松辽流域生态经济带可以协助保护土地资源，提高农田的产能和效益，保护生态环境和农产品的质量与安全，对于东北维护国家粮食安全具有重要的意义。

三、维护国家能源安全

创建发展松辽流域生态经济带是东北维护国家能源安全的需要。松辽流域作为我国重要的能源化工基地，拥有丰富的矿藏、煤炭和石油等自然资源种类，储备量庞大且开采条件较好。这为我国的能源供给提供了重要支撑。同时，松辽流域的能源资源也面临着高度依存进口的问题，所以，建立松辽流域生态经济带具有重要意义。

建立生态经济带可以及时解决能源对外依存度较高的问题，增强能源安全供给，降低对进口能源的依赖，确保国家能源的稳定供应。松辽流域生态经济带的建立还能够加快能源的绿色低碳转型。通过推动清洁能源的开发和利用，如风能、太阳能和水能等，可以减少对传统能源的依赖，降低能源消耗的碳排放，实现能源的绿色、低碳和可持续发展。此外，建立绿色能源基地，如光伏发电基地和风电基地，可以进一步推动清洁能源的发展，为国家能源结构的优化和转型提供重要支撑。松辽流域生态经济带的建立还有助于构建多元化的能源供应保障体系。

通过发展多种能源，如煤炭、石油、天然气、核能、风能、太阳能等，可以降低对单一能源的依赖，提高能源供应的多样性和灵活性。这样一来，能源供应的稳定性和可靠性将得到提升，能够更好地满足国家经济发展和人民生活的需求。此外，松辽流域生态经济带的建立还将推动绿色能源储运技术的发展。绿色能源储运技术包括能源储存和输送技术，如电池储能、氢能储存和输送等，可以提高能源利用的效率和灵活性，促进能源的清洁利用和高效利用。通过推动绿色能源储运技术的研发和应用，可以进一步提升能源供应的可持续性和环境友好性，对于东北维护国家能源安全具有重要的意义。

四、促进东北高质量发展

创建发展松辽流域生态经济带是促进东北地区高质量发展的需要。促进松辽流域的高质量发展不仅是推进生态文明建设的重要空间载体，而且对于东北地区的"十四五"规划建设具有重要意义。松辽流域的发展将为国家生态安全战略格局的形成提供有力支撑，有助于保护和改善生态环境，实现经济社会可持续发展。此外，松辽流域的高质量发展还能够巩固脱贫攻坚成果，建立长效脱贫机制，推动乡村振兴战略的实施。松辽流域生态经济带的形成将使四省区成为一个有机整体，各省将协同合作，共同建设松辽流域统一开放的大市场。这将有利于促进资源的优化配置和流动，推动产业的协同发展和区域经济的融合。同时，针对各地区的特点和优势，可以形成不同的发展策略，实现分工合作，充分整合各方面的资源和优势，共同推动松辽流域的高质量发展。

松辽流域生态经济带的建立还将为区域内的经济发展提供良好的环境。通过加强生态保护和修复，推动绿色产业的发展，可以实现经济增长与生态环境保护的良性循环。这将为松辽流域带来更多的投资和就业机会，提高居民的生活质量，促进社会的稳定和和谐发展。此外，松辽流域生态经济带的建立还将促进区域间的互联互通和交流合作。通过建设交通、能源、信息等基础设施，增强区域间的合作机制，可以实现资源的共享和互补，提高整个流域的综合竞争力。这将为流域内各省市带来更多的发展机遇，推动区域经济的协同发展。松辽流域生态经济带的形成将建成松辽流域统一开放的大市场。针对地区特点形成不同的发展策略，分工合作，整合各方优势，共同有力推动松辽流域的高质量发展。这将为东北地区的"十四五"规划建设、国家生态安全战略格局的形成、脱贫攻坚成果的巩固、乡村振兴战略的实施提供有力支持，为区域经济的协同发展和社会的可持续繁荣做出积极贡献。

五、推进新时代东北全面振兴

创建发展松辽流域生态经济带是推进新时代东北全面振兴的需要。新时代东北振兴是我国区域发展的重要战略之一，而松辽流域生态经济带的建设对于实现东北振兴目标具有重要的意义。在文化层面上，松辽流域不仅是中华文明的源头之一，也是中华民族重要的起源地之一。松辽流域生态经济带的建设不仅有助于保护和传承东北地区丰富的历史文化遗产，还能够弘扬松辽流域的独特文化，为传承中华文明提供重要支撑，进一步坚定人们对本土文化的自信和认同。松辽流域拥有悠久的历史和丰富的文化资源。通过松辽流域生态经济带的建设，可以更好地保护和传承这些宝贵的文化遗产，如古代建筑、文化艺术、传统习俗等。同时，文化旅游的开发和推广，可以吸引更多的人来到东北地区感受独特的历史和文化氛围，进一步推动文化产业的发展，为东北地区的经济增长注入新的动力。

松辽流域生态经济带的建设还有助于激发当地居民对本土文化的热爱和自豪感。通过松辽流域水文化教育和宣传，能够增强居民对自身文化传统的认同感，培养他们对本土文化的兴趣和热爱。这将进一步促进文化的传承和创新，为松辽流域的文化产业发展提供源源不断的人才和创意。此外，松辽流域生态经济带的建设还可以促进文化交流和互鉴。通过扩展与其他地区、国家的文化交流，可以推动不同文化之间的对话和融合，激发创新和创造力。这将为松辽流域的文化产业带来更多的机遇和挑战，提升其国际影响力和竞争力。在文化层面上，松辽流域生态经济带的建设可以松辽流域的经济增长和社会进步做出积极贡献。

在经济层面上，松辽流域生态经济带将以实际情况为基础，通过明确各地的分工和定位，积极探索适应本地特色的振兴新路径。在保护生态环境和涵养水源的同时，乡村地区将致力于发展现代农业，提高农产品的质量和附加值，创造出更多的生态产品和农业品牌。城镇地区则将注重提升公共基础设施和服务水平，提高城市的吸引力和竞争力，进一步提升经济发展和人口承载能力。

为了全面保障改善民生，松辽流域生态经济带将注重提高居民的生活品质和福利水平。这将包括加强教育、医疗、文化等公共服务设施的建设，提供更好的教育资源和医疗保障，满足居民多样化的需求。同时，通过促进就业机会的增加和收入水平的提高，努力改善居民的就业条件和收入分配，使每个人都能够分享经济发展的成果，实现共同富裕。在经济发展中，松辽流域生态经济带将注重增强韧性和动力。这将包括提升产业结构的优化和升级，推动创新驱动发展，培育新的经济增长点。同时，推动科技创新和人才培养，提高企业的技术水平和竞争力，为经济发展注入新的动力。此外，加强与其他地区和国家的合作交流，拓宽市场和资源的渠道，提升对外开放水平，也能够为经济发展提供更多的机遇和支持。

第三节　松辽流域生态经济带推动东北全面振兴新突破

推动松辽流域生态经济带发展有助于充分发挥松辽流域全流域治理与生态文明建设的成果，进一步推动东北地区的全面振兴，对于促进国家整体经济的协调发展具有重要意义。这一战略的实施将有助于优化资源配置，推动产业结构升级，提高经济发展的质量和效益。同时，通过生态经济的发展，可以有效保护生态环境，提升人民生活质量，实现经济与生态的良性循环。

创建发展"松辽流域生态经济带"也是履行维护国家"五大安全"政治使命的重要举措。生态安全是国家安全的重要组成部分，通过推动生态经济带建设，可以有效保护生态环境，维护国家生态安全。同时，生态经济带的发展也将为国家提供更多的绿色就业机会，促进社会稳定和民生改善，为国家的政治稳定和社会和谐作出贡献。要充分发挥"松辽流域生态经济带"对东北地区振兴的带动作用。这不仅有助于推动东北地区的经济协调发展，还能够履行维护国家"五大安全"政治使命，实现经济、生态和社会的高质量发展。

为制定一体化发展战略规划，打造松辽流域经济共同体，建议由松辽流域各省区联合向国务院提出成立松辽流域生态经济带发展委员会的建议。该委员会的设立将为推动生态经济带发展提供有力支持。委员会的主导单位为松辽流域相关省区政府及部门负责人共同组建的协调办公室，以确保各方的合作和协调。协调办公室作为松辽流域生态经济带发展的核心机构，应负责构建多层次、多元化的区域协调机制。协调办公室的职责包括协调和规划松辽流域四省区的区域布局、市场培育、资金分配、产业转移等方面的发展，确保各级政府的配合、各部门的推动和各基层的执行。此外，协调办公室还应具备强化管理监督职能，包括在生态建设、环境保护等方面拥有管理权限，制定统一政策和标准，并根据阶段目标制定考评体系，以实现权责的统一和有效管理。为了增强生态环境执法和监管，需要进一步提升全流域生态环境执法能力，并完善跨区域联合执法机制，确保协调办公室能够对松辽流域干支流进行全覆盖的监管。这样的举措将确保生态环境保护工作的一致性和高效性。通过成立松辽流域生态经济带发展委员会和构建协调办公室，可以有效协调和推动松辽流域四省区的生态经济发展，实现资源的优化配置和环境的保护。同时，加强生态环境执法和监管，将确保生态环境保护工作的有效实施。这些措施将有助于构建跨区域的"松辽流域生态经济带"，推动东北地区的振兴发展。

此外，智库建设对于东北振兴同样具有重要的促进作用。邀请全国相关领域著名专家共同参与制定"松辽流域生态经济带"一体化发展中长期战略总体规划。从松辽流域生态保护角度，坚持因地制宜的方针，根据松辽流域上中下游不同的自然条件，分区分类实施保护与治理政策。推动上游水源保护，实现生态良性循环发展；改善中游林草保护措施，增强水土管控能力；修复下游生态系统，整治滩涂环境，建设绿色生态走廊。以推进全松辽流域环境保护与治理为目标，构建有力的生态安全屏障。从建设统一市场体系实现区域高质量发展角度，打破区域壁垒，推进四省区统一数字信息基础建设，强化联合网络布局，推广"互联网＋松辽流域经济带"信息技术平台。

构建高效连通四省区经济区域的绿色综合交通网络，强化货运通道以及输电网络、油气网络建设，加快完成松辽流域农产品销售运输通道，提高农产品对外运输能力，巩固能源与粮食安全；增强四省区松辽流域经济区域产业之间的协调性，避免同质化与低水平竞争，营造产业合理布局环境，支持引导乡村基础设施改造，培育与城市有机融合的特色乡村。以建立有效机制平衡、优势互补、高效协同的区域发展关系与增加合作收益为目标，推进区域间协同高质量发展。

为了整合松辽流域四省区的优势，共同建设现代化绿色产业体系，需要营造良好的营商环境，为新兴绿色产业在松辽流域落户提供支持。通过简化审批手续、提供税收优惠和土地政策等措施，吸引更多的新兴绿色产业投资者来到松辽流域。同时，协助各类产业通过"松辽流域生态经济带"平台吸收高科技人才，提升产业的效益和产能，打造科技领军企业和标志品牌。建设松辽流域四省区农业联盟，通过建立农产品数据平台，促进四省区之间的相互学习，分享乡村振兴的先进经验，巩固乡村振兴成果。这样的合作将有助于推动农业资源的合理开发，提高农产品的质量和竞争力。

探索建立松辽流域绿色产业基金，构建政策支持体系和市场运行环境，引导社会资本参与"松辽流域生态经济带"的建设。通过这样的基金，可以为绿色产业提供资金支持，并推动绿色金融服务实体经济和产业转型升级，为松辽流域的可持续发展注入新的动能。在推进松辽流域的经济协作中，四省区需要通力合作。通过实施综合立体的资源协调措施，可以促进资源的优化配置和产业的协同发展。同时，还可以推进"老字号"企业的结构调整，推动传统产业向绿色、高端、智能化方向转型升级。这样，就能够实现"松辽流域生态经济带"的现代化产业建设，为区域经济发展注入新的活力。

此外，为保护和传承松辽流域的文化遗产，促进东北地区文化经济的发展，可以全面开展松辽流域文化资源调查，深入了解松辽流域的文化遗产情况。运用现代信息技术，加强松辽流域文化遗产的数字化保护工作，将宝贵的文化遗产保存下来，使更多人能够了解和欣赏。举办"绿色松辽经济年会"，组织学术研究活动，邀请专家学者参与多个专题和多层次的交流。特别是邀请中青年人才，针对"松辽流域生态经济带"战略进行讨论，撰写相关书籍和学术论文，培养一批具有深厚学术背景和实践经验的"松辽人才"。

另外，松辽流域四省区可以联合打造松辽流域文化旅游线路，创立"松辽旅游日"。通过讲述松辽流域的故事，以红山文化、玉文化、古代河流森林宗教文化、农家乐、雪上运动等丰富的文化符号为基础，开发多样化的文旅产品。这样的举措不仅能够吸引游客，还能够促进地方就业，推动松辽流域文化的宣传推广。通过全面开展文化资源调查、加强数字化保护、举办学术研究活动、打造文化旅游线路等措施，既可以保护和传承松辽流域的丰富文化遗产，同时也能促进文化经济的发展。这将为松辽流域带来更多的经济机遇和文化魅力，为地方的可持续发展做出积极贡献。

参考文献

［1］黄宗羲.明儒学案［M］.北京：中华书局，1985.

［2］司马哲.道德经全书［M］.北京：中国长安出版社，1995.

［3］李学勤.十三经注疏·孟子注疏［M］.北京：北京大学出版社，1999.

［4］中共中央党史和文献研究院.十八大以来重要文献选编（下）［M］.北京：中央文献出版社，2014.

［5］王淑兰，柴发合，高健.我国中长期 PM2.5 污染控制战略及对策［J］.环境与可持续发展，2013，38（04）.

［6］孟祥海，张俊飚，李鹏，等.畜牧业环境污染形势与环境治理政策综述［J］.生态与农村环境学报，2014，30（1）.

［7］郝吉明，万本太，侯立安，等.新时期国家环境保护战略研究［J］.中国工程科学，2015，17（08）.

［8］李绍萍，郝建芳，王甲山.东北地区低碳经济发展水平综合评价［J］.辽宁工程技术大学学报（社会科学版），2015，17（03）.

［9］肖加元，潘安基于水排污权交易的流域生态补偿研究［J］.中国人口·资源与环境，2016（07）.

［10］徐栎，季时宇，章浩，等.低碳背景下东北老工业基地能源发展思路［J］.中国战略新兴产业，2017，132（48）.

［11］杨俊彦，陈印军，王琦琪.东北三省区耕地资源与粮食生产潜力分

析〔J〕.土壤通报,2017,48(5).

〔12〕徐亚亭.黑龙江省绿色农产品营销面临的问题及对策〔J〕.安徽农业科学,2017,32(11).

〔13〕王莹.网络信息资源促进黑龙江省绿色食品产业升级问题思考〔J〕.经济技术协作信息,2017,3(1).

〔14〕王金南,刘桂环,文一惠.以横向生态保护补偿促进改善流域水环境质量一《关于加快 建立流域上下游横向生态保护补偿机制的指导意见》解读〔J〕.环境保护,2017(07).

〔15〕聂洪光,陈永庆.新一轮振兴背景下东北地区低碳经济发展潜力〔J〕.学术交流,2018,286(01).

〔16〕王子佳,刘晓旭,王剑峰,等.松辽流域推进水生态文明建设的认识和思考〔J〕.东北水利水电,2018,36(07).

〔17〕李媛,隋志纯.东北老工业背景下的绿色经济研究〔J〕.农家参谋,2018,571(02).

〔18〕周宏春.新时代东北振兴的绿色发展路径探讨〔J〕.经济纵横,2018,394(09).

〔19〕周建波,杨扬,应征.孙中山生态环境思想研究〔J〕.河北经贸大学学报,2018,39(03).

〔20〕杜群,郭磊.全球环境治理的国际统一立法走向——《世界环境公约(草案)》观察〔J〕.上海大学学报(社会科学版),2018,35(05).

〔21〕周倩,彭斌.东北地区生态农业发展的问题与对策〔J〕.党政干部学刊,2018,358(10).

〔22〕聂洪光,陈永庆.新一轮振兴背景下东北地区低碳经济发展潜力〔J〕.学术交流,2018,286(01).

〔23〕张永占.黑龙江省绿色农产品发展策略研究〔J〕.中国战略新兴产业,2018,6(17).

〔24〕朱建华,张惠远,郝海广,等.市场化流域生态补偿机制探索——以贵州省赤水河为例〔J〕.环境保护,2018(24).

［25］习近平.辩证唯物主义是中国共产党人的世界观和方法论［J］.求是，2019（01）.

［26］习近平.推动我国生态文明建设迈上新台阶［J］.求是，2019（03）.

［27］侯红彩.农业废弃物处理与资源化再利用［J］.现代园艺，2019，378（06）.

［28］董正.新时期东北振兴路径研究［J］.中国经贸导刊（中），2019，927（03）.

［29］杨延丁.黑龙江省绿色经济发展推进路径研究［J］.黑龙江教育（理论与实践），2019，1281（05）.

［30］王进，何周富.弘扬李冰治水精神 推动成都水生态文明建设再上新台阶［J］.成都行政学院学报，2019（05）：93-96.

［31］霍丽丽，赵立欣，孟海波，等.中国农作物秸秆综合利用潜力研究［J］.农业工程学报，2019，35（13）.

［32］李燕.新时代背景下东北振兴的绿色发展措施［J］.中外企业家，2019，643（17）.

［33］冯波.黑龙江省绿色农产品网络营销模式研究［J］.才智，2019，68（33）.

［34］郑云辰，葛颜祥，接玉梅，等.流域多元化生态补偿分析框架：补偿主体视角［J］.中国人口·资源与环境，2019（07）.

［35］刘广明，尤晓娜.京津冀流域区际生态补偿模式检讨与优化［J］.河北学刊，2019（06）.

［36］李一，王秋兵.我国秸秆资源养分还田利用潜力及技术分析［J］.中国土壤与肥料，2020（1）.

［37］陆波，方世南.习近平生态文明思想的生态安全观研究［J］.南京工业大学学报（社会科学版），2020，19（01）.

［38］沈德胜.辽宁绿色农业发展探讨［J］.农业科技与装备，2020（04）.

［39］马桂英.以习近平生态文明思想为根本遵循 筑牢我国北方重要生态安全屏障［J］.实践（思想理论版），2020（06）.

［40］吴浩玮，孙小淇，梁博文，等.我国畜禽粪便污染现状及处理与资源化利用分析［J］.农业环境科学学报，2020，39（6）.

［41］马铁民.加快生态松辽建设 推动东北高质量发展［J］.中国水利，2020，897（15）.

［42］张萌铎，陈卫卫，高超，等.东北地区大气污染物源排放时空特征：基于国内外清单的对比分析［J］.地理科学，2020，40（11）.

［43］郑艺文，张海燕，刘晓洁，等.1990—2018年东北地区综合区划下自然资源动态变化特征分析［J］.中国地质调查，2021，8（02）.

［44］南军虎，张书峰，袁福民，等.基于砾石群布置的河道生物栖息地自然化改造［J］.水科学进展，2021，32（04）.

［45］杨洋.低碳背景下东北新能源行业利用现状及发展前景分析［J］.时代汽车，2021，367（19）.

［46］杨童舒，梁冰清.环境规制对东北地区绿色经济发展的影响分析［J］.冶金经济与管理，2021，213（06）.

［47］李柏萱.东北地区推进绿色发展的法治路径［J］.大连海事大学学报（社会科学版），2021，20（01）.

［48］孙占祥.改革耕作制度，推动东北地区农业绿色发展［J］.民主与科学，2021，193（06）.

［49］夏泳，郑云波.红色文化助推绿色发展——以东北抗联精神为例［J］.边疆经济与文化，2021，211（07）.

［50］刘让群，牛靖，姚鹏.东北地区产业发展的回顾与展望［J］.区域经济评论，2021（03）.

［51］夏杰.黑土地退化现状及保护措施［J］.现代化农业，2021，508（11）.

［52］郑晓云.水文明：内涵及当代构建理念［J］.云南师范大学学报（哲学社会科学版），2021，53（04）.

［53］孙桂阳，张国言，董元杰.不同来源农业废弃物堆肥进程与产品肥效研究［J］.水土保持学报，2021，35（4）.

［54］李帝伸，张国徽．浅谈东北老工业基地清洁生产与绿色发展［C］//中国环境科学学会（Chinese Society for Environmental Sciences）.中国环境科学学会2022年科学技术年会论文集（一）.《中国学术期刊（光盘版）》电子杂志社有限公司，2022.

［55］黄振．论振兴东北老工业基地的"五大安全"战略［J］.经济师，2022（12）.

［56］刘国斌，崔明月．绿色经济视阈下东北地区产业转型升级研究［J］.哈尔滨商业大学学报（社会科学版），2022，182（01）.

［57］刘娴，杨建军，杨旭东．以习近平生态文明思想为指引筑牢祖国北疆生态安全屏障［J］.内蒙古林业调查设计，2022，45（03）.

［58］吕明，黄宜，陈蕊．中国绿色农业区域差异性分析［J］.农村经济，2022，482（12）.

［59］孔繁辉，常广宁，刘智强．浅议大连市绿色食品产业发展［J］.上海蔬菜，2022，184（03）.

［60］姜延，李思达，马秀兰，等．东北黑土区农业废弃物资源化利用研究进展［J］.吉林农业大学学报，2022，44（06）.

［61］郭丽峰，李晨．瑞典实现碳中和目标战略、科研部署及相关政策研究［J］.全球科技经济瞭望，2022，37（05）.

［62］李宁．辽东绿色经济区全域旅游现状与发展目标分析［J］.辽宁师专学报（社会科学版），2022，139（01）.

［63］王寅，李晓宇，王缘怡，等．东北黑土区农业绿色发展现状与优化策略［J］.吉林农业大学学报，2022，44（06）.

［64］杨玉文，李严，李梓铭．东北边疆地区生态产品兴边富民实现路径研究［J］.黑龙江民族丛刊，2022，187（02）.

［65］邱微．维护国家"五大安全"守好祖国"北大门"［J］.党的生活（黑龙江），2023（01）.

［66］王彪，金锭汶，董霁红，等．韩国首尔汉江流域近自然恢复轨迹及启示［J］.国际城市规划，2023，38（02）.

［67］孙君如，刘生．绿色发展背景下东北地区资源型城市转型的难点与对策［J］．河北企业，2023，404（03）．

［68］李荣．黑土地保护与耕地质量提升［J］．腐殖酸，2023（01）．

［69］史红波．丹东市水生态文明城市建设体系研究［J］．水利技术监督，2023，187（05）．

［70］宋晓娜，经小川，张峰．水生态文明建设质量的时空演化评估［J］．水资源保护，2023，39（03）．

［71］佟勃然．东北综合经济区流通创新与绿色发展的耦合协调关系［J］．商业经济研究，2023，864（05）．

［72］周静言，王亚丰．凤城市绿色经济区建设研究［J］．辽东学院学报（社会科学版），2023，25（01）．

［73］隆国强．建立健全绿色低碳循环发展经济体系［J］．中国党政干部论坛，2023，410（01）．

［74］廖晓玉，程祥吉，金思凡，等．数字孪生松辽流域建设与应用实践［J］．中国水利，2023（11）．

［75］齐玉亮．全面贯彻党的二十大精神 做好松辽流域高质量发展水文章［J］．中国水利，2022（24）．

［76］段宝相，黄丽娟．五维治理：松辽流域生态治理的路径优化——基于国外、国内经验的思考［J］．经营与管理，2023（02）．

［77］王帅，程研博．加强松辽流域水文化建设研究［J］．黑龙江粮食，2020（11）．

［78］SEIFERT A. Naturnaeherer Wasserbau［J］. Deutsche Wasserwirtschaft，1983，33（12）．

［79］朱德鹏．松花江流域生态环境建设的水环境特征及演变．［A］//朱宇，王爱新，许淑萍，等．松花江流域生态环境建设报告（1949—2019）.北京：社会科学文献出版社，2019.

［80］李平，朱宇，刘伟，等．松花江流域生态环境建设回顾与展望（1949—2020年）［A］//朱宇，王爱新，许淑萍，等．松花江流域生态环境建

设报告（1949—2019）.北京：社会科学文献出版社，2019.

［81］郑古蕊，李效筠，张天维.2019年东北地区生态环境的发展现状、主要问题及协同治理对策［A］//郭连强，梁启东，吴海宝，等.东北蓝皮书：中国东北地区发展报告（2020）.北京：社会科学文献出版社，2021.

［82］张士尊.松辽联运与东北两大流域的经济联系［A］//张士尊.辽河航运史与东北经济一体化研究.北京：社会科学文献出版社，2020.

［83］丁冬."十四五"东北三省生态农业发展问题及对策研究［A］//郭连强，梁启东，吴海宝，等.东北蓝皮书：中国东北地区发展报告（2020）.北京：社会科学文献出版社，2021.

［84］李冬艳.2018—2019年东北三省绿色食品产业发展问题研究［A］//郭连强，梁启东，吴海宝，等.东北蓝皮书：中国东北地区发展报告（2020）.北京：社会科学文献出版社，2021.

［85］姜睿.黑土地退化的经济学分析［D］.哈尔滨：黑龙江大学，2007

［86］李辉.基于城市化过程的东北地区生态安全研究［D］.长春：吉林大学，2009.

［87］杨晨曦.全球环境治理的结构与过程研究［D］.长春：吉林大学，2013.

［88］曲姗姗.中国东北地区循环经济发展研究［D］.大庆：东北石油大学，2016.

［89］闫亭豫.辽宁生态环境协同治理研究［D］.长春：东北大学，2016.

［90］孔祥才.畜禽养殖污染的经济分析及防控政策研究［D］.长春：吉林农业大学，2017.

［91］杜明泽.东北地区雾霾污染时空特征及其影响因素研究［D］.长春：吉林财经大学，2018.

［92］王超.吉林省黑土地保护机制研究［D］.长春：吉林大学，2018.

［93］马宇恒.东北地区2030年碳排放达峰路径研究［D］.长春：吉林大学，2018.

［94］亢寒.沈阳市"抗霾攻坚"大气污染协同治理研究［D］.沈阳：东

北大学，2019.

［95］蔡鑫焱. 马克思生态思想视域下东北三省雾霾治理理念研究［D］. 哈尔滨：哈尔滨理工大学，2020.

［96］杨光义. 东北地区生物质露天燃烧源排放及其对大气环境的影响与评估［D］. 长春：中国科学院东北地理与农业生态研究所，2020.

［97］向雁. 东北地区水—耕地—粮食关联研究［D］. 北京：中国农业科学院，2020.

［98］王海彦. 东北地区经济生态化发展研究［D］. 吉林：东北电力大学，2020.

［99］郭莹莹. 东北地区绿色经济效率的时空差异及其影响因素分析［D］. 长春：东北师范大学，2020.

［100］曲研. 中国东北地区黑土地保护性耕作效益与影响因素研究［D］. 长春：吉林大学，2021.

［101］孙永胜. 绿色发展视角下东北限制开发区域产业配置研究［D］. 长春：中国科学院东北地理与农业生态研究所，2021.

［102］于善波. 东北三省工业绿色发展研究［D］. 大连：东北财经大学，2021.

［103］谢瑜. 东北地区绿色发展政策工具优化研究［D］. 大连：大连理工大学，2021.

［104］高全. 基于产业结构优化的PM（2.5）污染治理及健康效应评估［D］. 济南：山东师范大学，2022.

［105］吴春霞. 大气污染与经贸发展、政策工具关系及区域协同治理研究［D］. 上海：上海海事大学，2022.

［106］梁丽敏. 东北三省城镇居民生活消费碳排放及影响因素研究［D］. 大连：东北财经大学，2022.

［107］杨文照. 黄河流域生态保护与高质量发展耦合关系研究［D］. 呼和浩特：内蒙古财经大学，2022.

［108］郑泓. 基于生态安全格局构建的国土空间生态修复策略研究［D］.

沈阳：沈阳大学，2022.

［109］刘丽雯．国家水生态文明城市试点政策的污染减排效应研究［D］．上海：上海财经大学，2022.

［110］习近平．习近平主持中共中央政治局第六次集体学习——划定严守红线大力治理污染［N］．人民日报，2013-05-25（01）．

［111］许琦敏．让"耕地中的大熊猫"越种越肥沃［N］．文汇报，2021-7-29（10）．

［112］《求是》杂志．习近平在黄河流域生态保护和高质量发展座谈会上的讲话［EB/OL］.https://www.gov.cn/xinwen/2019-10/15/content_5440023.htm.2023.06.01.

［113］新华网．习近平的文化情怀｜"大运河是祖先留给我们的宝贵遗产"［EB/OL］.http://www.news.cn/politics/leaders/2022-07/19/c_1128845450.htm.2023.06.01.

［114］新华全媒．盗挖屡禁不止、环境遭破坏、电商售卖无监管……谁来保护东北黑土资源？［EB/OL］.https://xhpfmapi.zhongguowangshi.com/vh512/share/9876318?channel=weixinp.2023.06.01.

［115］新华社．"中华民族的世纪创举"——记习近平总书记在河南专题调研南水北调并召开座谈会［EB/OL］.https://www.gov.cn/xinwen/2021-05/16/content_5606770.htm.2023.10.21.

［116］辽宁日报．辽宁省制定出台《辽宁全面振兴新突破三年行动方案（2023—2025年）》［EB/OL］.https://www.ndrc.gov.cn/fggz/dqjj/sdbk/202302/t20230227_1349753_ext.html.2023.06.01.

［117］中国农网．辽宁：在绿色低碳发展上实现新突破［EB/OL］.https://www.farmer.com.cn/2023/04/01/99925474.html，2023.04.01.

［118］新华社．严厉打击之下，谁还在打黑土的主意？［EB/OL］.http://www.news.cn/2023-06-14/c_1129693313.htm.2023.6.14.

后 记

党的十八大以来，以习近平同志为核心的党中央高瞻远瞩、审时度势，指导实施新一轮东北振兴战略。党的十九大报告提出，深化改革加快东北等老工业基地振兴。党的二十大报告提出，推动东北全面振兴取得新突破。2023年9月，习近平总书记主持召开新时代推动东北全面振兴座谈会并发表重要讲话，强调牢牢把握东北的重要使命，奋力谱写东北全面振兴新篇章。2025年初，习近平总书记再赴辽宁、黑龙江、吉林考察，对新时代东北全面振兴作出最新指示要求，充分彰显了总书记对东北人民的亲切关怀和深情厚爱，彰显了总书记对东北振兴的殷切期望和信任重托，是对正在为东北振兴努力奋斗的各界人士的巨大鼓舞和莫大鞭策。

中国东北振兴研究院是在国家发展和改革委员会指导下，以东北振兴理论和政策研究为特色，为中央和东北地区各级地方政府提供政策咨询的新型智库，是辽宁省新型智库联盟首任理事长单位、"智库人才培养联盟"单位、国家区域重大战略高校智库联盟单位。先后入选"2021年中国智库参考案例（咨政建言类别）"和"CTTI 2022年度高校智库百强"，荣获"CTTI 2023年度／2024年度智库研究优秀成果"特等奖。

2020年，由中国东北振兴研究院组织编写的《东北振兴研究丛书》出版，被列为"十三五"国家重点图书出版规划项目、国家出版基金资助项目，荣获"第一届辽宁省出版政府奖"。2022年，《新时代东北全面振兴研究丛书》筹划、立项，经编委会、作者团队与出版社共同努力，丛书被列入

"十四五"国家重点出版物出版规划增补项目和国家出版基金资助项目。

值此丛书付梓之际，感谢各位作者用严谨治学的精神为丛书倾注心血、贡献智慧，感谢亿达集团董事局主席孙荫环先生的鼎力支持和在丛书启动阶段给予的充分保障，感谢辽宁人民出版社编辑团队的辛勤付出。

党中央为新时代东北全面振兴指明了前进方向，也给东北振兴发展提供了新动力新机遇。东北地区要认真贯彻落实党的二十大和二十届二中、三中全会精神，坚定信心、开拓创新，勇于争先、展现作为，以进一步全面深化改革开放推动东北全面振兴取得新突破。

中国东北振兴研究院

2025 年 2 月 12 日